迎接新的时代——移动互联网产品研发必备丛书

移动互联网产品研发

邓剑勋 著

西安电子科技大学出版社

内 容 简 介

随着 5G 的普及和更新一代移动互联网技术的发展，越来越多的企业开始利用移动互联网的“随时随地”特性构建新的商业模式，从而打造更能让消费者认可的产品。那么，如何针对不同的场景，设计出因地制宜的商业模式、盈利模式、运维方式，以及产品如何进行技术实现，就成为行业从业人员亟待解决的问题。

本书共分为移动互联网产品研发涉及的理论、打造商业模式、鉴别和适配商业应用场景、移动互联网产品的技术实现以及怎样进行产品运营五个领域，并对抖音和喜马拉雅 FM 两个业界巨头的移动互联网之路进行了分析与研判。

本书针对移动互联网产品研发人员的技能提升需求，将理论与案例结合，讲解移动互联网产品从研发到最终运营的全过程，有助于从业人员从零开始，逐步学习、巩固和应用所学知识。

本书可作为相关专业技术人员的参考用书，亦可供高等院校研究者和广大师生学习参考。

图书在版编目（CIP）数据

移动互联网产品研发 / 邓剑勋著. —西安：西安电子科技大学出版社，2021.1
ISBN 978–7–5606–5988–6

Ⅰ. ①移…　Ⅱ. ①邓…　Ⅲ. ①移动通信—互联网络—产品设计　Ⅳ. ①TB472-39

中国版本图书馆 CIP 数据核字(2021)第 016081 号

策划编辑　李惠萍
责任编辑　刘炳桢　李惠萍
出版发行　西安电子科技大学出版社（西安市太白南路 2 号）
电　　话　(029)88242885　88201467　邮　　编　710071
网　　址　www.xduph.com　电子邮箱　xdupfxb001@163.com
经　　销　新华书店
印刷单位　咸阳华盛印务有限责任公司
版　　次　2021 年 1 月第 1 版　2021 年 1 月第 1 次印刷
开　　本　787 毫米×1092 毫米　1/16　印张　11.5
字　　数　268 千字
印　　数　1～3000 册
定　　价　28.00 元
ISBN 978 – 7 – 5606 – 5988 – 6/TB
XDUP 6290001-1

❖❖❖ 前　　言 ❖❖❖

编者 2007 年起就在中国电信从事移动互联网产品策划工作，其间作为产品经理亲身经历了移动通信从 2G 到 3G 再到 4G 的过程，产品策划工作也从 2G 增值业务到 3G 互联网信息服务再到 4G 网络下的高速综合信息化业务。2013 年底调入高校工作后，进行了七年移动互联网产品设计领域的科学研究，编者发现，如果有一本简明实用的工具书，会对研究者梳理知识脉络、快速上手有很大帮助。为解决这个问题，根据自己的经验，编者精心选择了一些业务案例进行分析，作为引出知识的载体；随着章节的不断深入，不断强化移动互联网产品设计所涉及的技能，用“案例”带动阅读和理解，用阅读和理解促进对“案例”的领会，最终让读者能独立分析和策划相关产品。

全书分为六章。第一章讲述移动互联网产品的定义、分类以及发展历程和本质，并展开阐述了产品设计的“4C”模型和四原则。第二章依据商业模式基本理论，分析移动互联网时代下商业模式的组成及分类，并结合案例对其进行展开分析。第三章剖析了移动互联网产品的应用场景、应用需求、营销模式和盈利模式。第四章侧重描述如何从技术层面实现移动互联网产品，详细阐述了需求分析、数据库设计、技术方案选型及测试部署等解决路径和框架。第五章分析了产品运营环节，依据运营理论剖析了推广手段、推广渠道，并对运营案例进行了详细分析。第六章以两家知名企业的移动互联网之路作为案例，深度阐述了其产品战略、设计过程和运营方案。

本书由邓剑勋编撰。东软集团乐杰先生、中国电信集团赖苏先生、重庆大学孙江林先生、重庆思持信息技术有限公司竹水生先生、重庆龙太信息科技有限公司刘胜利先生为书籍内容修正和完善提供了大量的参考意见，在此深表谢意。此外编者还参阅了国内相关学者的大量研究文献，在此对相关作者一并表示感谢。

由于时间仓促，作者水平有限，书中难免存在不当之处，恳请同行专家和读者批评指正。

编者

2020 年 9 月

目　　录

第一章　移动互联网产品设计基础

要掌握移动互联网产品设计的相关技巧，首先需要了解移动互联网产品的概念和发展历程，以及在设计移动互联网产品时需要注意的去中心化、去中介化、“4C”模型与四原则等。

本章内容

※ 移动互联网产品的概念；

※ 移动互联网产品的发展历程；

※ 移动互联网产品设计的理论基础，包括去中心化和去中介化、“4C”模型、四原则等；

※ 小结本章内容，并提供核心知识的思考题材。

1.1　移动互联网产品的概念

国家“十三五”规划明确提出：构建泛在高效的信息网络，发展现代互联网产业体系。而基于移动互联网的产品及服务，恰好是充分利用了泛在高效信息网络(移动互联网)的现代互联网产业体系。国家已经将移动互联网经济作为战略性新兴产业。移动互联网成为产业界、技术界和投资界等争抢产业资源和产业话语权的新的战略要地，由此产生了大量的新生产品与服务。本节主要介绍移动互联网产品的概念，包括移动互联网产品的定义和分类。

1.1.1　移动互联网产品的定义

目前公认的移动互联网产品是指将移动通信技术与互联网技术相结合，通过各种终端和工具，采用无线和有线等多种通信方式，为目标客户提供业务和服务。

1. 移动互联网产品的三个层面

移动互联网产品横跨互联网、通信、终端、软件及应用服务等多个领域，主要核心包括终端、软件和应用三个层面。移动互联网产品经济是围绕这三个层面的生产活动的产业集合。三个层面的内涵分别如下：

(1) 终端层，包括智能手机、平板电脑、笔记本电脑、电子书等；

(2) 软件层，包括操作系统、中间件、数据库、安全软件等；

(3) 应用层，包括休闲娱乐类、商务财经类、媒体工具类等。

通俗地讲，移动互联网产品就是用户使用手机等终端在移动通信网络上开展的各种业务，是移动通信和互联网的完美结合。它以数据通信为基础，以移动终端为载体，通过与互联网相连，把网络应用扩展到移动用户，从而达到泛在高效的目标，最大限度地帮助客户使用碎片化时间。

2. 案例

以斗鱼直播为例。目前大量的用户，特别是青年人，喜欢玩“王者荣耀”或者是“绝地求生”等游戏。他们有学习高手游戏技巧的需求，但是日常生活中并不允许他们花费大量的时间在游戏技巧学习上，因此，斗鱼直播在平台上开设了“王者荣耀”“绝地求生”等游戏的直播和视频分享，让用户能在等车、乘车等碎片时间内学习相关技巧。斗鱼平台也因此在较短的时间内聚集了大量的用户和人气。

1.1.2 移动互联网产品的分类

1. 按功能与作用分类

按照移动互联网产品的功能和作用可以将产品分为五类：工具型产品、平台型产品、游戏型产品、社交型产品和媒体型产品。

(1) 工具型产品：有道词典、Google、在线记事本等。

(2) 平台型产品：淘宝、京东商城、苏宁易购等。

(3) 游戏型产品：王者荣耀、开心消消乐、绝地求生等。

(4) 社交型产品：豆瓣、微信、QQ 等。

(5) 媒体型产品：优酷、腾讯视频、爱奇艺等。

2. 按产品商业性质分类

按照移动互联网产品的商业性质可以将产品分为两类：免费产品和收费产品。

(1) 免费产品是移动互联网企业为满足大众需求而向广大用户免费提供的产品，此类产品使用率最高。例如百度的“搜索引擎”、新浪的“新闻”等。

(2) 收费产品是为满足小部分用户需求而提供的产品，具有很大的盈利空间。例如百度的“推广”、在线小游戏等。

3. 按入口模式分类

按照移动互联网的入口模式可以将产品分为四类：应用商店 + 助手、超级 APP、桌面 + 搜索插件、浏览器。

(1) 应用商店 + 助手：360 手机助手、安卓市场等。

(2) 超级 APP：微博、百度地图等。

(3) 桌面 + 搜索插件：小米主题等。

(4) 浏览器：UC、QQ 浏览器等。

1.2　移动互联网产品的发展历程

进入 21 世纪以来，我国的移动互联网随着移动网络通信技术的进步而快速发展，尤其是 2009 年我国开始大规模部署 3G 网络，2014 年又大规模部署 4G 网络，进入 2019 年又迎来 5G 网络。移动网络通信基础设施的升级换代，促进了我国移动互联网的发展，也催生了基于移动互联网的大量新产品和新业态。本节主要介绍移动互联网产品的发展历程。

1.2.1　移动互联网产品的历史

随着互联网时代的深入发展，移动互联网呈现出爆炸式的增长。2019 年 8 月 30 日，中国互联网网络信息中心(CNNIC)发布第 44 次《中国互联网络发展状况统计报告》，根据报告，截至 2019 年 6 月，我国网民规模为 8.54 亿，互联网普及率达 61.2%，如图 1.1 所示；手机网民规模达 8.47 亿，网民中使用手机上网的人群占比高达 99.1%，如图 1.2 所示。

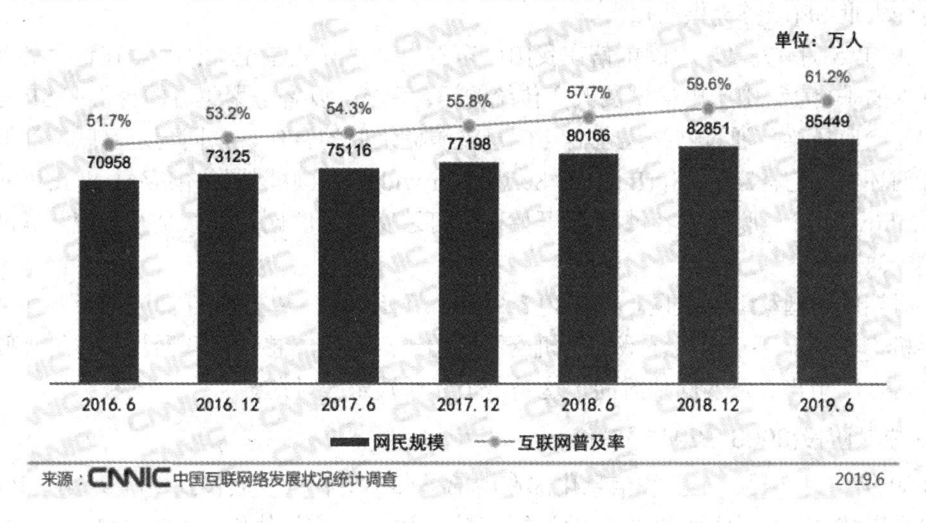

图 1.1　中国网民规模和互联网普及率(CNNIC)

图 1.2　中国手机网民规模及其占网民比例(CNNIC)

移动互联网的发展分为如下几个阶段：

1. 萌芽阶段(2000—2007 年)

该时期由于受限于移动 2G 网速和手机智能化程度，中国移动互联网发展处于一个简单 WAP(Wireless Application Protocol，无线应用协议)时期。WAP 把 Internet 网上 HTML 的信息转换成可以在移动电话上显示的格式，是此时期移动互联网应用的主要模式。由于 WAP 只需要代理服务器和移动电话的支持，并不需要在现有的移动通信网络协议上做任何的改动，因此，在 GSM、CDMA、TDMA 等多种网络中被广泛应用。在移动互联网萌芽阶段，利用手机自带的支持 WAP 协议的浏览器访问企业 WAP 门户网站是当时移动互联网发展的主要形式。

2000 年 12 月，中国移动推出移动互联网业务品牌“移动梦网”。移动梦网就像一个大型超市，囊括了手机短信、手机彩信、手机上网(WAP)、手机游戏等各种多元化信息服务，用户通过梦网来享受移动互联网服务。移动梦网技术标志着中国移动互联网的开始，是新世纪之初伟大的商业创新模式之一。在它的支撑下，涌现了空中网、华友世纪、雷霆万钧等一大批 SP(服务提供商)。

2002 年 5 月 17 日，中国电信在我国广东省启动“互联星空”计划。在这个类似“移动梦网”的平台上，中国电信试图改变传统的运营模式，以客户聚集者的身份在 SP 与用户之间架起一座桥梁，通过网络运营商与信息资源提供商的合作，共同营造互联网产业链良性循环的环境。它标志着 ISP(Internet Service Provider，互联网服务供应商)和 ICP(Internet Content Provider，互联网内容供应商)开始联合打造宽带互联网产业，是对传统互联网运营模式的一次改革。

该时期的中国移动互联网，除了内容以外，开始有了一些功能性的应用，例如手机搜索、手机 QQ 等。手机单机游戏和手机网游开始进入市场，移动互联网作为传统互联网的补充，占据了用户大量的碎片时间，这是一个互动娱乐的时期。

2. 成长阶段(2008—2011 年)

2009 年 1 月 7 日，工业和信息化部在内部举办小型牌照发放仪式，确认国内 3G 牌照发放给中国移动、中国联通和中国电信这三家运营商，并增加他们 TD-SCDMA、WCMDA、CDMA 2000 技术制式的第三代移动通信业务经营许可证。由此，2009 年成为我国的 3G 元年，标志着我国全面进入第三代移动通信时代。

随着 3G 移动网络的应用以及智能手机的出现，移动网速较萌芽阶段有了大幅度提升，初步突破了手机上网带宽的瓶颈。另外，移动智能终端可以安装简单的应用软件，增强了移动上网功能，中国移动互联网迎来新的成长阶段。

在这个阶段，各大互联网公司都在探索如何抢夺移动互联网入口，百度、腾讯、奇虎 360 等一些大型互联网公司推出手机浏览器，新浪、优酷、土豆等一些互联网公司则是与手机制造商合作，将微博、视频播放器等企业服务应用预安装在手机中。新浪微博等社交网络、基于 LBS(Location Based Service，基于位置的服务)的应用、iPhone 的移动 APP、互联网电子商务在手机上的广泛应用，都刺激了中国互联网产业界，但此时的移动通信仍处于成长阶段，由手机操作系统支撑的移动互联网应用有限。另外，移动互联网产品经理该时期得到进一步发展，逐渐受到企业的重视，有的公司还设立专门的移动终端部门，负责公司产品在移动终端上的战略布局和发展。

3. 高速发展阶段(2012—2013 年)

智能手机从传统键盘机大规模地转为具有触摸屏功能的手机，方便了用户的手机上网浏览；手机操作系统除了苹果的 iOS，还有安卓智能操作系统；另外还出现了手机应用程序商店，这都极大地丰富了手机上网功能，移动互联网应用呈现了爆发式增长。

智能机在 2000 年已经出现但并不普及，iPhone 的问世推动全球智能手机销售量大幅度增长。进入 2012 年后，由于移动上网需求的增加和安卓智能操作系统的大规模应用，传统功能手机进入了一个全面升级换代期。以三星、HTC 为代表的传统手机厂商纷纷效仿苹果手机模式，推出了触摸屏智能手机和手机应用商店。由于触摸屏操作方便，移动应用丰富，迅速在市场上占据份额。手机厂商之间激烈的竞争导致智能手机的价格快速下降，千元以下的智能手机大规模量产，大幅增加了智能手机在中低收入人群中的普及率。

智能手机的大规模普及应用，激发了手机 OTT(Over The Top，通过互联网向用户提供各种应用服务)应用。以微信为代表的手机移动应用快速崛起，成功锁定移动互联网入口。腾讯公司于 2011 年 1 月 21 日推出微信服务，截至 2013 年 10 月底，微信用户量已经超过了 6 亿，每日活跃用户 1 亿。除了腾讯之外，小米的米聊、阿里的来往、网易的易信等也纷纷抢占移动互联网即时通信业务份额，力图分一杯羹。腾讯公司凭借在桌面互联网时代社交应用中固有的优势，采用手机号码绑定社交应用等技术，实现了在移动端社交应用的快速拓展，让电信运营商等竞争对手措手不及。新浪微博在此期间受惠于智能机普及应用，也得到了快速发展，截至 2013 年底，用户规模已经超过 5 亿，但是后期由于微信的强势快速崛起，以及微博本身商业模式的原因，微博发展出现了迟缓现象。

各大互联网公司除了利用即时通信抢占移动互联网入口之外，都试图加快向移动互联网转型的脚步。腾讯推出了微信，阿里紧接着推出手机淘宝和支付宝。在 2013 年“双 11”购物节，手机淘宝的整体成交额同比增长 560%，单日成交笔数占整体的 21%，同比增长 420%。截至 2013 年底，手机支付宝用户数量超过 1 亿。但腾讯不甘示弱，迅速推出微信支付业务，与支付宝展开了移动支付争夺大战。除此之外，百度将搜索等业务向移动端迁移，推出手机搜索、手机地图等各类手机应用。就连新浪、网易等传统门户网站也加大手机端新闻 APP 应用的推广力度。

小米、乐视等互联网公司更是创新了智能手机的营销模式，提倡不靠手机硬件、靠手机服务挣钱的“智能手机 + 互联网服务”新商业模式，依托高性价比的智能手机作为载体，加大公司互联网服务应用的推广力度。例如小米手机，既有小米应用程序商店，也有小米即时通信应用(米聊)和小米视频服务，几乎所有预安装的服务都是小米公司自己的。小米这种“智能手机 + 互联网服务”商业模式在当时获得了巨大的成功，让小米公司迅速成为了互联网公司中的新秀，雷军的互联网思维也被社会各界传颂。另外，一大批基于移动互联网应用服务创新和商业模式创新的应用(例如滴滴打车、今日头条等)大量涌现，极大地激发了投资界对移动互联网应用的投资兴趣。

4. 全面普及阶段(2014 年至今)

随着 4G 网络的部署，移动网速得到极大提高，网速瓶颈限制基本破除，移动应用场景有了极大丰富，中国移动互联网进入全面实行阶段。

2013 年 12 月 4 日，工业和信息化部正式向中国移动、中国电信和中国联通三大运营商发放 4G 牌照，中国网络开启 4G 时代。截至 2014 年 11 月，尽管中国移动新增移动用户仅有 240.8 万户，但在累计的 8 亿多用户中，4G 用户占比持续快速增长，11 月单月就净增 1678 万户(包括由 2G、3G 升级转网等用户)，4G 总用户达 7123 万户。

2015 年 2 月 27 日，工信部又向中国电信和中国联通发放“LTE/第四代数字蜂窝移动通信业务(FDD-LTE)”经营许可。中国的移动互联网在 4G 网络建设下走上了快速发展轨道。截至 2016 年 5 月底，中国 4G 用户已经达到 5.8 亿，4G 用户数占移动电话总用户数比例达到 44.6%。同时，CNNIC 数据显示，截至 2016 年 12 月，中国移动互联网用户规模达 7.31 亿，全年共计新增网民 4299 万人，互联网普及率为 53.2%。

在桌面互联网时代，门户网站是企业开展业务的标配，但移动互联网时代，手机 APP 应用是企业开展业务的标配。由于 4G 网络大幅度提升了网速，使实时性要求提高，流量需求增大，手机应用推出了移动视频应用，如秒拍、快手、花椒、映客等手机视频和直播应用，得到网友们的大量推送。

在这个阶段，阿里、腾讯等互联网公司围绕移动支付、打车应用、移动电子商务展开了激烈的争夺战。腾讯和阿里分别于 2015 年春节和 2016 年春节花巨资在央视春节晚会上大规模推广移动支付，以增强社交关系。另外腾讯为了弥补自己在移动电子商务上的短板，在 2014 年 3 月入股京东，并将微信作为京东移动电子商务入口。而阿里更是加大了手机淘宝、手机天猫、手机支付宝的推广力度。在 2015 年“双 11”全天交易额中，移动端交易额占比 68%；2018 年“双 11”购物节中，截至 11 月 11 日 15 时 49 分 39 秒，天猫成交额超 2135 亿元，超过 2017 年天猫当天的 1682 亿元。在 2018 年上半年，阿里、腾讯、京东等利用自身资本、流量和技术的优势，通过投资并购、战略合作等形式整合实体零售企业，逐渐形成“阿里系”“京腾系”两大阵营。

截至 2018 年 6 月，我国网络游戏用户规模达 4.86 亿，占全体网民的 60.6%。手机网络游戏用户规模明显增高，达到 4.58 亿。伴随着移动互联网的发展和人们的需求，游戏类型越来越多样化，游戏内容也越来越精品化。在 2018 年上半年，轻度养成游戏“旅行青蛙”和女性休闲游戏“恋与制作人”尤其受到追捧，即时对战类游戏“王者荣耀”曾在手机游戏中独占鳌头，此后战术竞技型游戏“绝地求生”出现在手机游戏列表中，与其分羹。

移动终端应用发展越来越丰富，基础应用类(如即时通信等)、商务交易类(如饿了么等)、网络金融类(如支付宝等)、网络娱乐类(如网络文学等)、公共服务类(如共享单车等)都在不断地提升和完善。

1.2.2 移动互联网产品的发展

移动互联网产品已成为当前炙手可热的业务，本节从智能硬件、网络、内容提供商、用户这四个方面分析移动互联网产品的发展。

1. 智能硬件

智能硬件是继智能手机之后的一个科技概念，通过软/硬件结合的方式，对传统设备进行改造，进而让其拥有智能化的功能。智能化之后，硬件具备连接的能力，实现互联网服务的加载，形成“硬件+APP+后端服务”的典型架构，成为一个智能系统，并具备了大数据等附加价值。智能硬件从产品设计到生产，再到推向市场，所花费的时间周期也越来越短。

智能硬件分为智能手环、智能手表、智能蓝牙耳机、智能眼镜、智能家居、智能电视、智能汽车等，如图 1.3 所示。

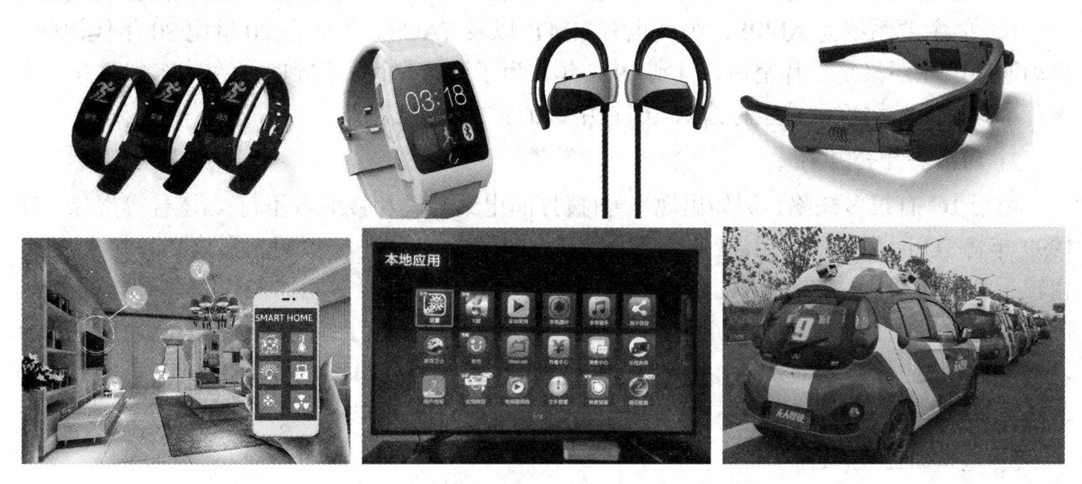

图 1.3　智能硬件

2010 年我国可穿戴设备市场规模仅有 0.9 亿元。2014 年，智能硬件飞速发展，从智能手环到智能手表，再到智能插座和智能路由器，智能穿戴产品开始向智能家居与智能健康类产品转型，智能硬件不再高不可攀，开始进入了寻常百姓人家。2014 年，我国的智能可穿戴设备市场规模已达 66.2 亿元，随着智能手表作为新一代智能可穿戴设备的代表产品正式登台，国内智能可穿戴设备迎来了一个崭新的高速发展的时代。2015 年，我国智能可穿戴设备市场规模达到 135.6 亿元，2016 年突破 228 亿元。2017—2018 年，随着人工智能和大数据技术的不断发展，依托移动互联网及人工智能技术的新兴产品也已经渗入到人们生活的方方面面。

随着产业链的成熟，芯片、传感器、通信技术、云平台以及人工智能和大数据等的有效支撑，智能硬件平台及大数据服务平台搭建完毕，基于创新的服务类产品逐步成熟，产品差异化将逐渐加大。

自从智能穿戴产业被谷歌引爆之后，智能硬件产品也成为了这股浪潮中的一支“生力军”，同时激活并带动了整个移动互联网产业的发展。智慧城市、智慧工厂、智慧学校、智慧社区、智慧医院、智慧家居等系统化的智能概念正处在不断探讨与实践中。

未来智能技术和传统硬件的结合点在于：传统硬件产品在互联网的影响下，给予了创业者更多的机会去打造一个全新的产品。抛开传统商家的商品思维，不把“互联网销售化”当成是在运作一个互联网产品，而是要让产品自己说话，主动积极地和用户去沟通，用互联网的渠道减少用户的各类成本，这样才能打造一款移动互联网时代的爆款硬件产品。

2. 网络

当前热议的 5G 网络就是第五代通信技术。从第一代到第五代，是人为划分的代别。它们的区别主要是速率、业务类型、传输时延以及各种切换成功率等方面具体实现的技术不同。下面我们一起来了解一下贯穿移动互联网发展的五代网络。

1) 沟通的起源(1G)

也许你在老电影里看到过“大哥大”的身影，那是一个有一斤多重，出门甚至要专门准备手提包的“大砖头”。“大哥大”使用的就是第一代通信技术(也就是1G)，即模拟通信技术。别看它那么大，它却只能做到打电话！发短信、上网、听音乐等是一概做不到的。

1G 的主要系统为AMPS，另外也有NMT 以及TACS。中国在20世纪80年代初期，移动通信产业还只是一片空白，直到1987年，为了迎接全运会的到来，在广东省建立了中国首个移动通信网络，这也标志着1G在中国的正式开始。

2) 网络的开始(2G)

由于1G有很多缺陷，例如出现串号(拨打的电话号码和接通者不符)、盗号等现象，在1999年将1G网络正式关闭，2G也随之而来。1G到2G就是模拟调制到数字调制的过程。相较于第一代通信，2G在技术上更成熟，系统容量、通话质量等相比一代都有了质的飞跃，抗干扰能力也大大增强。而且最重要的是，在 2G 网络下除了打电话语音沟通之外，还可以发短信以及上网。2G 系统几个主流的网络制式有 GSM、TDMA、CDMA。第二代移动通信可以说是为3G和4G 奠定了基础，是通信行业坚实的一步。

3) 通信新纪元(3G)

在前两代系统中，其实并没有一个国际标准明确地规定什么是 1G，哪个叫作 2G，而是全靠各个国家和地区的通信标准化组织自己制订协议。但从 3G 开始，ITU(国际电信联盟)提出了 IMT-2000，只有符合 IMT-2000 要求的才能被接纳为3G 技术。各个国家纷纷给出自己的标准，并完成了融合和标准化。

3G相对于2G而言主要是扩展了频谱，提升了速率，更加有利于网络业务的发展。同时 3G 的演进技术将多种多址方式进行结合，使用更高阶的调制技术和编码技术，并采用包括多载波捆绑、MIMO等技术，让速率进一步提升。

在 3G 之下，我们有了更高频宽和稳定的传输，视频电话和大量数据传送更为普遍，移动通信也有着更为多样化的应用。因此，3G也被视为开启移动通信新纪元的重要关键。

4) 速度的革命(4G)

4G从 2013年开始进入我们的视野。4G技术包含TD-LTE和FDD-LTE两种制式。4G传输速率更快、网络频谱更宽、通信灵活度更高并且兼容性好。总而言之，4G让手机实现的功能更为丰富。大量且稳定的信息传递，让基本通信需求和影音娱乐需求都能得到满足。

但是随着科技的不断发展，消费者对于网络的传输速度也有了更高的要求。无论是无人驾驶汽车，还是更高清的影视资源下载，4G网络的传输速度在飞速发展的需求面前还是显得有些捉襟见肘。这时，更高传输速率的5G网络也就应运而生。

5) 物联网的决心(5G)

随着 AR、VR、物联网等技术的诞生和普及，以及人工智能和大数据技术对更高网络带宽的需求，对于移动网络的要求也越来越高。5G 应用场景分为移动互联网和物联网，除能解决移动互联网的发展需求之外，5G 的毫秒级延迟还将解决机器之间的无线通信需求，有效促进车联网、工业互联网等领域的发展，并促进了大数据和人工智能技术的进一步普及。随着 5G 技术的普及，未来也将诞生更多有趣的应用，带来更多全新的移动体验！

3. 内容提供商

随着通信技术的不断发展，手机上网用户群体也随之不断扩大。2019 年末，手机上网的用户数增至 12.3 亿户。移动互联网经济规模的扩张、流量消费的膨胀主要来自移动上网时间的加长。数据显示，从 2017 年 6 月到 2019 年 12 月，中国移动互联网用户月总使用时长增加了 31%，达 91.27 千亿分钟；中国移动互联网用户人均单日使用时长增长了 25.4%，达 306.7 分钟，超过 5 个小时。

移动互联网作为移动通信和传统互联网的有机结合，成为了新世纪移动通信发展的新动力。移动互联网的快速发展及赢利远景使得产业链的各方开始全面竞争，硬件制造商、互联网企业、电信运营商、内容提供商、服务提供商等各类厂商都争相介入市场，各产业巨头都迫切希望依据其自身的优势来提升其在产业链中的地位。

在竞争日趋激烈的市场上，企业的竞争最终会体现在产品的竞争上，即向最终客户提供什么样的服务内容。

“内容”作为一个互联网术语，狭义上指的是网页上的文字和图片，但是随着时代的发展，内容的含义和特征也发生了新变化。首先，内容的形式更多样，它不再单纯地指网页上的文字和图片，含义还扩展到包括图文、长视频、短视频、音频、直播等更广泛的领域；其次，富媒体化趋势更明显，随着技术的进步以及消费市场的成熟，出现了具备声音、图像、文字等多媒体组合的媒介形式，这些媒介形式的组合叫作富媒体，视频里开始流行文字的弹幕，图片也开始短视频化，图文里插入视频、音频等则更为常见。“内容”本身对于用户来说已经是一个由不同形式的内容组合而成的一个整体。

内容的消费在升级，用户也不再满足于简单的图文消费，短视频、长视频、直播等非图类内容的消费占比呈上升趋势。

从移动网民使用 APP 的领域来看，即时通信(如微信、QQ 等)仍是移动网民在线使用最长时间的 APP，在总使用时长中占比达 30.2%。截至 2018 年 6 月，短视频、综合资讯微博社交、综合电商等领域的 APP 使用时长占比提高，尤其是处于风口的短视频，使用时长占比由 2.0%提高至 8.8%。

除此之外，在大数据的应用中，移动互联网也催生了电子商务的新方向。

第一，社交购物。社交购物可以让大家在社交网络上面更加精准地为顾客营销，更个性化地为顾客服务，以朋友的身份提出意见，为人们的购物提供参考。例如微信的 10 亿用户中，有超过百亿社交关系链。

第二，O2O(Online to Offline)线上链接线下同时营销。目前 O2O 做得比较好的行业是服装、手机、餐饮、电子产品行业等。例如在手机行业中，华为、OPPO、小米、三星等品牌在天猫、京东等电商平台上都有自己的旗舰店，但同时线下也有很多体验店，人们可以通过去体验店体验查看真实的物品是怎样的，然后再到网上下单，或者在网上先了解产品，再去实体店下单，这就是线上线下同时进行，O2O 也是目前电商的一大发展趋势。

第三，云服务和电子商务解决方案。大量的电子商务企业打造了很多业务能力，包括物流能力、营销能力、系统能力，各种各样为商家、为供应商、为合作伙伴提供电子商务解决方案的能力，这些能力希望最大效率地发挥作用。其中小程序是最方便和直接的工具。

4. 用户

从传统媒体时代发展到数字媒体时代，信息接收者的称谓已经从“受众”转变成“用户”，这也充分说明，信息接受者的主动性越来越强，“传播者时代”已经过去，取而代之的是“用户时代”。

在移动互联网时代，用户呈现以下特点：

第一个特点是行为移动化。在 PC 时代，用户端坐在电脑前上网实现与世界的连接，今天，用户用手机连接外部的一切。在公交上浏览微博，在地铁里玩手机游戏、阅读邮件，在等电梯的时候刷朋友圈，在等公交的时候上 QQ 找聊友，醒来第一件事就是打开手机上的微信。

第二个特点是时间碎片化，这是用户行为移动化所带来的结果，用户在不同的屏幕、页面间快速切换，停留在某个具体应用上的时间长短不一。用户将不再像以往一样有大段时间去阅读长篇文章，喜欢轻阅读，追逐简短分享、简易化表达(例如用户喜欢点赞等)，因此不难理解微博、微视、微信为什么会受到热捧，很大程度上是因为他们顺应了这一趋势。

第三个特点是审美疲劳化。“热点各领风骚三五天”，热点事件的持续时间非常短，我们可以看到，微博上的热门话题如果没有大 V 的跟进，会很快消解掉成为明日黄花。不少营销话题也如此，昨天还在讨论三星的可穿戴手表，过个两三天，话题基本上被消费得差不多了，再也无法激起波澜；前天我们还在热议《致青春》这部电影怎样引起我们的共鸣，今天，我们已经没有太大的讨论热情；上周带来上万个转发的四格漫画组图，这周已经没有人转发了，阅读数字没有太大变化；上月屡试不爽的营销创意，在今天，已经成为乏人问津的鸡肋。信息过载、媒体渠道繁杂、信息流通速度加快，事件和新闻可以很快扩散，也会很快消弭，这是引起用户审美疲劳化的主因，热点易散化则是审美疲劳化所带来的直接结果。

第四个特点是在线实时化。在移动互联网时代，不再有上线下线的概念了。用户除非关掉手机，否则任何信息均可抵达用户的手机桌面，用户任何时候都可以打开某个应用获取想要的信息和服务。

第五个特点是入口细分化、多元化。用户想买东西，会直接上淘宝或京东；想聊天，会打开微信；想找朋友，上遇见；想吃饭，上大众点评；看新闻，上搜狐新闻客户端；看八卦，上微博；想找房子，上安居客；想淘便宜，上拉手或高朋；想旅游，上携程……所有的需求都细分成桌面上的一个个客户端，不再像过去 PC 时代一样，被搜索一统所有需求入口。

第六个特点是消费理性化。过去是卖的比买的精，今天是买的比卖的精。用户购买产品前会再三对比，对比发货速度、服务口碑、产品质量、价格优惠、赠品、售后服务等，不再会因为一个广告直接完成购买。即便如京东这种具有强大影响力的电商平台，用户购买数码产品的决策周期也在三天左右。例如今天 vivo Xplay 这款手机的浏览量高了很多，那三天后，才会迎来订单的大量增长。用户现在越来越关心饮食健康的话题，对于吃进肚子里的东西，特别是给小孩吃的、用的，更是会再三权衡考量，一淘、我查查、蘑菇街、大众点评等第三方平台也为用户的消费决策提供了便利。微信 5.0 的扫条形码、扫封面则为用户随时随地进行比价提供了更为便捷的入口，商品是真是假、哪里有卖、售价多少、口碑如何，一扫便知。

第七个特点是用户相信朋友。朋友的评价、购买选择、对某个品牌的推荐都决定了自己的消费决策。不少权威统计机构的数据显示，商家直接打广告的效果越来越差了，在左右消费者的层面上只占到了7%，而意见领袖则高达25%，另外68%则基本上是来自口碑。基于真实社交关系背书所形成的口碑力量成为决定品牌生死的脉门。

除了上述七个特点，用户还有其他变化，诸如资讯获取社交化、传播去中心化、网络圈子化等特征。水能载舟，亦能覆舟，在移动互联网时代，水就是用户，舟就是品牌，用户的话语权和主动权对于品牌的意义非同凡响，用户的选择可以成就一个新锐品牌，用户的纷纷唾弃可以让百年大牌瞬间倒下。

1.3 移动互联网产品设计的理论基础

1.3.1 去中心化和去中介化

移动互联网时代的本质是去中心化和去中介化。

1. 去中心化

网络是有结构的，其结构主要取决于“入口”的网络接入/连接方式。

以 PC 连接为基础的传统互联网，其网络结构存在很强的“中心”。门户网站就是传统网络最重要的中心节点。人们通过登录新浪、搜狐等门户网站，获取经过编辑归类的新闻、资讯。门户成为一段时期内响当当的互联网霸主。

而淘宝则是电子商务最重要的中心节点，它构建的虚拟商城让商家和用户可以在一个庞大的商业中心交易消费，企业则通过收取“租金”来盈利，本质上和百货商场没多大区别。

智能手机的普及带来了颠覆性的改变。在移动社交网络的场景下，信息的聚合变得无处不在，网络连接的入口，从物理走向虚拟，从单一走向多元。

现在，用户不再需要特定的中心来完成自己的生活任务。比如资讯的消费不再需要登录大而全的门户网站，而是通过微博、微信朋友圈以及微信公众号满足资讯需要。

统治中国网络的BAT，除了腾讯已经凭借微信拿到了船票之外，百度收购91助手、阿里收购高德地图，都是传统网络模式往新兴移动模式转移的信号。

未来可穿戴配饰的出现和普及化会使接入网络的端口更加分散。Google收购Nest，主要原因在于Nest是未来智能家居的入口。

“去中心化”并不意味着中心的彻底消亡，只是它不再像过去那样可以一统天下了。

2. 去中介化

传统互联网时代有很多兴旺的“中介”生意，因为用户很多消费任务需要专家的专业指导。但移动互联网和社交网络时代，信息的获取不再依赖于专家意见，可以通过社会化网络的“推荐”来完成。

携程是最典型的传统网络“中介”，它为用户提供旅游出行相关的服务，主要就是基于对酒店、航空公司的强大议价能力，其优势地位是通过用户的聚合来实现的。

但随着社交网络的蓬勃发展，当酒店、航空公司可以直接与消费者沟通的时候，携程这类公司也就失去了其强势的中介地位。比如丽江的小酒店，通过建立自己的平台来吸引客户；7 天、锦江之星、汉庭这些大型酒店集团，也积累了庞大的会员库，而不再依赖携程这类的传统中介。随着用户沟通更加便捷、低成本，若能更好地运营和挖掘自身的客户价值潜力，完全可以减少对携程、艺龙等平台的依赖。

传统媒介也面临着同样的窘境。企业的广告信息原本需要通过它们传达给消费者，但现在企业大部分的营销沟通完全可以通过近乎零成本的社交网络来实现。比如小米的销售，不再靠传统的营销传播和分销渠道，几乎完全依靠其构建的网络社群来完成。

值得注意的是，“去中心化”和“去中介化”这两股力量同时也在相互作用和相互影响，彼此相互推动着，带来持续的发展和变化。在社会生活和商业环境中，二者的影响很难完全分开。总的来说，“去中心化”的影响效应更大一些，“去中介化”在一些场景下也有着很强的影响力，很多时候则是二者共同作用，驱动着商业形态和社会经济的变化发展。

1.3.2 “4C”模型

在移动互联网时代，从用户的“价值创造”和企业的“价值获取”两个视角出发，我们可以构建出一个全新的四要素模型。

(1) 设计与体验：对用户而言体验比功能更重要，对企业而言设计比性能更重要。

(2) 免费与好用：对用户而言好用比产品更重要，对企业而言免费比盈利更重要。

(3) 社群与兴趣：对用户而言兴趣比归属更重要，对企业而言社群比细分更重要。

(4) 网络与关联：对用户而言关联比产品更重要，对企业而言网络比组织更重要。

1. 设计与体验

以体验设计为核心，与用户共同创造新的商业模式。

1) 对于用户——体验比功能更重要

用户体验从来都是重要的商业元素，尤其是高端产品，如珠宝、汽车等。但今天用户体验变得前所未有的重要，已成为市场成功的核心衡量标准。不是因为功能不再重要，而是功能的需求已经基本被强大的技术和工业力量满足了，用户更加注重使用的友好性和情感的体验性。

因为随时随处分享体验的可能性，一款“不好用”的产品如果匆忙上马，很可能会“出师未捷身先死”。iPad 的成功，很大程度上就是体验和设计的成功。为了实现体验的最大化，苹果宁可牺牲物理性能。在 iPad 推出不久的 2011 年，摩托罗拉发布了物理性能更强大、价格更低的 Xoom。但用户并不买账，当年 3～4 月的出货量仅有 10 万台(有用户说，购买 Xoom 的前提是“买不起 iPad”)，而苹果却卖掉了能生产出来的所有 iPad——310 万台。

2) 对于企业——设计比性能更重要

对于企业而言，不是性能不再重要，而是性能必须服务于设计，包括产品、功能、交互、观感等一切的设计。如果不能赢得用户的心，产品的性能再高也是枉然。因为产品得不到用户的喜欢，没有生命活力在其中，是无法在市场中健康生长的。

惊喜创造大师乔布斯曾说过："知道自己想要什么并不是消费者的任务。"这并不是说不需要去了解用户，而是要真正地去洞察用户需求，不再停留在表面的调研、反馈数据之上。

虽然都在传说苹果从不做消费者调研，但事实上苹果每年都在花大量的资金和精力做用户研究。是的，研究而不仅仅是调研。调研只是搜集企业想要的数据，而研究则是在洞察消费者想要但"自己并不真正确知的东西"。

洞察需求，需要对用户发自内心的关注和理解。与其费时费力地做调查，不如反问自己，是不是真的能够安静地倾听用户的反馈？是否真正用心地琢磨和体会用户的意见？是否真正低下了骄傲的头颅，认可用户在新时代市场网络中的地位？

2. 免费与好用

以免费且足够好的产品为基础，构筑新的商业模式。

去中心化削弱了企业的市场地位。开发出能帮助用户完成生活任务的产品，是市场成功的必要开端，但仍需大量的尝试与奋斗。同时企业应该认清自己力量衰退的事实，让渡价值，以赢得用户，促进成长。

1) 对于用户——好用比产品更重要

供给的丰富和产品信息的易得，使用户愈加倾向选择能够解决自己问题的"好用"的产品，而不再那么依靠对品牌的认知和信赖，这也是"用户权利"的集中体现。

足够好才是真的好，产品不需要完美，却需要具有能够快速粘住用户的吸引力。用户的认可，相当于打开了成功的大门，但这只是成功的开始而非结果。产品并不是核心，销售也不是目的。新商业的成功，在于用一切手段赢得用户。

2) 对于企业——免费比盈利更重要

在新的商业世界中，产品就是营销。产品不再是死物，它通过用户的口和手，更通过用户手中的移动终端，变成了会说话的、活的生命。一个生命，它的形象靠的是自己的展示，而不是别人的宣传。

奇虎 360 总裁周鸿祎认为：产品被消费和使用，只是企业与用户之间关系的开始。用户使用产品时，其需求才开始被逐步挖掘出来，因此迭代升级非常重要，否则用户黏性就会失效，后续的价值就会停滞，生意也就此卡壳了。

用户当然有可能在无数次失望之后摒弃你的产品，但是只要对你的产品的最初印象还不错，一般不会频繁转换产品。因此通过产品升级获得更多功能，比转换产品更方便简单，也更省时省力。

从这个逻辑来说，赢得用户比直接盈利更加重要，因为用户会为你持续地创造价值。这也是"免费经济"可以实现的原因所在——在用户价值链的其他环节获得盈利，完全弥补了前期的投入。成功的免费商业模式，辅助环节其实才是真正的盈利中心。

360 的过人之处在于，直接把价格昂贵的杀毒服务费用降到了零。但通过吸纳用户和增加用户黏性，在浏览器和搜索环节赚了大钱。亚马逊低价出售 Kindle，以及 Facebook 正在酝酿的免费无线上网，遵循的也是这个商业逻辑。

对此，互联网先知凯文·凯利曾在十年前就给出过忠告："试图免费的每一个动作都一定能揭示以前没有发现的各种有利之处”。

产品是构筑新的商业模式的基础。小米成功的核心所在就是产品，其产品集中体现了雷军“让用户尖叫”的战略，也体现了其制胜七字诀——“专注极致口碑快”中的“极致”，即把产品做到极致，超越用户的预期。

把精力集中在产品上，创造能解决用户生活任务、好用的产品。把生意看成一段关系的经营，而非一次交易的达成。交易是一时的，关系是久长的。如果与用户保持友好的关系，何愁没有生意可做？正如Google创始人施密特所坚信的：你照顾好你的产品，产品会照顾你的利润。

3. 社群与兴趣

以社群成就无须细分的定位、无须广告的营销。

在“去中心化”和“去中介化”的共同作用下，用户的聚集是动态的，他们会因兴趣而聚合，却很难被细分定位所“击中”。用户已经不必再被动地听企业的声音，企业想要在用户中获得影响力，必须与他们融为一体。

1) 对于用户——兴趣比归属更重要

社交网络时代中真正将消费者聚合起来的并不是他们外在的共性和归属，而是他们的兴趣。

同一个宿舍的大学生，可能有的喜欢旅行，有的喜欢小众音乐。对于他们来说，或许网络另一端的朋友比同一屋檐下的同学有着更多的相似之处。而通过智能手机，每个人都可以接入移动社交网络，无论天涯海角，都有意气相投的朋友同在。

消费者更加相信的是“实在”的推荐，朋友的好评远胜过铺天盖地的广告，再动人的广告也比不上一个“赞”！而连接的便捷性，帮助用户更容易选择其他用户好评的产品。

2) 对于企业——社群比细分更重要

在社交网络时代，以企业为视角的消费者细分定位已经赶不上市场更新的速度了，唯有主动地构建和培育用户社群，才有可能赢得成功。

小米赖以成功的“粉丝经济”的核心，就在于营建了一个活跃的社群。“为发烧而生”的研发理念，聚集了渴望优质手机的用户，并且进一步扩展到更多渴望拥有高性价比手机的用户。小米不需要判断谁是我的潜在用户，不需要针对“目标细分人群”开展营销传播。在小米的粉丝社区里，聚合的都是它的用户和潜在用户。

共同的兴趣是建立关系的基础，而社群则是关系建立起来的外在形式。在网络世界中，市场环境确实更加平等和民主，因为成为谁的粉丝是用户自由的选择，所以电商最流行的问候方式是“亲”。被用户当成朋友是难能可贵的，杜蕾斯被亲切地称呼为“小杜杜”，一再蝉联社会化网络营销的冠军；小米则更进一步，从CEO到工程师都和用户做朋友，所以雷军说小米是“全员营销”。

全球广告投放的顶级巨头Nike，在2013年有个非常重要的举措，即“社交媒体业务in-house化”。也就是说，它将独立运营社交媒体业务，而不再交给广告代理商去运营。Nike官方的解释是：这将有助于Nike更好地了解消费者，并促进他们与消费者的沟通。而且Nike也认为数字营销能更好地体现其商业策略。

事实上，从 2011 年开始，各大企业已经在广泛地使用社会化媒体来进行营销推广。作为微博运营最成功的典型案例——杜蕾斯，据说获得了 50%以上的市场成长。

4. 网络与关联

构建更广泛的产业生态圈，在产业网络中赢得成功。

在后互联网时代，致力于构建、整合、融入用户的生活网络，远比拥有更多的资源和资产更有意义。用户的“体验专属自己的网络关系”诉求，使企业可以在产业生态圈网络中找到最适宜自己发展的市场位置。

1) 对于用户——关联比产品更重要

大众化、无差别化的产品已经越来越难以吸引用户。并不是说大众不再喜欢流行产品，只是用户更希望通过产品来完成自己个性化的需求。

在互联互通的世界里，产品逐步成为连接的工具和端口，构建起来的是用户和解决自己问题的某种服务，是用户和用户之间的联系网络。哪怕如冰箱、电视等传统家电，构建起来的也是家庭成员之间的生活关系。产品本身已经不是那么重要，重要的是对用户关系的构建。

智能手机是最具代表性的产品，可能外面看起来都是“土豪金”，但有的手机里大都是游戏，而有的手机里满屏都是用于工作的 APP。手机的意义，早已不再是单纯的通信工具，而是构建用户之间亲密关系的网络接口。

2) 对于企业——网络比组织更重要

自己辛苦生产的产品从主角沦为了配角，这对企业来说是一件悲哀的事。但这也是一个机会，因为只要还承担着用户关系构建的关键角色，企业就有可能生存和发展。

就像可口可乐的自信：哪怕今天所有的厂房都烧毁了，明天还会重新屹立起一个新的可口可乐公司。因为它已经成为一个文化符号，一个关联社会情感的纽带。

产品本身也正在成为一个网络，一个连接着整个产业生态圈的网络。提供给用户的只是网络共同作用下的一个聚合产物，而且不必一定是网络的“中心”，网络中心之外的重要模块同样也可以赢得极高的利润和市场。

最典型的例子是 Intel 和微软。在用户的电脑里，Intel 和微软只不过是很小的一个组成部分，但事实上，Intel 和微软却构建了 Wintel 帝国，一度瓜分整个 PC 产业 90%以上的利润。联发科曾经在 2 代手机市场复刻了这一成功模式。而在智能手机时代，高通也正试图在苹果之外，建设新的帝国。

小米曾被诟病的一点是：不拥有自己的工厂和供应链。这其实是对产业网络力量的否定，也是对企业和产品真实角色的误读。

在网络时代，企业组织的强大已经不在于其自身拥有多少资源，而在于它在用户网络、产业生态圈网络中的位置。在市场竞争中，可以调配使用的网络资源，其作用并不亚于实际拥有的实体资源。这也是新经济给企业带来的重要机遇：即使资本结构很轻，也同样可以具有强大的市场掌控力。用户不会在意产品的背后都有谁。

构建产业生态圈，共同为用户提供可私人定制的产品，是赢得个性化市场的有效战略。关键是怎样满足用户的个性化需求，怎样在用户自己的关系网络中成为一个重要的接口。

1.3.3 产品设计四原则

1. “3 秒钟”原则

现代人的生活节奏都很快，产品界面间的切换速度也越来越快。所谓“3 秒钟”原则就是要在极短的时间内展示重要信息，给用户留下深刻的第一印象。当然，这里的“3 秒钟”只是一个象征意义上的快速浏览表述，在实际浏览网页的时候，并非真的严格遵守 3 秒。

《眼球轨迹的研究》指出，在一般的移动互联网产品界面上，用户关注的是最中间和靠上的内容，可以用一个字母“F”表示。这种基于 F 图案的浏览行为有三个特征：首先，用户会在内容区的上部进行横向浏览；其次，用户视线下移一段距离后在小范围内再次横向浏览；最后，用户在内容区的左侧做快速纵向浏览。图 1.4 所示就是用户焦点关注区域示意图。

遵循这个“F”形字母，产品界面设计者应该把最重要的信息放在这个区域，才能给访问者在“3 秒钟”的极短时间内留下更加鲜明的第一印象。因此，在设计移动互联网产品的界面时，用户等待时间越少，用户的体验就越好。合理地运用这种阅读行为，对于产品设计会有很好的启发意义。

2. “3 次点击”原则

“3 次点击”原则是指如果用户在 3 次点击之后，仍然无法找到信息或完成网站功能时，用户就会放弃现在的网站。这个原则给我们的启示是：产品应有明确的导航、逻辑架构。图 1.5 所示就是一个友好的医疗 APP 产品界面。

图 1.4 用户焦点关注区域示意图

图 1.5 一个友好的医疗 APP 产品界面

在网络探索的过程中，点击的次数往往是无关紧要的，我们需要在产品中给用户暗示：他们总是能知道现在在哪里、以前去过哪里、以后可以去哪里。

3. "7±2 记忆"法则

根据乔治米勒的研究，人类短期记忆一般一次只能记住 5～9 个事物，这就是"7±2 记忆"法则，即由于人类大脑处理信息的能力有限，它会将复杂信息划分成块和小的单元。这一法则经常被用来作为限制导航菜单选项为 7 个的论据，如图 1.6 所示。

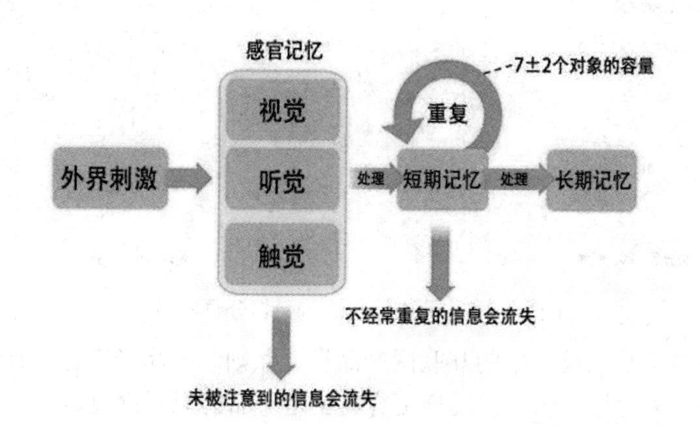

图 1.6　"7±2 记忆"法则的示意图

"7±2 记忆"法则对于页面布局的参考意义如下：

(1) 避免喧宾夺主，将页面需要完成的主题功能放在页面首要主题位置。对于那些有必要但不是必需的功能，应尽量避免抢占主体位置，以免影响用户最常用、最熟悉功能的使用。

(2) 一个页面的信息量应恰到好处，在提供给用户阅读的区域，尽量不要超出其承载量。

4. 费茨定律原则

费茨定律对于互联网产品设计具有很好的启发意义。该定律指出，使用指点设备到达一个目标的时间，同两个因素有关：设备当前位置和目标位置的距离(D)、目标的大小(S)，如图 1.7 所示。在互联网产品的互动环节，用户和鼠标(手势)的移动应该是非常密切的。让我们一起来设想，要从 A 点移动到 B 点，如何在有限的距离放置内容，以更实用的方式最大化内容的可及性，快速提高内容点击率，对于用户体验的价值是非常重要的。

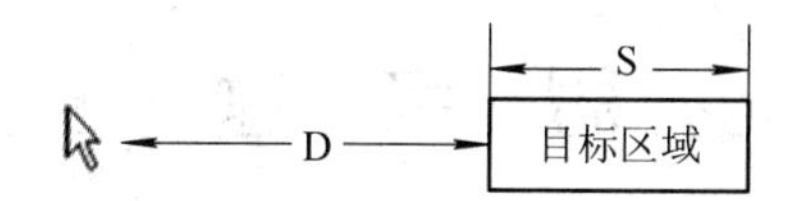

图 1.7　两点之间的距离和目标大小示意图

在移动互联网产品中，产品经理经常会遇到类似的问题。比如，在产品页面中经常要使用分页功能，这本来是一件给用户带来视觉享受的事情，但是，许多分页的页码数字特别小。费茨定律为设计交互提供了一个依据，设计一些粗大、感性的分页页码数字，让用户快速命中目标。也就是说在一个有限的范围内，要让目标尽可能无处不在，带给用户舒适的体验。图 1.8 所示就是一个友好的查询数据分页界面。

从 [ ] 到 [ ] 查看

请假起	请假止	删除
2013-05-14 17:00	2013-05-14 17:30	
2013-05-10 13:00	2013-05-10 17:30	
2013-05-08 14:00	2013-05-08 16:00	
2013-04-01 16:30	2013-04-01 17:00	
2013-03-26 16:00	2013-03-26 17:30	
2013-03-22 10:00	2013-03-22 10:30	
2013-02-21 08:30	2013-02-22 17:30	
2013-01-31 13:00	2013-02-20 17:30	
2013-01-10 09:30	2013-01-10 17:30	
2012-09-12 08:30	2012-09-12 17:30	

共 10 条， 每页显示 20 ▼ 条 ， 当前显示 1 - 10 条　　第 1/1 页 到 [ ] 页 跳转

图 1.8　一个友好的查询数据分页界面

上述四个原则都是比较实用的互联网产品设计原则。产品经理在设计的过程中，也需要尝试用这些原则去挖掘、归纳，这样更容易创造产品的无限价值。

本章小结

本章首先介绍了移动互联网产品的定义和基本概念、分类以及其发展历程。接下来讲解了移动互联网产品设计的理论基础，包括移动互联网时代的本质、“4C”模型、移动互联网时代的产品设计四原则等。其中移动互联网时代的本质是“去中心化”和“去中介化”，即通过信息手段把产业链中间环节去掉，从而降低成本，提高效率；“4C”模型指的是设计阶段需要注意的四个模型，即设计与体验、免费与好用、社群与兴趣、网络与关联；同时，设计移动互联网产品需要注意四个原则，即“3 秒钟”原则、“3 次点击”原则、“7±2 记忆”原则以及费茨定律原则。

学习完本章后，应具备对移动互联网产品的基本理解，熟悉概念和发展历程，并能有比较基本的产品设计能力，能根据相关原则进行简单的设计。

思 考 题

1. “去中心化”与“去中介化”的区别与联系。
2. 设计(相对于产品设计者)与体验(相对于用户)的关联，以及二者的差别。
3. 免费的一定好用或不好用么？为什么？
4. 具有同样兴趣的人形成的社群对产品的影响有哪些？
5. 通过查找资料，找到移动互联网时代产品设计四原则的案例，并深入理解。

第二章 移动互联网产品商业模式

移动互联网商业模式就是指以移动互联网为媒介，整合传统商业类型，连接各种商业渠道，具有高创新、高价值、高盈利、高风险的全新商业运作和组织构架模式，包括传统的移动互联网商业模式和新型移动互联网商业模式。

本章内容

※ 移动互联网产品商业模式的概念、九大思维、四个核心观和七要素；

※ 移动互联网产品商业模式的组成，包括产品定位、业务系统、关键资源能力、盈利模式以及现金流和企业价值；

※ 移动互联网产品商业模式的分类，包括移动 APP 模式、行业定制模式、电商模式和广告模式；

※ 小结本章内容，并提供核心知识的思考题。

2.1 移动互联网产品商业模式介绍

2.1.1 商业模式概述

移动互联网产品的商业模式是没有一个固定的模式的，只要能给顾客提供长期价值的，就是一个好的模式。那么，什么是好的移动互联网产品的商业模式？

对于一个长线发展来说，收入大于付出，能很清楚地预见未来的发展的模式，这就是好的商业模式。反过来说，若长线发展是一个未知数，就不是一个好的商业模式。

1. 商业模式要顺应客户需求

企业的网站、APP 及公众号等，其业务功能应能顺应市场的发展需求，如锁定的顾客群所需要的是打折品牌商品的服务(唯品会)，还是商务沟通的平台(猪八戒威客网)，这些是研究特定客户群的需求后，所提供的产品和服务。但是有很多公司就想颠覆这个想法，不是根据客户需求去创新，而是根据自我策划做了产品，反过来要顾客群去适应它的项目，这样的产品，在市场竞争非常激烈的今天很难成功，因为客户的选择太多了。创新是一个很好的想法，但是要按顾客群的需求去创新。现在有很多的门户型网站或 APP、配对型的网站或APP、搜索型的网站或APP、网购型的网站或APP、游戏型的网站或APP，都是顺应各方面的需求建立起来的。

最近很多人都开始提倡“病毒式的营销”，这种营销方式的基本概念就是让顾客群相互并很愿意的去介绍相关的服务及网站。要发挥出这种病毒式的威力，就必须要有能让顾客群认同的服务产品内容，让顾客不断地享受到相关的服务及其带来的便利，这样的模式才能细水长流。而不是搞个宣传活动，通过各类优惠活动或返费，将顾客带到网站或APP，一直给他们发放资料，或给他们发邮件，投射大量相关及不相关的广告，当顾客将好处都拿完了，接下来也就离开了。

2. 四个成功的O2O商业模式

O2O本质上仍是人的生意，经营好顾客是O2O最应该达到的目的。O2O是移动互联网爆发下催生的产业模式，一定程度上正在变革人与人、人与商业之间的关系。下面是四个O2O的成功案例。

案例一：通过微信朋友圈卖鞋

很多运动粉丝非常钟爱收藏限量版品牌球鞋。但受限于信息渠道的问题，很难买到一双真品全球限量版球鞋。有一支团队靠一个普通微信号解决这个问题，实现了半年销售额达600万的销售奇迹(如图2.1)。他们使用的销售方式也并不出奇，仅仅只是在朋友圈中搜罗那些民间的限量版球鞋。

图2.1　微信朋友圈卖鞋

该团队人数不多，只有4个。他们每天的工作就是通过朋友圈及微信聊天，与全国各地的限量球鞋爱好者进行交流，并最终促成交易。这个团队的核心价值在于，以运营此领域爱好者的人脉圈为基础，拓展自身的业务范围。他们的盈利模式非常简单，就是对买卖双方各抽成10%，通过销售量的增长，轻松实现了百万级的盈利。

得益于首创(基本没有竞争对头)，该团队在2014年的1—7月间，实现了600万的盈利，这相当于一家中型零售店全年的销售收入。随着O2O的碎片化趋势越来越明显，打散销售渠道的“微商”模式正在各个领域中不断复制，类似的销售奇迹也将不断涌现。

案例二：优衣库的用户关怀理念

优衣库(如图 2.2)这家品牌，到底为何如此吸引用户？

图 2.2　优衣库的用户关怀理念

优衣库的营销核心是：在用户前期营销和所有到店消费过程中植入了大量品牌价值观，通过贴心的服务塑造品牌，并由此影响用户对品牌的感知，最终转换为线下消费。

目前，优衣库推出了 7 款 APP，其中优衣库闹钟最为出名。专家表示，正是对用户的这种“无目的”的服务营销，才最终换来了用户对自己的好感。其各类线上服务目前仅有一款 APP 是与直接销售相关，其余都是在关注每个优衣库用户的生活细节。

对于普通人而言，所谓的 O2O 并不难理解。但目前多数 O2O 的商业模式及策略讨论流于浅层次，也就是所谓的“雷声大雨点小”，基因不同，目的不同，玩法也不同。优衣库就是这样一家通过关怀用户来提升用户感知，进而促进用户长期消费的商家。

案例三：7 天连锁酒店微信销售爆发式增长

很多人可能不知道铂涛酒店集团，但它名下的子品牌“7 天连锁酒店”应该都有所了解(如图 2.3)。7 天连锁酒店是铂涛集团旗下最重要的酒店资产之一。进入移动互联网时代后，在新的竞争冲击下，7 天连锁酒店也被迫进行变革，改革的要点之一就是传统的电话呼叫中心模式。

图 2.3　7 天连锁酒店

目前，7 天连锁酒店的微信公众号上约有 200 万会员，日均订单约 5000 个。相比传统的电话呼叫中心模式，微信公众号的形式解决了大量问题。因此，7 天连锁酒店正在不断扩大其微信团队。伴随着微信订单量的逐渐提升，7 天连锁酒店也在不断削减其原有的电话预订团队。

7 天连锁酒店推广其微信定房间的方式是：扫码关注 7 天微信公众号，成功预订房间后，到店的顾客将额外得到一瓶矿泉水。就是这样一个简单的吸引方式，最终提高了 7 天连锁酒店在预定、会员服务上的运营效率。

案例四：让人感觉完美到极致的美发店

美发行业在服务业中属于“刚性”需求。只要有头发，任何人都有理发和美发的需求，因此美发行业有着不竭的发展动力。但美发店如何能通过互联网平台达到自身高速发展的目的呢?

有一位美发师就决定在他从业多年的美发行业进行互联网创业。在 O2O 概念的驱使下，这名美发师决定进行互联网营销创新，也就是设计一种全新的美发行业的移动互联网营销模式(如图 2.4)。

图 2.4　极致体验的美发店

这个美发师使用的方式其实非常简单：

其一，打造极致完美的美发环境。从传统理发店到现代美发店，一个字的改变实际上背后是人们对消费观念的巨大改变。现代社会中，只完成基本的理发服务已经不能够满足人们的需求，而在做好头发的同时，更多人也开始关注到环境带给自身的体验。原因非常简单，在美发的同时，你的双眼实际上有大部分时间是四处游离的。这段时间内，你的感官也极度敏感，收集着周围各种环境信息。所以改造环境成为了不亚于聘请高级发型师的工作，打造极致的用户服务环境，成为该创业项目的最大特色。

其二，饥渴营销。这名美发师也采用饥渴营销的方式，其通过专业团队打造了营销概念，并进行广泛传播，使得相当多的用户在没有体验到服务的情况下，提前获得对该品牌的认知，最终通过大量传播，导致供不应求。其实，主要还是利用了顾客的尝鲜心理。

3．移动互联网时代的商业模式创新

移动互联网时代的商业模式创新有以下 11 个注意要点。

(1) 移动互联网产品提供给企业的商业价值源于用户黏性，这种黏性是由两个主要的参数决定的：第一是用户使用某款移动互联网产品的频次，频次越高价值越高；第二是用户使用该产品的单次时长，单次时长越长意味着用户沉浸的程度越深。

(2) 移动互联网应用为了占据用户桌面，免费策略、处处搭载策略、“拿来主义”策略和注资并购策略被频频运用。

(3) 从某种意义上来讲，移动互联网的历史就是一场用户时间份额的切割战，大量的创新由此产生。从 PC 桌面、手机桌面到目录式门户，再到搜索引擎门户、社交门户、工具性门户，总体趋势是个性化程度、对用户端的智能支持程度越来越高。

(4) 高普及率意味着两件事情：第一，直接给用户免费使用，以求得快速的市场份额增长；第二，要时刻保证用户非常良好的体验，确保用户持续使用。

(5) 考察一个移动互联网平台，要看它的同边效应和跨变效应。同边效应是指在平台的某一边中，如果使用的用户增多，会有利于同一边的用户越来越多，比方一个用户使用了某款浏览器，那么就会影响到周围更多的人去使用这个浏览器，这就是同边效应。跨变效应是指在平台的某一边中，如果一边使用的用户增多，会有利于另外一边的用户越来越多，例如淘宝上的买家增多，就会吸引更多的卖家进入。理想的平台，应该同时具备同边效应和跨变效应。

(6) 移动互联网上的各种平台，存在强势平台和弱势平台之分。弱势平台的主要特点是处于强势平台的夹缝中，独立生存能力相对较弱，且功能往往比较单一，极容易被强势平台蚕食。如 Windows 系统和苹果的 iOS 操作系统都自带浏览器，这些强势平台的自带浏览器就足以绞杀大部分独立浏览器。

(7) 一个功能单一、独立生存能力弱的弱势平台的悲剧在于：强势平台把多种功能平台捆绑在一起进入到了弱势平台的所在市场。当用户发现综合性平台提供的功能更多，而且总成本更低的时候，肯定会转投对方门下，弱势平台原有的市场空间会迅速缩小。

(8) 对于强势平台以捆绑为手段的攻击，弱势平台往往处于非常被动的境地，它们既无力削减价格，也不能组建一个足以与竞争对手匹敌的平台。在一般情况下，被包围的弱势平台生存的难度很大，往往在对手的攻势下节节败退，除了退出竞争之外别无选择。

(9) 弱势平台对于综合性强势平台的围追堵截不要抱有任何幻想，来自竞争对手的打击往往异常残酷。在微软围剿 Netscape 的过程中，除了 Windows 免费捆绑 IE 之外，微软充分利用了自身的综合性优势，试图让网景在整个生态体系中被孤立。当时网景的盈利模式是通过销售服务器来发布浏览器，微软采取的针对性的封杀举措就是把自己当时的 IIS 服务器与 Windows 服务器版本搭售，里面含仿制 Netscape 产品的代理、电邮、新闻组软件，并以非常优惠的价格销售，用以切断网景的财源。此外微软在跟相关的服务器厂商、互联网服务商的合作中，在其授权条款中，都要求在主页面上显示 IE 的图标，并且不得加入网景的图标，否则将以涨价方式作出惩罚。微软对中小型 ISP 推出附有 ISP 品牌的定制化 IE，使不少 ISP 鼓励用户改用 IE，放弃网景。还有，微软在当时收购得来的 FrontPage 网页设计软件中，也加入了非标准的开发标签，使开发出的网页只能使用 IE 浏览器而不能使用 Netscape。可以说，综合平台会无所不用其极的采用一系列手段来封杀弱势平台。

(10) 作为弱势平台，需要及时追求和价值链上下游的大佬们合作，开展有效的合作联盟，是有可能在强敌环伺的平台生态环境中生存下来的。以浏览器 UC 为例，它的第二轮融资选择的是自己的价值链下家，同时也是电子商务的强势领导者阿里巴巴作为投资方，双方在移动支付上紧密合作。也就是说，浏览器通过让不同品牌、不同型号、不同操作系统的手机在使用移动电子商务的时候都能够看到最佳的网页效果，同时在这个基础上，针对淘宝的页面进行了专门优化，可以保证用户浏览网店、下单和支付等一系列动作顺畅完成。

(11) 弱势平台在强势平台的包围环侧之下，求得生存与发展的关键策略在于：平台的结构升级再造、功能扩展、客户群扩张、运用法律武器、勇于对攻。

2.1.2 商业模式设计的九大思维

在移动互联网时代，如果想要自己的产品占有一席之地，在设计阶段就必须要拥有正确的思维模式。简单来说，移动互联网和互联网一样，在产品的商业模式设计上有九大思维，如图 2.5 所示。

图 2.5　移动互联网产品设计的九大思维

接下来，我们先来了解用户思维、极致思维和简约思维。

1. 用户思维

用户思维是互联网思维当中最重要的一项，如果没有它，其他的互联网思维根本无从谈起。用户思维就是无论企业做什么事，有什么样的转变，首先应该考虑的是用户的利益，其次才是自身的利益。企业只有处处以用户为根本，真正做到为他们着想，他们才会对企业死心塌地，成为企业的粉丝，将来无论发生什么事，都愿意和企业共同进退。

以前的企业，没有过多的去考虑用户的思维和想法，大多数都想着做好自己的产品就可以了。但移动互联网时代的企业和用户是具有互动性的，如果不注意从用户的角度去思考问题，一旦用户不满意，选择了离开，企业将很难做下去。当企业的发展遇到困难的时候，如果有一大批忠实的粉丝，企业便可以渡过难关；若不注重和用户之间的联系，企业倒下之后就很难东山再起了。

企业在运作各个环节时，一定要优先思考用户的问题，只有时时刻刻在心里想着用户，才能让用户感受到企业的脉搏，和企业同呼吸，共命运。当用户选择和企业站在同一条战线上的时候，用户就变成了粉丝。在移动互联网这个人人都可以发出声音的时代，粉丝的价值绝对不容小觑。

用户思维的示意图如图 2.6 所示。

在移动互联网时代，每个人都可以对企业产生重要影响，如果企业和用户之间没有互动，这个企业就会落后，最终被时代抛弃。粉丝经济是移动互联网时代一个明显的标记，企业只拥有用户还远远不够，要想办法把用户转变成粉丝，这样才可以创造出更大的价值。

用户只是一群普通的消费者，能够吸引用户对企业产生归属感的仅有企业的产品。产品环节一旦出现了问题，他们就会马上离开，不会为这个企业多花一分钟时间。粉丝就不同了，因为粉丝对企业是有感情的，即使产品存在着瑕疵，粉丝还是会接受这些产品。

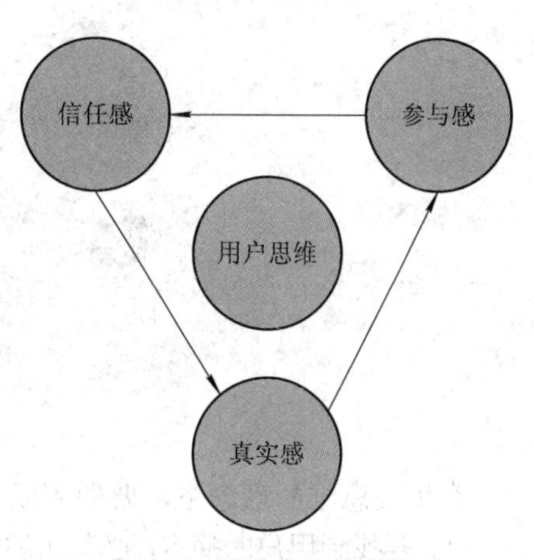

图 2.6　用户思维示意图

移动互联网时代最有价值的是“粉丝”，一个品牌若是没有足够的粉丝支撑，必不会长久。有了粉丝，企业就拥有一大批愿意为其买单的消费者，除此之外，这些消费者还能给企业的发展指明方向。所以说，粉丝不仅是企业的衣食父母，同时也是企业的导师。

电影《小时代》在豆瓣的评分只有 4.8 分，但是票房却一直都很好。《小时代 1》票房 4.84 亿元，《小时代 2》票房 2.9 亿元，《小时代 3》票房更是了不得，在上映第一天，票房就高达 1.1 亿元，然后很快就突破了 5 亿元。《小时代》三部电影的总票房超过了 13 亿元人民币，是目前我国系列电影里票房最高的。为什么评分并不高的电影会有这么好的票房？原因就在于粉丝经济。不管是导演还是一众演员，都是话题性人物，并且拥有大批的粉丝，《小时代》还没上映，就已未播先火了，这就是它的成功之道。

2014 年 8 月 7 日上映的《绣春刀》，一上映就好评如潮，在豆瓣的评分高达 7.7 分，但却始终叫好不叫座，上映初期的票房十分惨淡。虽然到后来票房有所提高，但也是难以突破亿元大关，止步 9000 万元。一部能在网络和媒体上好评如潮的电影，最终的票房却连《小时代 3》首日的票房都比不过，原因就在于其导演和演员粉丝较少。很多人甚至根本不知道有这部电影，只是听电影院的工作人员推荐，但还是不知道这部电影是讲什么的。到了播放的时候，偌大的电影院只有二十几个人在观看，这就是没有粉丝的尴尬。

移动互联网时代没有粉丝是绝对不行的。粉丝不但是消费者，更是宣传者，为企业买单的同时，还能起到一个免费帮企业扩大知名度的重要作用。那么如何才能将用户变成粉丝呢？只有时刻都为用户着想，以真心换得用户的真情。

2. 极致思维

大批量生产“中庸”型产品的模式在移动互联网时代已经行不通了，想要在激烈的市场竞争中胜出，就必须要有极致思维。所谓的极致思维，就是把一切都做到极致，做到最好。你的产品应该是最棒的，你的服务应该是最贴心的、最人性化的。极致就是要让用户体验到最好的东西，至少，要比竞争对手好。

极致思维的示意图如图 2.7 所示。

图 2.7　极致思维示意图

在极致思维的理念下，要做到以下三点：

(1) 要找到用户的痛点，必须了解用户最需要的是什么，这是非常重要的。你应该把自己的力量全部集中在能起到作用的点上，而不是分散自己的力量，去做一些无关痛痒的事情。

(2) 要逼迫自己去做到极致。“不疯魔，不成活”，这个观点在移动互联网时代很正确，想要拿出好的产品，提供令人尖叫的服务，你得逼一逼自己。

(3) 管理要严格，绝不能马虎。人都是有惰性的，也有人性的弱点，这需要靠管理来弥补。好的企业是管理出来的，一定要相信这一点。

好产品、好服务、好口碑，这些都是企业最好的广告。如果人们能够自觉口口相传，向身边的人推荐企业的产品，这就是最成功的营销。企业用极致思维，才能够打造出最好的产品、最好的服务，而这绝不是大面积铺排广告就能达到的效果。

3. 简约思维

“最简单的就是最好的”，这句话应该被奉为移动互联网时代的真理。对待那些看起来和自己无关的人或者事物，人们一般都会缺乏耐心。在信息快速传播的今天，人们的耐心比任何时候都更加缺乏。在移动互联网时代，简约才能受到人们的欢迎。

要使一个企业成为同类型企业中的王牌，就必须有简约思维，不要盲目搞多元化，在做出好产品的同时，同样也必须有简约思维。简约思维的示意图如图 2.8 所示。

图 2.8　简约思维示意图

苹果公司原本是一家即将破产的公司，在乔布斯回归以后，直接将 70%的生产线一刀切掉，只把注意力集中在 4 款产品的开发上。终于，苹果从破产的危机当中转危为安，成为现在笔记本和手机行业的佼佼者。苹果一直坚持着自己的简约思维，即便它的苹果手机大火，但它也没有像其他品牌那样生产很多型号的手机，让消费者晕头转向。即便是 6s 时代，苹果的手机也只有4款而已。

企业要是没有这样的自信，就不可能有走上巅峰的那一天。简约是一种力量，就像是术业有专攻。博学自然是好的，但只有专精才能成为行业当中的强者。就算只有一种产品，只要它有市场，一样可以成就不凡的事业，这就是“一招鲜，吃遍天”。只要你的产品好，消费者愿意买单，就足够了。

产品也是越简约越好。苹果的手机只有一个按键，就把所有的事情都做了，简单方便。谷歌、百度的搜索页，也只有一个搜索框，不让人眼花缭乱。360安全卫士和360杀毒，风格都十分简约，一个按键就解决了问题，即便是从来没有使用过的人都知道该怎么操作。任何产品都是如此，越简约越能方便人们的使用，就越受到人们的喜爱。

简约思维贯穿在企业生存的各个方面。简约给企业带来了生命力，使得产品更具有竞争力。但是，简约并不是简单，它是专注于产品功能、处理好各方面细节之后的结果，如果只是追求简单，却没有了功能，也是不行的。

移动互联思维是移动互联网时代对每个企业都适用的思维，不管企业大小，都应该积极地把自己的旧思维调整过来。

以上是九大思维的前三种，先搞懂了这几项，然后接下来再继续看其他几种思维。

了解了三种移动互联网思维之后，可能对这种思维方式有了一定的认识，但这还不够。毕竟思维能够决定企业的行为，进而决定它的命运。我们必须懂得更多，才能够在移动互联网时代站稳脚跟。下面就来看看流量思维、迭代思维和社会化思维。

4. 流量思维

图2.9是2018年中国互联网线上的五个主要流量入口：APP、社群、小程序、网页和公众号。

在移动互联网时代，最重要的就是争夺流量入口和流量。流量思维是移动互联网时代创造财富的思维，懂得了它，就知道如何创造更多的价值了。

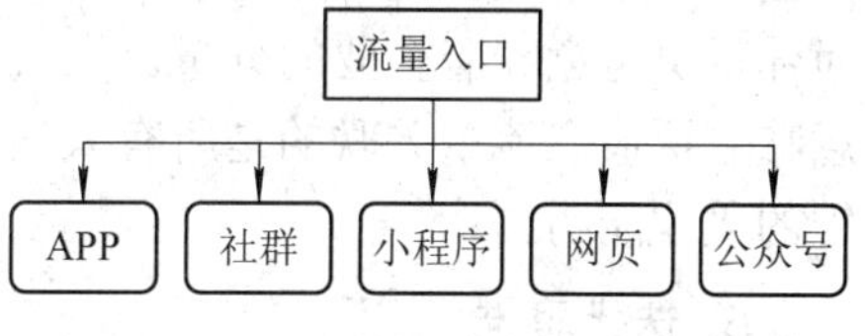

图2.9　2018年中国互联网线上流量入口

实际上，无论是过去的互联网时代，还是现在的移动互联网时代，流量一直都被用来划分网络市场这块巨大的蛋糕。不管是腾讯、淘宝还是百度，全都是流量的接入点，正因为它们的流量巨大，才会产生如此高的收益。

将门槛放低，才能够最大化的保证自己的流量。移动互联网是什么时代？是一个免费的时代。仅仅免费这一点，就能够打败很多收费的东西，因为它可以吸引大量的用户，进而产生巨大的流量。有了流量，还会没有商业价值吗？360打败其他杀毒软件的关键就是免费！京东在与其他购物网站的竞争中胜出，因为京东免费送货！越来越多的人都愿意在淘宝上开网店也是因为免费！

可以说，免费是一套屡试不爽的招式。在移动互联网时代，利用好免费，就可以创造出巨大的流量。一开始免费没关系，等到流量增涨了，想怎么改变都没有问题，有了流量，就有了商业价值。

360一直将流量思维运用得非常好，它的一举一动都能够引起其他企业的争相模仿。但是，现在的很多应用都是免费的，即便360永久免费，优势也不是特别大。那么，360要怎么做呢？

360 并没有按照常规套路出牌，在流量思维的引导下，它的所作所为便是要打破常规，用最有吸引力的手段，将流量强行拖曳过来。2014 年刚刚到来，360 就做了一件让业界都感到震惊的事情，它与江苏电信联手，开展了下载“免流量”的活动，在 360 手机助手中有一个免流量的专区，在其中下载特定的 APP，将免收流量费用。

在手机上下载软件都是需要花费流量的，如果手机连了无线网，就使用宽带上的流量，若用的是手机上的网络，就会产生流量费用。360 直接开通免流量的下载渠道，这个做法是颠覆性的。从市场情况来看，在春节前夕开通的第一批江苏电信用户就已经有 500 万之多，360 免费下载可以给这些人省去 2 亿多兆的流量，折合成人民币高达 5000 多万元。

360 的每一个动作都会引起人们的广泛关注，它的这次免流量行动也给业内带来了不小的震荡，有不少人认为这可能标志着移动互联网的零流量时代即将来临。360 明显是想要借助免流量行为来占领人们手中的移动端，从而达到掌控用户流量的目的。这个出人意料的活动确实也让很多竞争对手措手不及。

360 免流量活动的开展声势浩大，过程却不是很顺利，只支持江苏电信等有限的几家，覆盖面很小，而且在和北京移动合作的过程中还遇到了困难。2 月 28 日 24 时，已经开通的北京移动免流量下载应用忽然不能用了，北京移动还表示不会再开通这项服务。

尽管目前免流量活动的表现并不是很好，但未来极有可能是免流量费的“零流量”时代，到时候，360 就又一次走在了时代的最前端。

360 是用流量创造价值的行家，它从永久免费当中创造利润。在移动互联网时代，用流量思维来创造价值，是每一个企业都应该学会的事情。有多大的流量就有多大的体量，而体量更是意味着企业的分量。人气在哪里，价值就在哪里，在移动互联网时代，流量就意味着价值。流量关联的是所有人的钱包，它的价值有多大，只有真正了解移动互联网思维的人才能明白。

5. 迭代思维

迭代思维的示意图如图 2.10 所示。

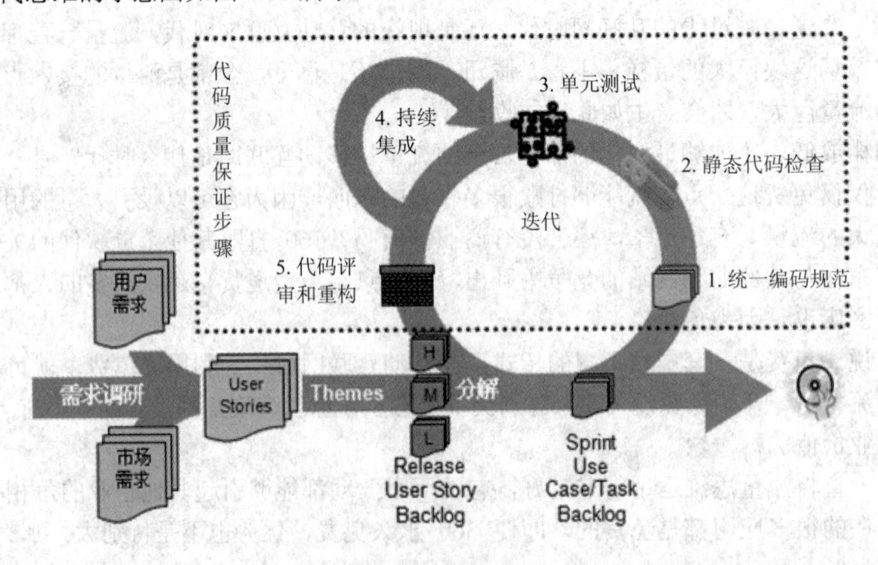

图 2.10 迭代思维示意图

现在的科技高度发达，不管是什么行业，产品的更新换代都非常快，这从我们日常生活中就可以看出来。比如说我们穿的衣服，不管什么季节，都有新款设计出来，你永远也无法保证你身上穿的这件是不是最流行的款式。我们的电脑、手机的系统和软件也都在不停地更新。我们玩的游戏，也都在不停地升级版本、打补丁。手机、电脑、电视等各种商品都在不停更新换代，新的型号一推出，旧型号的价格就会下跌。

在移动互联网时代，任何东西都在发生着日新月异的变化，迭代思维对企业的生存和发展至关重要。企业需要不断前进，逆水行舟，不进则退。一旦停下来，就会落后，落后就要退出这个市场的大舞台。

迭代不仅能够用来研发全新的产品，还给了企业完善自己产品的机会。任何产品都不可能十全十美，即便它本身的问题很少，也可能只是满足一批人的需要。想扩大市场，让产品的受众人群更多，可以进行微调整。不过这同样需要迭代，就像 iPhone 5 和 iPhone 5s、红米和红米 Note 一样。

迭代思维让企业有更多的容错空间。既然是不断创造的，那么出错就是在所难免的；既然革新是不断进行的，那么有了错误就能够马上调整过来。迭代让企业不断前进，并在前进中完善，然后再继续前进，如此循环，生生不息。

谷歌在开发产品的时候使用的就是迭代思维，利用不断迭代的战略，将自己的产品打造得近乎完美，被绝大多数人所接受。谷歌始终坚信，只要是软件开发，就不可能做到完美，它永远都有提升的空间。因此，谷歌的策略就是“永远 beta(测试)版”，一直走在提升产品性能的更新之路上，从不停止。自谷歌的邮箱 Gmail 开通以来，一直标注着 beta 版，直到用了 5 年，用户对这个邮箱基本满意了，谷歌才将这个标注去掉，成为正式的邮箱。

谷歌在和苹果手机的 iOS 智能操作系统较量的时候，使用了和苹果完全不一样的迭代开发策略，取得了非常好的效果。它在自己的安卓操作系统上面使用的是开源软件模式，和很多企业共同生产智能手机和平板电脑。安卓系统由 Android 2.3.3 升级到 Android 4.0，期间所用的时间只有半年左右，这让很多手机甚至没有时间去更新换代，无法支持最新版本的安卓操作系统。但是谷歌却并未停止更新换代，Android 4.1 和 Android 4.2 紧接着就出现了。谷歌的迭代速度简直是疯狂的，这让很多和它合作的企业都感到无所适从，因为更新而出现的各种操作系统适配问题都出现了。然而谷歌在迭代思维指引之下，对系统的更新换代有足够的决心，用快速更新使得合作企业也不停地更新产品，赶上市场的步伐。

经过不停迭代，安卓系统的技术水准在很短的时间内就追上了苹果的 iOS 系统。谷歌利用快速迭代在强大的竞争对手面前存活了下来。

微信的成功是另一个迭代成功的案例。微信能够迅速火起来，它的迭代思维功不可没。微信的开发也是一个不停迭代的过程，正是因为更新迅速，它很快就找到了自己能够依赖的核心功能，不但在竞争激烈的市场中站稳了脚跟，还迅速发展出了上亿的用户。

前面已经提到，在移动互联网时代，需要有极致思维，但是产品和应用不可能一开发出来就是最好的，想要把它做到极致，就需要迭代思维。谷歌和微信的成功，正是因为它们不断完善，在快速迭代中，让自己的产品趋于完美。

循序渐进是产品迭代的关键点，如果不能一下子就把缺陷全都消除，至少每次都要有一点进步，这样消费者才会充分理解，并且对企业充满信心。迭代要尽可能快速，如果慢吞吞的，它的价值也就无从体现了。在迭代的过程中，一定要注意细节，关注用户的细微体验，若因为迭代而影响到用户的体验，那就不好了。

6. 社会化思维

很多原本不相干的人因为移动互联网联系到了一起，让这些人可以随时通过移动端在网上交换彼此的信息，即使在千里之外也能够互相影响。企业在这个时代应该拥有社会化思维(如图 2.11 所示)，只有如此，才能将移动互联网的优势利用起来。

图 2.11　移动互联网对不同群体交互的影响示意

在移动互联网时代，企业如果能影响到一个人，就可以通过这个人影响他周围的人——亲属、朋友……社会化思维最根本的一点就在于“网”，不管是企业内部还是企业相对于用户，都应该是一张大网，只要一网下去，就能打起一大堆鱼。

有人单纯地将社会化思维当成是企业利用社会化媒体推广自己的产品，实际上，它并非想象的这样简单。社会化媒体包括但不限于新浪微博、Facebook、Twitter 等，在这些媒体上做广告，确实能够吸引人们的注意力，企业可以看到自己的粉丝增加了多少，在自己的消息发出去以后有多少人评论和转发。但是，如果仅仅这样定义社会化思维，就太片面了。

社会化思维应该是系统而全面的，贯彻在企业的每一个行为当中，无论是高层领导的决策、企业的运作、员工之间的信息交流、日常的生产还是宣传推广的工作，都应该以之为指导思想。社会化思维是要把企业整体变成一个社会化的企业，不单单只是在某一个方面的转变。

有的企业在社会化这件事情上的理解很到位，例如 Burberry、IBM。

IBM 的市场和公关副总裁 Jon Iwata 对什么是社会化企业有十分清楚的认识，他表示：“社会化企业是新技术和行为对业务成果、商业模式和管理整个企业业务的影响”。也就是说，其实社会化企业主要是指企业被社会影响后，所呈现出来的一种企业运营模式，简而言之，任何企业只要愿意被影响，都是可以变成社会化企业的。

社会化思维会对企业产生很深的影响。通过从社会化媒体中得到的反馈，企业就知道该怎样去改善自己的产品，完善自己的服务。有了网友和消费者的意见，就可以很快地找准方向，且比以前更加方便和准确。通过社会化思维，企业可以了解到每个用户的想法，根据个人爱好量身打造专属于他们的服务，这使得服务更加人性化，用户体验感也就更强。

社会化思维是无处不在的，即便企业不转变思维，也还是会受到它的影响。很多年轻的员工都会登录一些社会化的媒体平台，在上面注册账号，有的人还会把自己的工作情况发出来。这就给了别人了解企业的机会，同时也给竞争对手提供了信息。因此，企业固守着自己的旧思维是不可能“独善其身”的，必须积极接受移动互联网时代的新思想，接受社会化思维，才能够更好的发展。

移动互联网思维是一场思维的革命，仅仅知道这些是远远不够的，只有融会贯通，才能在移动互联网时代畅通无阻。

7. 跨界思维

现在人们经常会提到的还有跨界思维(如图 2.12)。在这样的思维模式之下，很多人都开始跨界做生意。比如苹果，原本是做电脑的，跨界做了手机之后，一下子就把诺基亚打败，成为手机行业的霸主。

图 2.12　跨界思维导图

跨界思维这么厉害，能够让企业如同坐了火箭一样，实现非常大的飞跃。那么，究竟什么是跨界思维呢？跨界思维是一种通过嫁接外行业价值进行创新，制定出全新的企业和品牌发展战略战术，把本来没有联系甚至是处于对立状态的东西结合起来，催发前所未有的闪光点，从而产生销售奇迹的思维。

在移动互联网时代，任何行业的信息都是瞬息万变的，企业要想生存，就不能保持静止，一定要求新求变。跨界思维的跨度非常大，它也是最活跃的一种思维，有些时候甚至是异想天开的。这种天马行空的思维，不仅符合移动互联网时代的需求，还能给企业带来意想不到的收获。跨界思维一旦成功，不但能给企业开创一片新天地，也将给整个行业带来翻天覆地的变化。

云南白药是我们非常熟悉的一个品牌，但是它的市场也曾被挤压的快无容身之处了。而后云南白药开始跨界，做起了云南白药牙膏、云南白药创可贴等产品。就这样，云南白药迅速发展，产值由3000万元很快增长到30多亿元，在行业内外都引起了广泛的关注。

跨界如果做好了，就有非常大的优势，因为是跨界，肯定会带给人们不一样的全新感受，这就是行业革命的最佳前提。云南白药做牙膏、做创可贴，使牙膏和创可贴有了附加功能，这就使得人们愿意购买，从而形成自己独特的优势。

跨界的企业会给原行业的企业带来巨大冲击。腾讯做游戏，很快成为游戏界的大佬；苹果做手机，很快成为手机界的霸主；小米现在做电视，也有相当不错的业绩。中国移动表示，自己做通讯这么多年，到现在才发现，原来最大的竞争对手竟然是腾讯！

在移动互联网时代，企业的竞争对手可能不在自己的行业当中，而处在别的行业里。但是，当它跨界过来，就会产生巨大的威胁，令人防不胜防。例如本来你在本行业内做得很好，后来一个跨界的过来了，它提供的服务全都是免费的，因为它不需要靠这个赚钱，结果就会给你带来巨大的威胁。对于这种竞争方式，没有哪个企业能受得了。

可以说，在移动互联网时代，没有绝对的安全，就算一个企业是行业第一也不敢保证永远都是第一。要想不被淘汰，就要不断发展，就要想办法跨界，发展壮大，前进才是确保不后退的最好办法。

8. 大数据思维

无论什么时候，数据都是非常重要的，而在移动互联网时代，数据则显得更为重要。从数据中可以看出市场的走向，数据就是商机，数据就是决定成功与失败的关键。有了数据，才能够作出科学合理的分析；没有数据，一切都是没有依据的空想。

人都是感情动物，即便一个人的思维再客观，也难免会掺杂少许的情感因素。若在平时，这点因素可能不算什么，但放到竞争激烈的商业社会中，即使一个小小的失误，也有可能会被无限放大。和主观的意识不同，数据是完全客观的，出现一个什么样的数据，一定有它的原因，只要分析得准确，得到的结论一定是客观公正并与事实相符的。

当下，大数据非常流行，也有不少关于这方面的资料。很多人也会在交流时提起大数据，似乎不说一说大数据，就和这个时代脱节了。但是，我们首先应该明白，并不是所有情况都有大数据。比如你开一个小店，每天光临的顾客人数不多，从顾客流量这方面看根本没有多少数据，也谈不上是大数据。但是，尽管没有大数据，还是需要有大数据的思维。大数据思维是移动互联网时代的思维(如图 2.13)，即便没有大数据，这个思维还是要有的，没有它才是真正和时代脱节了。

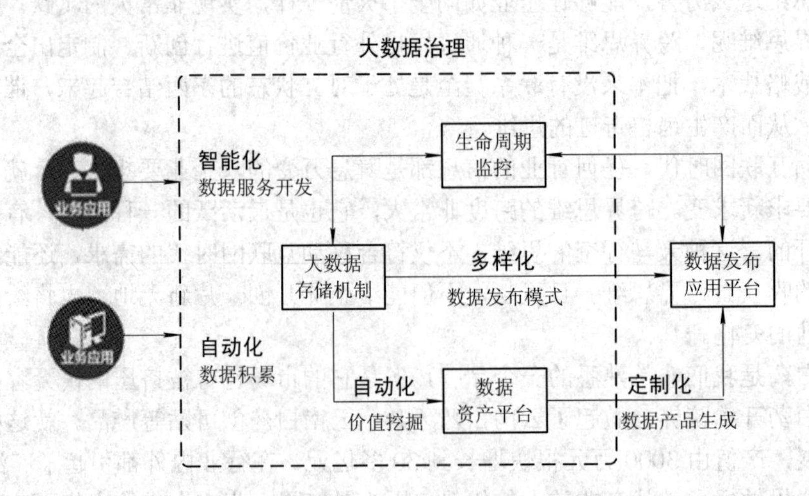

图 2.13　大数据思维下的企业经营分析和数据使用

甲公司的运营模式都是传统模式，对互联网方面的应用接触甚少。随着移动互联网时代的到来，手机成了上网的不可缺少的工具，甲公司也感到不使用互联网是不可行的了，所以在积极了解移动互联网的知识。最近，甲公司就找了一家互联网外包公司——L公司，为自己做大数据方面的工作。

L 公司表示自己可以给企业提供大数据分析方面的服务，而且还可以通过对其他公司的大数据分析来指导接受他服务的企业的发展，这深深吸引了甲公司。但是，甲公司后来发现，L 公司实际上是骗人的。他不过是在网上找了一些和网络数据有关系的图片，然后附上自己编写的解释说明，就当成大数据分析发给了他们。例如，L 公司将各大搜索引擎在全网所占市场份额的比例图找出，然后附上简单的注解，就当作他们的分析结果。实际上，L 公司提供的这些所谓大数据图，人人都能在网上搜到，就算没有他们的那些注解，一般人也都能看得懂。

因为甲公司的规模不大，连老板加员工也不到 100 人，数据本就没有多少，是没有什么大数据可用的。再加上甲公司很少利用互联网的信息设备，公司的数据没有进行系统的管理，即便要分析也无法从历史的数据开始。当甲公司发现 L 公司提供的所谓大数据服务对自己一点用处也没有的时候，才发现自己被骗了。

虽然有些人张口闭口就是移动互联网、大数据，但却并没有真正使用过大数据。对规模不是很大的企业来说，可能都像甲公司一样，根本没有大数据。但是，为了不让自己被别人提供的所谓大数据服务欺骗，拥有大数据思维就显得尤其重要。

即使企业不大，盲目谈论大数据毫无意义，但用大数据思维来对待平时的数据，也是一种非常好的方式。用大数据思维看待平时的数据，不仅可以提升企业的管理水平，还能客观分析企业目前的状况。企业的规模小也没关系，可以分析同类型大企业的数据，因为大家面对的市场都是一样的，即便不是自己的数据分析，但对自己也有着指导意义。

大数据思维体现在平时的方方面面，有了大数据思维，我们在思考一件事的时候自然不会盲目的主观臆断，而是以客观数据说话。长期使用大数据思维，就会形成思维习惯，在思考时掺杂的个人情感因素就会变少。这样的思维方式，才是企业所需要的。

9. 平台思维

有些人认为，一个人想要取得成功，最重要的是个人能力，但实际上最重要的是平台。因为即使个人能力再强，如果没有平台，也是英雄无用武之地。而移动互联网更是赋予了平台不可替代的地位。因此，我们应该时刻注意平台，拥有平台思维。

平台思维指的是开放、共享、共赢的思维。平台之所以比个人能力重要，是因为平台使用的是众人的力量和智慧。一个人的力量再大也是有限的，而平台把众人的力量集中到了一起，众人拾柴火焰高，孰优孰劣自然很容易分辨清楚。

以一个二手交易市场为例(如图 2.14)，市场在整个生态链中起到的就是平台作用，包括信息展示、客户工具与服务、消费工具与服务等，并通过这些工具来聚合终端客户、生产者以及产业链中的其他参与者。

依靠平台模式是最容易做出成绩的，这一点毋庸置疑。在全世界最大的 100 个企业当中，差不多有六十多个是以平台商业模式为主要的收入来源，这些企业也包括谷歌和苹果。

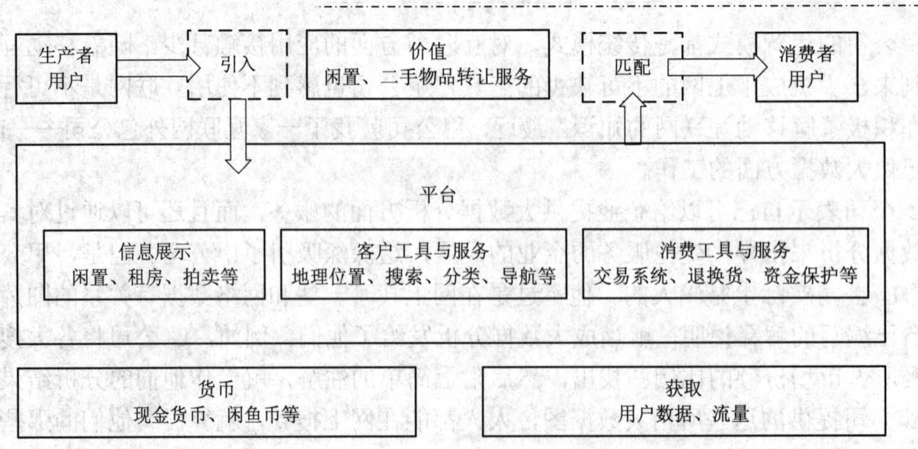

图 2.14　二手物品交易平台起到的聚合作用

在移动互联网时代，没有谁能故步自封还能得到发展。积极与外界沟通，开放自己，利用好周围的一切资源，才能让自己发展壮大，而这，就需要开放的平台思维。企业原本就应该是开放的平台，只有成为有源头的活水，愿意从各方面接受能量，才不会落后。企业除了要拥有平台思维，还要利用好各种平台，比如专业的平台公司。

Hortonworks 是 2011 年由 Yahoo 和 Benchmark Capital 共同创立的一个企业管理软件公司，总部位于美国加利福尼亚州的帕洛阿尔托。Hortonworks 一直在做 Apache Hadoop 框架，支持跨计算机集群分布式处理大型数据集。Hortonworks 数据平台最主要的产品之一就是基于 Apache Hadoop 的数据分析系统。2014 年 7 月，惠普表示要对 Hortonworks 的数据平台投资 5000 万美元，在双方签署的协议上，惠普的执行副总裁兼首席技术官马丁 · 弗林克会成为 Hortonworks 董事会的一员。Hortonworks 知道平台的重要性，所以在这方面寻找商机，取得了很好的发展，惠普为自己今后的发展考虑，要投资平台，也利用平台。

在移动互联网时代，不管是企业自己做平台，还是利用外界的平台，都是企业应该做的事情。不管企业的规模是大还是小，平台思维都是必不少的。

企业自己的能力当然很重要，但是如果没有平台思维，不懂得借助外界的力量，便不会长久。人力有时而穷，企业也是如此，善用众智众力者才可以无敌于天下。只有平台思维，才能让企业利用起一切可以利用的力量。在平台思维的指引下，企业不再是孤军奋战，相当于全世界都来帮忙，企业的发展自然水到渠成。

2.1.3　商业模式设计的四个核心观

之所以将移动互联网称为一个时代，并不是因为它可以创造更多的信息，而是因为它的存在改变了人与信息的二元关系，让人成为信息的一部分，由此也改变了人类社会的各种关系和结构，也因此引起了整个社会商业模式的变迁。移动互联网的发展让信息变得更加透明化，消费者在选择产品的时候会比以前有更多的自主选择权。

移动互联网时代，“用户、产品、体验、口碑”才是移动互联网产品商业模式设计的核心观。

1. 用户主导是核心

移动互联网时代的品牌必须以用户为中心，让用户参与到产品创新和品牌传播的所有环节。“消费者即生产者”，在用户的良好体验和分享中，品牌传播由此完成。现今的年轻消费群体，他们更加希望参与到产品的设计和研发环节，希望产品能够体现自己的独特性。作为企业应该把市场关注重点从产品转向用户，从说服客户购买转变为让用户加深对产品的体验和感知。360 掌门人周鸿祎说：传统企业强调“客户(顾客)是上帝”，这是一种二维经济关系，即商家只为付费的人提供服务，在互联网经济中，凡是用你的产品或服务的人，就是“上帝”。因此，互联网经济崇尚的信条是“用户是上帝”。

2. 产品为王是基石

必须牢记“产品是第一驱动力”这个准则。因为，没有具备一定实力的产品，仅仅单纯依靠噱头炒作吸引眼球，终究会被市场所抛弃，因为负面传播的影响力太大了。互联网时代讲究产品的“体验”和“极致”，也就是说“以用户为中心”将产品做到极致，制造“让用户尖叫”的产品才是互联网时代的不二法门。

客户第一次购买你的产品，是因为有刚性需求；第二次还购买你的产品，是因为第一次的体验不错；一生都购买你的产品，是因为对你的产品产生了信仰。因此，品牌营销的本质就是培养客户的消费信仰，增加品牌黏性。

3. 体验至上是关键

过去，企业创建品牌，多是向消费者提供物质利益，在产品的功能、设计、质量、价格上满足客户的需求。随着卖方市场变成买方市场，消费者以品牌作为选择产品与服务的标准，更注重互动、人性化服务的消费体验，客户的品牌认知将直接影响到企业的命运。

在互联网不发达的时代，商家跟消费者之间的关系是以信息不对称为基础的。有了互联网之后，游戏规则变了。消费者鼠标一点就可以比价格、比质量、比款式等，了解了所有产品信息，消费者变得越来越有主动权和话语权。因此，在移动互联网时代，产品的用户体验正变得越来越重要。

4. 口碑传播定成败

那些具有良好口碑、积极与网民互动的企业在移动互联网时代会更有可能赢得消费者的喜爱。移动互联网改变了过去品牌依靠强势媒介与受众沟通的传播模式。很多企业通过传统媒体天天强调“我的产品很好，我的质量多高，我的服务多优秀”，今天这种王婆卖瓜式的传统广告信息基本上直接就被消费者删除或者屏蔽掉了。

在移动互联网时代，如果你的产品或者服务做得好，超出用户的预期，即使你一分钱广告都不投放，消费者也会愿意去替你传播，免费为你创造口碑、做广告，甚至有可能成为一个社会焦点，例如海底捞的服务。

也许很多人会觉得“用户、产品、体验、口碑”这八个字没什么特别，甚至觉得都听腻了。但是仔细想想真正按这八个字做的企业只在少数，真正做到的企业更是少之又少。关键是这八个字是有严格的逻辑顺序和螺旋上升的闭环效应，只有让用户参与、主导才能做出的产品，才是用户真正满意的好产品，有好产品才会有好体验，有好体验继而才有好口碑，而好口碑又能激发更多用户参与到产品的设计中来。如果说移动互联网是一座金矿，品牌则是开采金矿的神奇工具，反过来也同样成立，如果品牌是一座金矿的话，移动互联网则是开采金矿的神奇工具。

2.1.4 商业模式的七要素

移动互联网商业模式有以下七个要素。

1. 不忘初衷——运营者的初心

看企业成败，只要阅读其初衷就可以预见到结果。比如一个移动互联网企业，如果成立时仅为了上市套现，这样的企业往往容易倒在通往上市的路上；而那些只为了自己创业的梦想，为了实现产品的价值，而每天努力奋斗的公司才会取得成功。

这就是初心。初心是产品创始人的理念和动因，它具有原始状态的纯粹性。由于初心往往具有本源性，所以在驱动设计者和创始人的时候具有强大的内生动力。有句名言说得好："你可以在任何时间欺骗一部分人，也可以在一部分时间里欺骗所有人，但你不能在所有时间欺骗所有人"。

前些年，曾经有一个著名的言论激励着大家——"大风口上的猪也会飞起来"。虽然在当时是这样的，但是，如果风停了呢？风不可能一直刮，总有歇息的时候，等到风停的那天，就是猪掉下来摔死的一天！从大风口掉下来摔死的"猪"一定是初心不良的品种，因为它只想到飞行的快乐；在大风将要歇息之前就开始慢慢滑翔下降的"猪"不会被摔死，因为它早已准备好降落并习惯于脚踏实地。

初心的重要性，同样体现在它与移动互联网商业模式的其他六要素有着密切的关联。当初心健康时，企业的盈利模式也是生态的、可持续的；当一个人的信念坚定时，他的付出也比常人要多，成功的概率自然加大；当一个人的初心充满善良时，哪怕他的企业遇到挫折，"上帝"都会帮他准确地发现用户需求的商机，因为善生慧，慧蕴智。

在企业开启"互联网 +"之前，请先好好思考一下你的初心吧！

2. 善于发现——好的需求挖掘

在移动互联网时代，用户的需求比传统市场藏得更深，一方面是因为当今世界产品过剩造成的用户消费疲倦，另一方面是因为用户需求的多元化，客户对传统的大规模批量生产的标准化产品已产生审美疲劳。

移动互联网时代可以将用户需求的开发理解为"挖掘"。通过大数据研究，挖掘用户的需求变量和行为偏好；调动用户参与对产品的研发，挖掘用户深藏的喜好；通过产品体验挖掘用户的痛点，从而把改善用户痛点作为产品和服务价值的支撑点，是移动互联网时代企业生存与发展的必然选择。

不仅要有"一飞冲天"的壮志，更要有"入木三分"的挖掘精神，"互联网 +"才会对转型企业有价值。

3. 不断改进——通过迭代创造极致

移动互联网的世界对产品的要求越来越高，这都是因为信息完全开放的结果。

我们一方面享受着信息公开化带来的便利，但另一方面，也不得不对开放的信息保持敬畏之心。企业拿出产品，而用户会拿起放大镜来挑剔产品。有时候企业家的苦恼是白送产品用户也不见得接受。

我们需要对产品有个新定义，在用户需求导向的时代，完整意义上的产品概念是什么？

过去，我们对产品质量的理解多是其物质属性或行业的标准化要求，今天看来这个解释是不完整的。产品的生态价值、设计理念、情感价值、人文属性和包装含义决定了用户的购买选择。

比如，为什么“互联网 +”时代的产品要快速迭代？这其中包含了设计师通过对产品的微调，向用户传递了“我很重视你”“我又完成了一次创新”等尊重用户的设计思想。iPhone 5s 和 iPhone 之间的区别并不大，那么为什么要费尽力气推 iPhone 5s 呢？干吗不直接推出 iPhone 6？这其中隐藏着巨大的学问，最重要的一点，是苹果公司通过迭代产品，向用户传递了什么信息。

除了制造业，服务业在“互联网 +”时代也遵循“重构产品价值五阶路线图”的原理，如图 2.15 所示。用户已经不满足于商家迎宾时的微笑，更不满足于一味地打折消费。在中国，团购网由盛而衰就足以证明用户消费洞察力的提升，花 200 元吃完原价 2000 元的一桌菜后，用户开始怀疑，商家用的是地沟油，抑或剩菜？

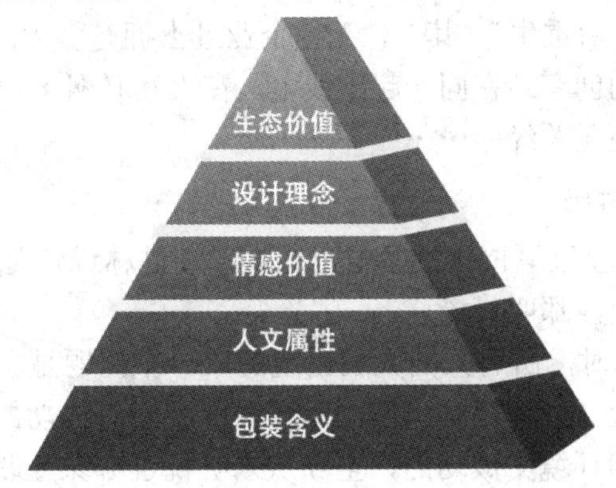

图 2.15　“互联网 +”重构产品价值五阶路线图

信息在重构产品新价值链的过程中起到了干预重构的作用。彻底开放的结果必然是率先响应变革的企业前进了，曾经的庞然大物倒下了。不得不感叹，这是一个加速进化的时代，巨额资本都无法保证企业的生命延续，一家企业倒下时仍旧不明白自己的竞争对手究竟是谁。

因此，我们必须要重新审视企业的核心竞争力了。

4. 企业的核心竞争力——价值

产品可以快速改变，企业为用户提供什么样的价值满足，在一定时期甚至较长时期都不会改变。麦当劳、必胜客、哈根达斯在“互联网 +”时代不断扩大他们的销售半径，但却不会改变他们企业的价值观。我们至少可以看到，他们的企业 LOGO 不会因为“互联网 +”而改变。

这就提出了一个有趣的问题，在这个高举变革大旗的“互联网+”时代，企业的商业要素中，哪些是变量？哪些是常量？只有区别它们，我们才能更好地让常量变得更长，让变量变革的速度再快一点，以适应未来。让我们用图 2.16 来表达企业商业要素变量与常量之间的区别和联系。

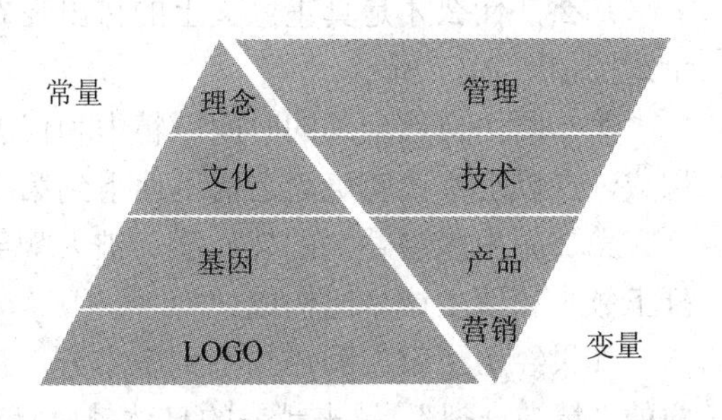

图 2.16　“互联网+”常量与变量的关联

企业的LOGO传递企业的发展基因，企业文化承载企业理念，这四种要素的稳定性较强，它们综合在一起的名称叫品牌。自2015年以来，“互联网+”越来越热，一场激烈的争论从学术界开始，“互联网是工具还是思维？”“互联网是战术还是战略？”，等等，不一而足。

其实这种争论没有意义。互联网对企业的管理、技术、产品和营销的影响是战术性的，也是战略性的，既是形式上的颠覆，也是根本性的否定式催生。也就是说，互联网对企业商业要素中变量的影响是全方位的、立体的，没有死角的全覆盖。

互联网对企业的LOGO、基因、文化、理念的影响甚小。因为这四要素是企业本源性的支柱。一所房子可以不铺地板，可以不装修，可以没有窗户，但不能没齿端柱。

区别企业要素的变量与常量有着非凡的意义，它至少蕴含着如下深层含义：其一，不是所有的企业转型“互联网+”都一定能成功，因为企业要素的常量是内因，是本源性的，除非让老基因的企业“死后重生”；其二，无论企业过去拥有多大的规模，有多么雄厚的实力，今天你必须和所有的创客站在同一起跑线上，在“互联网+”的起跑线上，无关年龄，无关学历，无关实力，更无关经验……

5. 成功的基石——付出

当马云问王健林，转型互联网你准备付出什么？王健林说，我要付出50亿元的投资代价。马云说，那不叫付出，那叫投资。

当“互联网+”来临时，所有人的大脑出现的第一个问题是，需要投资多少钱才能完成互联网转型？但实际上，投资不是付出的本质。纵观所有成功的互联网公司，大多数都是在资金严重匮乏的创业环境中成功的，至今从未听说过哪家互联网企业是在资本的哺育下长大的。所以，请不要被资本的表象作用所迷惑，你所听到的互联网企业接受了巨额融资故事的背后，是这家企业早已靠自己的艰苦努力成功上岸。资本从来不会做雪中送炭的事，资本从一出生就注定只会锦上添花。

BAT(百度、阿里、腾讯)事业如日中天，但是他们投资的企业十有八九都失败了，为什么呢？他们不仅有资本，还有庞大的资源，为何还让投资的企业失败？原因之一是：就像把野生的动物放到温室里养，其结果必然是竞争力的丧失，另一个野生的替代者的出现加速了温室培养的失败。

那么，什么才是真正意义上的付出呢？“付出圈”示意图如图2.17所示。

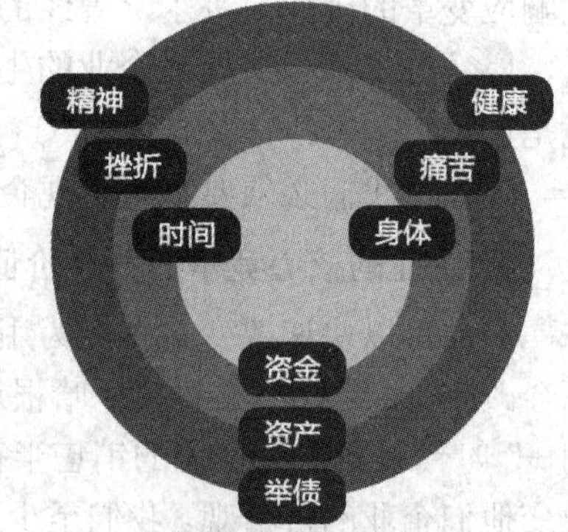

图2.17　付出圈

第一圈由自己全部的时间、精力和仅剩的全部家当构成，在以上本钱燃烧光之前迅速下到第二圈是关键。

第二圈由多层叠加的挫败感、被人嘲笑的人生痛苦和厚着脸皮去借钱时依然穿上西装打上领带和债主谈梦想构成。

如果经历了第二圈还找不到资本方，那么就得进入可怕的第三圈了。不断的挫败感造成的“精神分裂”、越来越差的身体健康状况和拖着疲惫的灵魂去四处集资，这就是互联网创始人的付出。

真知未必被发现，灼见也不一定会远播，然而，付出却要继续坚持！

6. 没有成功的个人，只有成功的团队

互联网企业的价值链、技术链和商业链比传统实体企业更繁华。一家工厂一般一年内建成投产是再正常不过的事了，一家互联网企业过了五年还不能盈利也属正常现象，京东商城在 2014 年依然亏损 50 亿元。一家工厂到了晚上车间灯火通明，机器自动生产，看不见工人；一家互联网公司到了深夜还不见人下班，每天工作 10 小时则是常态。

由于互联网企业的商业链太长，团队打造的要求会更加苛刻。

进入“互联网+”的企业必须经过如图 2.17 所示的三层次的团队修炼，才有成功的希望。第一层次由热爱、付出和谦卑构成其精神层面，由敬业、专业和概率组成其物质层面；第二层次由理想推动团队凝聚力和公司文化的初步形成，同时团队的学习能力导致产品的不断进化和模式的不断优化；第三层次是从宽容而来的自由精神形成产品跨界和技术融合，以运营为中心修炼团队的管理水平和节支能力。

移动互联网是一场大合唱，角色担当与分工是演出成功的前提，当演出达到高潮时，导演这出戏的创始人变成了精神符号，不断诉说着他当年创始品牌的故事……

7. 商业模式的核心——盈利模式

你可以现在不盈利，但你不能永远不盈利。一个看不到盈利希望的互联网公司是失败的公司。然而，不盈利并不是互联网公司的最大失败。

总结三十年来互联网公司的成败得失，可以看到互联网公司的盈利模式有以下三条具有普遍意义的规律。

(1) 创始期盈利模式越模糊，成功概率越高。

显然，一点盈利的可能性都没有的项目必须马上停止，而盈利方向过分清晰的互联网企业也没有太大前景，因为清晰也意味着局限。

“大方向明确，细节模糊”的盈利模式在时间的催化和竞争挑战的进化作用下，会变得越来越有竞争力。

(2) 世界上不存在一模一样的两种互为竞争关系的盈利模式。

谷歌和百度互为竞争关系，盈利模式却大相径庭；京东和阿里巴巴互为竞争关系，盈利模式有根本区别。所以，盈利模式是企业的根本，是独具个性的，所谓“复制别人的盈利模式”完全是不靠谱的谎言。

成功的盈利模式具有启发功能，可以借鉴，但不可以直接借用。

(3) 盈利模式从量变到质变的互联网哲学。

互联网企业从创始积累盈利模式所需要的一切前提，经过无数次破坏性实验，才有了一条宽广的盈利大道，这就是从量变到质变。质变过后，就有惯性加速，企业的盈利规模效应就开始呈现。

2.2 移动互联网商业模式的组成

在移动互联网领域，商业模式的组成主要包括产品定位、业务系统、关键资源能力、盈利模式、现金流与企业价值五个方面。

2.2.1 产品定位

产品定位必须从用户的需求角度出发，才能找到自己对于市场的价值所在。特别是从人性的弱点进行考量，就能找到用户价值创造逻辑的重点。纵观互联网和移动互联网，一般有以下几种商业逻辑。

1. 免费

大众媒体是互联网重要的组成部分。大众媒体之所以重要，在于它与传统媒体相比较是免费的。林林总总的网络服务也都是以免费为招牌，吸引用户，形成规模。在网络的世界里，小而美的公司是很难存在下去的，要么被出局，要么被并购。免费，则是规模经济的根本要义。

2. 虚荣

腾讯公司对大众虚荣心的利用到了极致。在腾讯的产品里，大量的虚拟物品交易其实都是充分利用了受众的虚荣心。以至于连个短号 QQ(比如 5 位数的)都可以进行所谓的地下黑市交易。从使用上来说，如果你对你的 QQ 不进行任何付费，该有的功能都会有。但就是那些看上去毫无用处的“花边功能”，却成就了 QQ 商业帝国。说到底，人类的虚荣心是最强的动因。最近一些 LBS(定位业务)仿效 Foursquare 也在搞“徽章”，徽章就是一种典型的虚荣心。虽然徽章不能直接产生收入(至今尚未见到有所谓的收费徽章)，但徽章的多寡能刺激用户屡次进行“签到”，也就使得用户活跃起来，从而促进了该产品的繁荣度。这也是一种利用使用者虚荣心达到产品推广目的的手法。

3. 懒惰

免费能成就规模，收费也不见得不能成就规模，如果后者能够做出很方便的使用体验的话。人们在网络上愿意用免费的方式阅读文章，不一定就是纯粹为了省钱，还有可能是因为付费不方便。如果能够让使用者“不知不觉”地掏出银子来，收费模式也能成立。如 iPad、App Store 里很多应用程序都是要付费的，中国移动的很多付费订阅，也是这个道理。另外一种懒惰模式就是搜索。没有搜索引擎，找资料实在是太辛苦了，而一旦有了谷歌、百度，在 MSN、QQ 上装成一个熟读唐诗三百首的人那可真是分分秒秒的事。

4. 好奇

人们因懒惰而发明，因好奇而发现。极客公园为了满足用户的好奇心，让用户支付一点费用，也顺理成章。好奇心驱动人们去搜索，去门户闲逛，去各种新应用上体验一把，一不小心就成了消费者。

5. 安全

所有的安全软件都是诉诸恐惧，而迄今为止最负盛名的 3Q 大战，打的就是恐惧之战。恐惧之后，人们必定要寻求安全，而且在这种心理驱使下，有时候会不惜一切代价。早先还在那里盘算如何让自己的电脑更安全，现在就开始担心自己的账号安全了。

6. 好胜

游戏都是通过“好胜心”来促使使用者付费的。而网络游戏之所以比单机游戏更好玩的缘故在于：单机游戏会玩腻。因为电脑就这点水平，当你摸透了它的规律后，百战百胜，谈何好胜心，但网络游戏不是，大家都是人，要摸透规律太难了，为了战胜对手，你可以花钱去购买装备、皮肤，总而言之，一切都为了压过网络那头的对手。

2.2.2　业务系统

一个好的定位需要有一套相应的运行机制来实现，这套运行机制包括业务系统、关键资源能力、盈利模式和现金流结构，其中业务系统是商业模式的核心元素，商业模式的差异往往通过业务系统之间的差异体现出来。

业务系统是指产品达成定位所需要的业务环节、各合作伙伴扮演的角色、利益相关者合作与交易的方式和内容。我们可以从行业价值链和企业内部价值链以及合作伙伴的角色来理解业务系统的构造。

一系列业务活动构成的价值网络组成了整个经济体系，而企业是一个由其中部分业务活动构成的集合。业务活动由相应的工作流、信息流、实物流和资金流组成。业务系统反映的是企业与其内外各种利益相关者之间的交易关系，因此业务系统的构建首先需要确定的就是企业与其利益相关者各自分别应该占据、从事价值网中的哪些业务活动。

首先需要确定的是企业与不同利益相关者之间的关系。这些关系包括简单的市场关系、一定时间和约束下的契约关系、租赁、特许、参股、控股、合资和全资拥有，等等。构建业务系统时所需要做的就是针对不同的利益相关者确定关系的种类以及相应的交易内容和方法。

一个高效的业务系统需要根据产品的定位识别相关的活动并将其整合为一个系统，然后再根据企业的资源能力分配利益相关者的角色，确定与企业及产品相关价值链活动的关系和结构。围绕产品定位所建立起来的这样一个内外部各方相互合作的业务系统将形成一个价值网络，该价值网络明确了客户、供应商和其他合作伙伴在影响企业通过商业模式而获得价值的过程中所扮演的角色。

业务系统的建立关键在于对行业周边环境和相互作用的经济主体的通盘分析。对于任何一个打算进入某个行业的新产品，可以通过反复询问以下问题来确定产品的利益相关者：

(1) 我拥有或可以从事什么样的业务活动。

(2) 行业周边环境可以为我提供哪些业务活动。

(3) 我可以为各个相互作用的主体提供什么价值。

(4) 从共赢的角度，我应该怎么做才能够将这些业务活动形成一个有机的价值网络，同时又让其他利益相关者得到他们想要的收益。

“不谋万世者，不足谋一时；不谋全局者，不足谋一域”。业务系统正是要从全局的角度来设计布置自己与利益相关者的关系，不计较一城一池的得失，而是着眼于全局的成功。

建立一个高效的业务系统有以下四个步骤：

(1) 找到一个正确的定位，这是决定业务系统是否成功的先决条件。

(2) 分析自己的优势，看看自己需要什么资源或能力。

(3) 构建一个利益相关者的网络，把第二步中涉及的内容统一起来，这就是业务系统了。

(4) 以业务系统为中心，构建起整个商业模式的运营机制。

而在建立业务系统的过程中，合作共赢是成就成功业务系统并且最终成就成功商业模式的一个重要原则。

2.2.3 关键资源能力

1. 资源

资源就是企业所控制的，能够使企业战略得以实施，从而提高企业效果和效率的特性，包括全部的财产、能力、竞争力、组织程序、企业特性、信息、知识等。企业的资源主要有以下几类：

(1) 金融资源，来自各利益相关者的货币资源或可交换为货币的资源，如权益所有者、债券持有者、银行的金融资产等，企业留存收益也是一种重要的金融资源。

(2) 实物资源，包括实物技术(如企业的计算机软硬件技术)、厂房设备、地理位置等。

(3) 人力资源，包括企业中的训练、经验、判断能力、智力、关系、管理人员和员工的洞察力、专业技能和知识、交流和相互影响的能力与动机等。

(4) 信息，包括丰富的相关产品信息、系统和软件、专业知识、深厚的市场渠道(通过此渠道可以获取有价值的需求供应变化的信息)等。

(5) 无形资源，包括技术、商誉、文化、品牌、知识产权、专利等。

(6) 客户关系，包括客户中的威信、客户接触面和接触途径、能与客户互动、参与客户需求的产生、忠实的用户群等。

(7) 公司网络，包括公司拥有的、广泛的关系网络等。

(8) 战略不动产，相对于后来者或位置靠后些的竞争者来说，战略不动产能够使公司进入新市场时获得成本优势，以便更快增长，如已有的设备规模、方便进入相关业务的位置、在行业价值链中的优势地位、拥有信息门户网络或服务的介入等。

2. 能力

能力是企业协作和利用其他资源能力的内部特性，由一系列活动构成。能力可出现在特定的业务职能中，也可能与特定技术或产品设计相联系，或者存在于管理价值链各要素的联系或协调这些活动的能力之中。

特殊能力与核心能力这些术语的价值在于它们聚焦于竞争优势这个问题，关注的并不是每个公司的能力，而是与其他公司相比之下的能力。

企业的能力可以划分为以下四种：

(1) 组织能力。组织能力指公司承担特定业务活动的能力，包括正式报告结构、正式或非正式的计划、控制以及协调系统、文化和声誉、员工或内部群体之间的非正式关系、企业与环境的非正式关系等。

(2) 物资能力，包括原材料供应、零部件制造、部件组装和测试、产品制造、仓储、分销、配送等。

(3) 交易能力，包括订单处理、发货管理、流程控制、库存管理、预测、投诉处理、采购管理、付款处理、收款管理等。

(4) 知识能力，包括产品设计和开发能力、品牌建设和管理能力、顾客需求引导能力、市场信息的获取和处理能力等。

3. 关键资源能力

关键资源能力是指让商业模式运转所需要的相对重要的资源和能力。企业内的各种资源能力的地位并不是均等的，不同的商业模式能够顺利运行，所需要的资源能力也各不相同。商业模式中关键资源能力的确定方法有两类。

(1) 根据商业模式的其他要素的要求确定，例如不同业务系统需要的关键资源能力是不相同的，不同盈利模式需要的关键资源能力也不一样。

(2) 以关键资源能力为核心构建整个商业模式，常见做法包括：

① 以企业内的单个能力要素为中心，寻找、构造能与该能力要素相结合的其他利益相关者；

② 对企业内部价值链上的能力要素进行有效整合，以创造更具竞争力的价值链产出。

尽管各个企业情况不尽相同，但其关键资源能力却有着共同之处：

(1) 不同的商业模式所需要的关键资源能力一般是不同的。

(2) 这些企业都具备自己的关键资源能力，并且用这些关键资源能力控制了其他的资源能力。

同时，我们也看到，即使在同一个行业，同样的竞争环境下，企业的做法也可以不同，因此需要掌控的关键资源能力也不尽相同。

由于每个企业的资源能力都是有限的，任何企业都不可能拥有世界上全部的资源，因此，如何分析整合拥有的资源、如何分清各种资源能力的主从关系和不同地位，将是每个企业必须面对的问题。只有这样，才算是真正理解了关键资源能力，也才能够找到适合自己企业发展的商业模式。

2.2.4　盈利模式

定位确定了，你发现了令人激动的顾客群，也找到了怎样为他们提供“独特的价值”的方式，构建了好的业务系统，设计了好的利益分配机制，聚合了关键资源能力，作为一个企业，要如何从中获得利润呢？

盈利模式就是要解决企业自身如何获得利润的问题。

盈利模式指企业利润来源及方式。从谁那里获取收益？谁可以分担投资或支付成本？相同行业的企业，定位和业务系统不同，企业的收入结构与成本结构即盈利模式也不同。即使定位和业务系统相同的企业，盈利模式也可以千姿百态。

长期以来，不少企业管理者都关注收入增长和市场份额，想当然地认为利润会随之而来，忽略如何盈利。一般的管理者都会这样思考：我生产出让顾客喜爱的产品，或者提供了这么好的服务，直接把它卖掉，扣除成本，就是利润了。

但实际上这种思想并不完全正确，因为这种盈利模式会导致企业变得越来越难过。为什么呢？因为这种盈利模式的收入来源比较单调，往往依赖主营业务的直接销售获得收入，并且主要由自己支付成本，承担费用。由于同行企业的产品(服务)、定位、业务系统、组织结构和功能、投资模式、成本结构以及营销模式同质化，盈利模式基本无差异，随着行业内企业普遍扩大规模和产能，竞争加剧。当你与对手争夺顾客群时，多轮价格战往往导致主业利润越来越薄，甚至亏本，净资产收益率和投资价值递减。例如家电制造行业经过多轮日益激烈的竞争，剩下几家规模大的品牌家电企业的主业利润率、净资产收益率普遍低下，公司的股票价值低于账面净资产价值。

对于企业和产品而言，盈利来源可以不是直接客户或者主营业务，而可能是第三方或其他利益相关者。成本和费用也不一定是企业自己承担，可以转移给其他利益相关者。

大城市的晚报内容越来越丰富，人工、设计、纸张、印刷、水电费等成本明显上升，但报纸零售价格一直没有上涨。这是为什么呢？因为报纸的内容吸引了广大读者的注意力，具有广告价值，因此报社并不是直接从读者身上获取利润，而是从广告客户那里获得真正的收入和利润。再如我们长期免费看电视，电视台实际上也是出售内容，获取巨大的注意力，从而提供了广告价值，诱导广告客户增加广告投入。曾经的电视台主要依靠收取观众收视费，但现在不同了。中央电视台每年黄金时段的广告标王出价不断创新高。因此，电视台特别关注收视率，甚至可以免费让观众看。随着互联网的兴起，注意力盈利模式更为普遍，并且有了新的变化，出现了平台式盈利模式。例如湖南卫视的超女等节目，创造了电视娱乐新的注意力盈利模式。

而在互联网领域，如果你将利润寄托于直接销售产品(功能)，几乎无法生存，因为在这个行业里，功能几乎都免费了。例如，Google 是做搜索的，但它的搜索服务等功能是免费的，其 99%的收入来自第三方投放的广告(即出售使用者的注意力)；腾讯做的是即时通信工具，但提供给用户使用的网络聊天软件 QQ 却是免费的，因此获得大量的年轻用户群，这些可以提供长期利润增长的顾客群，使得它很容易在新推出的各项业务中取得成功，比如网络游戏、博客、门户网站等。许多直接用户愿意为它的互联网增值服务掏钱，就像游戏皮肤、道具、宠物、音乐会员、QQ 虚拟形象等，这些产品的边际成本几乎为零。

腾讯在 2020 年第一季度，社交网络收入增长 23%，达 251.31 亿元人民币。该项增长主要受游戏虚拟道具销售以及包括音乐流媒体及视频流媒体订购在内的数字内容服务的收入贡献增加所推动。网络游戏收入增长 31%，达 372.98 亿元人民币。该项增长主要反映国内智能手机游戏(包括“和平精英”及“王者荣耀”)的收入贡献以及海外游戏(包括“PUBGMobile”及“Clash of Clans”)的贡献增加。

2.2.5 现金流和企业价值

不同的商业模式决定了不同的现金流和企业价值，而企业的现金流也可以作为判断一个商业模式是否具有颠覆性、公司是否经营健康且具备投资价值的关键。

1. 公司价值的上下限

从投资角度看，一个公司的价值上限取决于它的愿景，下限则取决于它的现金流是否充裕。

公司价值的上限取决于创始人是不是具有宏大愿景的企业家。企业家的价值，在于他是否有一个创造不同未来的想象或者信心，这种信心具象的表达就是公司的愿景。很多风口上的公司能获得非常高的估值，和它们有宏大的愿景有关。

但是有些看似前景光明的公司，为什么会突然失败？这就涉及公司价值的下限。在现代的货币制度和公司制度下，公司现金流一旦断裂就要破产，比如 ofo、乐视等。

但很多时候，人们只关注到公司价值的上限，被企业家的愿景所打动，对现金流没有引起足够的重视。尤其是近几年风险投资规模扩大，很多创始人把公司做成了 To VC(针对投资人)的模式。但 VC 有自己的投资逻辑，最终要实现退出和回报，不可能无限地投资下去，如果公司没有办法创造足够的内部现金流，就会面临经营失败的风险。

如果用现金流的视角描述公司价值，一家公司的价值是它创造的资金流动，而不是资产的规模。如果某公司的资产很高，现金流却很低，就可以初步判断，这个公司的价值并不高。因为资产是不断折旧的，如果不能让资产有效地资本化，让它流动起来，公司价值会不断地减值。

反之，如果一个公司有非常健康的现金流，即便资产低一点，也具有投资价值。因为它的现金流除了可以满足自身运营所需要的投入外，还可以产生沉淀，用来扩大业务规模，也可以用作其他的投资用途。这样的公司具有源源不断产生价值的能力，是具有增长空间的好公司。

2. 好的商业模式

科技类初创公司偏爱强调商业模式的独特性。盘点商业模式的关键词，前几年无疑是O2O，现在是共享经济、平台经济。评估一个商业模式是否具有独特性，可以从两个角度去考量：

(1) 这个商业模式是否将过去的一些不成立的事情做成了。

(2) 这个商业模式是否用一种创新的方法，把做事的效率提高了。

满足两者之一，这个商业模式就是有效的。

如果从更本质的货币角度去看，就是看在这个商业模式下，是否以一个更加高效的现金流去替代现有的现金流。如果能做到，这个商业模式就是有价值的；反之就是经不起推敲的。

我们以物流和电子商务为例。从常规的评估视角看，电子商务似乎是代表着未来的商业模式——足不出户，喜爱的商品就会送到用户面前。与之相比，运送这些商品的物流公司，在商业模式上似乎就是落后的代表。但现在的市场情况是，做电子商务成功的公司屈指可数，物流公司却蓬勃发展。目前除顺丰之外，申通、圆通、中通等物流公司也都相继上市。

这一看似矛盾的结果，从现金流的角度分析就很容易理解。一个有效的商业模式必然会创造现金的流动。电子商务公司要解决商品运输问题，只有两个选择：一是自建物流；二是与物流公司合作。

自建物流需要庞大的资金支持，对于电子商务公司，尤其是初创期的电子商务公司而言，自建物流是非常不经济的行为。所以与物流公司合作是电子商务公司既理性又无奈的一种选择。这种合作将现金流从电子商务公司流向了物流公司，使物流公司处于相对优势的竞争地位，所以现在物流公司生存的概率反而大于电子商务公司。因此，从现金流的角度看，物流公司是个好的商业模式。只有更好的商业模式，才能够吸引更多的资金，并且把资金变得更高效，公司才能拥有定价权，进而获得足够高的毛利。

更进一步，如何判断一个商业模式是否具有颠覆性？如果现有现金流的流向是从甲到乙再到丙，这个时候，如果创业公司代替了其中的乙，这种代替不能称之为颠覆，因为资金的流向没有变，产业链的组成也没有改变，最终还是会按照既有的模式运转下去，创业公司也不太可能获得超额回报。O2O 就类似这种情况。

真正颠覆性的商业模式，至少是创业公司能够在局部上实现甲、乙的合并，甚至让产业链中的参与者甲乙丙变成 ABC 的逻辑，产生一个全新的产业链、全新的现金流链条，这才是真正的颠覆性。比如携程 APP 就属于这种类型，将传统的“消费者—酒店”的现金流，替换成“消费者—平台—酒店”的模式。酒店从曾经的现金流核心点，到被排除在外，所有的订单业务款需要依靠平台中转，这样的话，酒店在平台面前就很难有大的话语权。这就是颠覆性商业模式的威力。

3. 现金流的管理

从现金流和投资规模的关系，可以将公司划分为三种类型：

(1) 现金流非常高效，投资规模有限的公司，是一种小而美的公司。大部分科技类的初创公司都属于这个范畴。

(2) 现金流高效，可供投资的规模也非常大的公司。这类公司可以成长为世界级的公司。

(3) 现金流的效率不高，但可供投资的规模很大。这类公司一般属于传统公司。

传统公司的意义包括两方面：一是公司的价值依赖资产；二是公司的生态比较成熟，处于产业链的中游，对上游要支付采购等资金，产品或服务增值的部分则归下游所有。与高科技公司不同，传统公司的现金流比较稳定，与上下游议价的空间不大，所以不论是成熟公司还是初创公司，传统公司在创造现金流方面没有太大的想象空间。

高科技公司能够创造全新的现金流，但是在创业初期，高科技公司对现金流的需求也大大高于传统公司，因此融资是创业期高科技公司普遍的需求。支持初创期高科技公司的现金流，主要包括公司自主运营的现金流、股权融资的现金流、债权融资的现金流、融资租赁的现金流、供应链融资的现金流等。如果一个高科技公司在创业初期就想把运营现金流做好，很可能会限制公司研发投入，进而影响核心业务的发展。所以，高科技公司在初创期应该从融资现金流做起，用资金把产品和服务做好，建立研发优势，然后逐步地建立起健康的运营现金流。

美国的科技公司就是这样的路径。公司在前期普遍运用了包括股权融资在内的各种融资手段，在商业模式、运营机制成熟之后，都走向了巨量的运营现金流收入模式，保持着高额的利润，并且拥有很多资金的沉淀，这是一种健康的现金流转变模式。

如果一个公司不断地通过投资去创造新的业务，那是因为投资人对它有好的期待，期待它在未来能够获得超额盈利，才会不断延续这个模式。亚马逊就是这种经营逻辑。尽管亚马逊早期连续亏损，但公司一直通过投资各项业务为投资者树立未来可以获得高额回报的预期，持续获得投资者的资金支持。体现在公司财务绩效上，就是其资产规模和主营业务收入一直保持高速增长，用以支持业务扩张。亚马逊虽然并不强调利润，但其财务报告显示，公司自 2002 年之后就开始逐渐盈利，到 2016 年就已经取得了不错的盈利水平。亚马逊的案例告诉我们，无论一个创业者如何去讲他的商业故事，最终都要回到创造利润、创造现金流这个基本点上。

4. 公司经营的本质

对于早期的创业公司，建议不要过多关注财务指标，而是要把资金用在核心能力的建设上，要创造出具有差异化的核心竞争力，能够创造以本公司为核心的现金流链条。

很多公司融资的第一选择是风险投资，这是一个误区。公司的商业活动是靠运营现金流驱动的，而不是靠融资现金流来驱动的。如果业务靠融资现金流，特别是股权融资的现金流驱动，在初创阶段是可以的，但是发展到一定阶段之后，就应该拆解现有的现金流，根据不同用途选择不同的融资方式。比如公司要购买大量的资产，如果用股权融资，投资方自然希望未来能够获得超额收益，而资产是会折旧的，如果这个资产不能在未来带来超额收益，那么选择融资租赁可能就是一种更好的方式。

关于公司的资产构成，一般传统观点认为：互联网类高科技公司应该做轻资产运营，这样资金使用的效率很高，而重资产带来的折旧等问题，会降低公司资金的使用效率，影响公司价值。当然，这不能一概而论，还是要看现金流具体的流动性以及公司商业模式的需求。

例如摩拜、ofo 等共享单车公司持有很多单车，是很典型的重资产运营。但这些共享单车公司运用移动互联网技术，使得单车的利用率提高很多，每辆单车可以产生非常好的现金流。押金的收取又可以弥补资产的折旧问题。所以，它们创造了一个新的现金流，将过去的“消费者—单车厂商”的单向现金流，改变为“消费者—共享单车—消费者”多次循环的现金流形式，这种商业模式的创新，为共享单车带来很强的竞争优势。那么为什么很多其他形式的共享(租赁)没有产生高价值的公司呢？因为很多租赁发生的频次不高，现金流的效率上不去，公司的价值自然就会受到影响。随着共享单车市场竞争的加剧，租赁发生的频次逐步降低，摩拜和 ofo 也逐渐退出市场。这是租赁频次下降导致的现金流健康度下降的必然结果。

商业的本质就是货币的流动。公司创业的过程可以看作是一个资金使用的过程。对于创业初期的公司而言，当务之急是使用外部资金建立自身的差异化竞争优势。而进入成长期的公司，需要重视经营现金流的构建工作，外部融资应根据融资的用途，采取债权、租赁等多种形式的融资方式，以匹配公司的发展。

归结起来，资金的流向和效率是企业成败的关键。

2.3　移动互联网商业模式的分类

2.3.1　移动 APP 模式

移动 APP 模式是指包括手机游戏等付费下载 APP，或免费 APP 中的付费模块(Free + Premium)及内容等 B2C 交易商业模式。

1. 移动 APP 核心资源

无论是何种类型的 APP，内容是首要资源，主要是满足用户某种类型的需求，通过用户的使用实现下载增值的服务。优质的内容是吸引用户聚焦的首要前提。

线上获取的主要渠道有电信运营商渠道、第三方应用商店、线上推广平台等。平台的选择关系到 APP 推广的效果以及最后的收益。目前市场当中以 iOS 的应用商店用户质量最高、付费能力最强，因此在此平台推广的 APP 收益也相对高于其他平台。

移动 APP 品牌是移动 APP 的衍生的资产，尤其是对下载付费或者免费应用更为重要。

2. 移动 APP 核心能力

(1) 用户需求的挖掘。移动 APP 主要依靠满足用户的某类需求为主要卖点，对于核心用户的选择以及对于用户需求心理的把握都会直接影响到产品最终的呈现形式以及未来市场走势。

(2) 内容的生产制造。在对于核心用户有明确定位之后进行产品设计，将需求转化为现实的产品，吸引用户注意力并不断更新产品设计，提高用户黏性。

(3) 数据挖掘能力。在用户使用 APP 期间会形成大量的用户数据，这些数据不但能够成为产品开发推广当中的实际依据，同时也能够成为拓展潜在用户以及使产品二次盈利的工具。

(4) 运营推广能力。目前移动 APP 的发行渠道较为繁多复杂，选择优质渠道，定位有效用户，采用适当手段成为推广环节中最基本的定律。

3. 移动 APP 产品盈利模式

移动 APP 的主要盈利模式分为下载付费、应用中付费、应用内置广告盈利。

此三类盈利模式相互补充的成功案例以"水果忍者"游戏最为典型。该游戏采用免费下载 + 应用中付费的模式为主要盈利模式。通过免费下载迅速扩大用户基数，在游戏过程中依靠售卖道具实现增值付费，同时由于较大用户基数使得该游戏吸引了一定数量的广告主投放广告，形成补充的盈利模式，在形成明确的口碑效应之后发布新的关卡，以下载付费的模式供用户使用。

2.3.2 行业定制模式

行业定制模式如授权操作系统、授权企业级应用、本地版手机导航、移动办公应用等 B2B 交易商业模式。此模式一般是项目合同制，由甲方提出业务需求，乙方按照甲方提出的开发功能，核算投入成本和期望利润，向甲方报价并在协商一致后收取费用。

此类模式属于常规的订单式生产模式。

2.3.3 电子商务模式

电子商务(电商)模式是指在移动电商零售、手机团购、手机生活服务等 B2C 交易的商业模式。

1. 移动电商核心资源

(1) 庞大的智能手机用户群体。庞大的移动互联网用户人群将是发展移动电子商务的重要优势。

(2) 各行业商家。移动电子商务不仅可以为原有的互联网厂商进一步拓展市场，更重要的资源在于可以整合线下的企业。餐饮、娱乐、旅游等厂商可以通过移动端渠道，推荐自己的服务和产品。

2. 移动电商核心能力

(1) 不受时间、地域限制。移动电子商务的一个最大优势就是用户可以随时获取所需的服务、应用、信息和娱乐，有效利用人们碎片化的时间。

(2) 服务更加便捷。移动电子商务基于用户的位置信息、使用时间等动态信息，能更好地实现移动用户的个性化服务。同时，从整合服务流程上也更加便捷，通过银行、电话账单、应用内付费等方式完成购物。

3. 移动电商核心产品

(1) 销售的实物商品，用户可通过移动端购买商品。

(2) 线下餐饮及娱乐服务，用户通过在线购买电子优惠券的方式实现线下产品折扣。

(3) 垂直搜索服务，为商家提供用户流量。

4. 移动电商交付与收费方式

(1) 用户付费。用户通过移动端应用购买或订阅商品、优惠券等产品和服务。

(2) 商家付费。商家向各个渠道平台支付加盟或佣金费用等。

(3) 广告主付费。应用内广告主或品牌广告主支付广告费用。

2.3.4 广告模式

广告模式是指在移动社交应用、手机浏览器等免费手机应用中的商家付费广告模式。

1. 移动广告定位

移动广告定位是通过销售移动用户注意力来实现媒体价值的。

2. 移动广告核心资源

广告模式内容指的是 WAP 网站、应用媒体等通过内容(应用)来吸引用户流量，聚焦用户关注力以进行二次销售。广告模式平台包括网站联盟平台和 CRM 平台，WAP 联盟通过网站联盟平台来吸引广告主和无线媒体(应用)的加盟；CRM 平台通过技术解决方案来为广告主提供以短信、彩信、弹出广告为表现方式的广告推送。

广告模式品牌是移动广告厂商的无形资产，表现在媒体质量的好坏、广告结算的诚信度、广告主资源等多方面。

一定规模的用户注意力聚焦构成了无线营销的核心卖点。

3. 移动广告核心能力

(1) 销售能力。虽然移动广告形式出现已久，但在广告主的认知上，特别是传统企业对移动广告的认知上仍有极大限制。广告位资源与广告主资源大部分处于极不平衡的状态，销售能力是首要核心能力。

(2) 内容能力和联盟聚合能力。任何营销的核心都是销售用户的注意力，内容质量的好坏、吸引用户属性的质量以及用户群体范围的大小，是由内容能力和联盟聚合能力所决定的。

(3) 技术开发能力。移动广告的第一个特点在于精准营销，特别是在 CRM 类移动广告上，对用户属性和浏览属性的挖掘是潜在卖点，基于用户浏览行为和浏览内容的信息挖掘也是提升营销业绩的一大途径；第二个特点在于智能终端的多样性和标准不统一，因此根据智能终端、操作系统、浏览器、应用分发平台等多个因素进行智能适配也是考验广告代理商整体实力的一个要点；第三个特点在于基于位置服务的应用，通过用户手机定位来吸引和推送用户感兴趣的信息是提升营销业绩的另一大途径。

4. 移动广告产品

不同的移动广告商业模式，最终呈现的形式可能有所不同。

(1) WAP 联盟和 WAP 直投模式的最终呈现形式与网络营销类似，包括文字链、Banner 图片、搜索排名等。

(2) 消息类模式的典型产品是短信、彩信、弹出广告形式的广告，承载信息形式可以是文字、图片、视频和二维码等多种形式。

(3) 移动应用联盟和直投模式的特点在于所有广告内容均在移动应用内展现，主要包括 Banner 广告、积分墙、推广墙等。

5. 支付与收费方式

不同的移动广告商业模式，有不同的支付和收费方式。

(1) WAP 联盟。CPA 计算方式较为主流，广告主约定每单价格，联盟与网站会员进行分成。

(2) WAP 直投模式。广告主集团购买广告位，按时间长短或按点击、呈现、效果等方式付费。

(3) 消息类。一般按照短信、彩信、弹出广告发送的数量进行计费，若用户对某些拥有链接或二维码的短信、彩信、弹出广告有进一步点击或消费动作，还需进行二次计费。

(4) 移动应用联盟和直投模式。此类模式积分方式较多，支持 CPM、CPC、CPA 等多种计费方式。

6. 广告主

不同的广告主在移动商业模式中所占比重不同。

(1) WAP 联盟和移动应用联盟中以行业内应用广告主为主，有少量传统广告主。

(2) WAP 直投模式中有少量大广告主，但主要还是以行业内应用广告主为主。

(3) 消息类中以传统行业大广告主为主。

本章小结

本章系统讲述了移动互联网产品的商业模式，从商业模式定义和商业模式设计的九大思维、四个核心观和七要素入手，帮助读者深入了解商业模式的基本理论体系。同时，对商业模式的组成结构进行了分析，从产品定位、业务系统、关键资源能力、盈利模式、现金流与企业价值等多个角度剖析了模式的结构。最后，对商业模式的类型进行了划分，分为移动 APP 模式、行业定制模式、电商模式以及广告模式。读者阅读之后，能较为系统的掌握移动互联网产品的商业模式基础理论。

思考题

1. 查找资料，寻找案例，结合案例理解移动互联网产品设计的九大思维。
2. 如何正确理解用户主导是核心？
3. 为什么说价值是企业的核心竞争力？
4. 为什么说盈利是商业模式的核心？
5. 如何理解关键资源能力？
6. 移动互联网商业模式的常见分类有哪些？
7. 广告主是什么？

第三章　移动互联网产品的应用场景

移动互联网产品的应用场景也是移动互联网产品设计人员必须掌握的要点之一。了解什么是应用场景，如何判断应用场景，以及应用场景设计的基本要素；了解对应用场景的需求以及影响因素；学习常用的几种场景，包括植入场景、LBS 场景等；掌握盈利模式的基本知识，包括常见的盈利模式，以及对未来盈利模式的趋势判断等。

本章内容

※ 移动互联网产品应用场景的基础知识；
※ 移动互联网产品应用场景的需求；
※ 移动互联网产品的多种营销模式；
※ 移动互联网盈利模式。
※ 小结本章内容，并提供核心知识的思考题材。

3.1　移动互联网产品应用场景的基础知识

移动互联网产品是指以手机终端、可移动的设备等工具通过移动互联网提供在线购物、查询信息、了解周边动态等服务的产品。

“场景”无处不在，特定的时间、地点和人物存在特定的场景关系，延伸到商业领域便会引发不同的消费市场。传统电商一般是把消费者的购买从线下搬到了线上，但在移动互联网时代，智能设备的广泛应用把人们的时间碎片化分割，消费者不再局限 PC 端的鼠标点击，信息渗透无处不在，消费行为变得移动化、碎片化。虚拟世界同现实世界交错融合，使任何一个生活场景(无论现实、虚拟)都有可能转化为实际消费——市场开始由传统的价格导向转为场景导向。

3.1.1　应用场景的概述

移动互联网用户使用时长持续增长，不过增量集中在短视频和即时通信上。Quest Mobile 在 2019 年 1 月 22 日发布的《中国移动互联网 2018 年度大报告》(以下简称《报告》)指出，2018 年 12 月移动互联网月人均单日使用时长突破 341.2 分钟，同比增加 63 分钟。

从细分行业来看，2018 年 12 月用户总使用时长同比增长占比前 5 名的行业为短视频、即时通信、综合资讯、综合电商、手机游戏这 5 个行业的用户时长增量占比整个移动互联网增量的 73%。

1. 短视频场景

短视频是通过互联网实现异地的实时(非实时)信息获取，从而缩短时间和空间的距离。在任何你想要的时间，去感受你想要到的地方。可以通过网络视角，去体验不同的生活。而实现这一切，需要的只是一台连入互联网的电脑或手机。

换而言之，短视频就是从你所在的场景进入另一场景的入口大门！

在传统的互联网时代也有短视频，但受制于终端的固定模式，人们不能充分利用自己的碎片化时间，此类业务一直发展得不温不火。移动互联网时代，由于终端的便携性，出现了大量的等车、等饭、乘车空隙等闲暇时间，使得人们不由自主地把生活时间越来越多地花费在网上，也催生了所谓的手机党。更多的人通过网络，利用手机或 Pad 屏幕去了解和认识整个世界。在这个时代，短视频业务又重新焕发了生命力，它充分发挥了连接两个场景的时空穿梭机功能，用户只需轻轻点击，就可以置身于你想去的场景，省去了大量的时间、金钱以及精力成本。近年来流行的抖音、火山、快手等小视频，就是这样应运而生的，并受到了人们的广泛欢迎。

2. 即时通信场景

即时通信已经取代搜索引擎成为移动互联网时代新的核心流量入口。据统计，截至 2020 年 3 月，即时通信用户规模达到 8.96 亿，较 2019 年 6 月增长 8.66%，占网民总体的 94.8%。

从市场发展来看，即时通信市场的两极化差异进一步凸显：针对垂直场景或小众用户需求的即时通信应用仍将连接用户作为主要功能，以扩大用户规模、提升服务水平作为主要目标；而以微信和 QQ 为代表的第一梯队即时通信品牌则致力于构建用户、内容和服务三者间的连接，进而完成了对即时通信平台上庞大用户流量的赋能。

总体而言，以微信为代表的即时通信在 2018 年的变化特点主要集中于流量入口地位、内容与服务连接能力和商业模式成熟度三个方面。

(1) 即时通信作为移动互联网流量核心入口的地位已经确立。数据显示，即时通信的用户渗透率不仅超过九成，而且通过对过去半年新上网的用户进行调查可以发现，即时通信在新网民各类应用中的渗透率排名第一，达到 80.8%，高于排名第二的搜索引擎 16.9 个百分点。新网民对即时通信的接受程度明显高于其他互联网应用，因此预期未来即时通信的核心流量入口地位将更加巩固。

(2) 以微信为代表的即时通信产品着力提升其连接服务与内容的能力。在连接服务方面，微信小程序于 2017 年 1 月正式上线，初步构建起将自身海量流量分发向各类其他互联网服务的新型生态。在连接内容方面，微信于 2017 年 5 月上线“搜一搜”和“看一看”功能，利用即时通信平台上的社交关系链为用户推送优质内容。

(3) 即时通信产品商业模式成熟度不断提升，企业营收显著增长。通过为各类增值业务输送流量，即时通信产品摆脱了依靠自身业务难以变现的问题，形成了蓬勃发展的产业生态。根据腾讯公司发布的财报，2017 年该公司以其即时通信业务为核心的相关业务板块营收同比增幅均在 40%以上。而得益于直播业务的不断成熟，陌陌在 2017 年第一季度的营收同比增幅达到 421%。

3. 综合资讯场景

移动综合资讯市场起步较早，在门户网站时代，一些领先厂商就开始尝试推出移动端新闻产品。在移动综合资讯发展初期，门户网站凭借 PC 端用户积累，取得先发优势，但是随着技术的发展和内容生产方的演变，市场格局发生了巨大变化。

首先是今日头条凭借算法优势以个性化精准推荐为武器，后发先至，迅速抢占了市场技术高地；同时自媒体开始呈现爆发性发展，传统的内容生产市场发生了重大变革，以微信公众号为代表的自媒体开始抢占市场。

在竞争激烈的移动资讯市场中，资讯明显呈现富媒体化，大型互联网厂商基本完成布局，市场格局初现，整个市场正处于快速发展中。

4. 综合电商场景

随着移动互联网时代的到来，越来越多的企业认识到互联网电商是趋势，加入移动互联网“大军”是迟早的事，而且是越早越好，但是想要将互联网电商真正做好、做强，却不像想象中那么容易。统计表明，垂直电商 APP 正在逐步崛起，2020 年二手电商平台闲鱼的月活跃用户已经超过 8000 万，而蘑菇街、小红书等电商平台也逐步在细分领域成为市场的大腕。

垂直电子商务是指在某一个行业或细分市场深化运营的电子商务模式。垂直电子商务网站旗下商品都是同一类型的产品，这类网站多为从事同种产品的 B2C 或者 B2B 业务，其业务都是针对同类产品的。简单而言，即是为消费者提供个性化、单一、精致的购物需求环境，区别于常见的综合卖场，是针对特定消费人群构建的一种消费环境。

相对传统的互联网，移动互联网对商业格局的影响更大，2020 年天猫“双 11”活动，移动端的交易量已经占据 69.31%以上！

移动互联网将人与人进行了更密切的联系，同时“人以群分”的特性也越来越明显。小众的需求通过手机集聚起来成为“大众”，同时带来的是个性化和用户黏性，客户对产品的忠实度越来越高。

消费者在任意一个平台都能得到“购物需求”时，谁能满足更个性的需求，谁就能真正赢得消费者的选择。

根据不完全统计，二手商品类、母婴类、跨境电商类、医药类、生鲜类、零售 O2O 类、生活服务类、酒水类都有一大批垂直电商崛起。

而垂直精细对电商平台来说，本身就是一种生存策略。京东商城最初的发展也是专注于 3C 行业，在积累了一定的品牌、客户的基础上，才逐步转化为综合卖场。而对于新进入的企业而言，在综合电商领域有京东、天猫等知名企业在前，若要与他们开展竞争，无疑是以卵击石。在淘宝、天猫、京东等综合商城已经占据市场的同时，再投入精力到该领域，所面临的困难可想而知。

垂直化意味着不需要人尽皆知，只需要抓住自己的核心用户。比如本地电商 O2O，只需要满足本地客户的需求就可以了，目标非常明确，如果自己本身就有线下的资源，那推广运营起来岂不更省力。

5. 手机游戏场景

随着智能手机的迅速普及，加之 3G、4G 和 5G 等网络的高速发展，中国手机游戏行业进入了快速发展期。手机游戏成为了越来越多的都市年轻人的娱乐方式，地铁里、公交上、饭店中……到处可以看到玩手机游戏的人。

据统计，“开心消消乐”成为了2018年度全球月活用户最高的游戏，而且玩家主要是在中国市场，这款国民级三消手游的表现着实让人意外。在全球手游月活用户排行榜前十名里，国产手游占据了一半位置，除了“开心消消乐”之外，还有排名第二的“王者荣耀”、第五的“绝地求生：刺激战场”、第七的“PUBG Mobile”和第10的“欢乐斗地主”，这些都是大众所熟知的经典成功案例。

一款成功的手机游戏，不仅可以占据用户的大量碎片化时间，还可以通过道具、皮肤等创造营收。同时，还能对受众形成一个流量入口，在此基础上开展相关的增值业务，是移动互联网时代的一个新的业务增长点。

3.1.2 应用场景的判断

应用场景应该如此描述：“在什么时间(when)，什么地点(where)，周围出现了什么事物(with what)，特定类型的用户(who)萌发了某种欲望(desire)，会想到通过某种手段(method)来满足欲望。”

例如在候机时，用户在候机厅里看到手机电量过低，会想要充电。然而当时他所在的位置是候机厅，一个充满电器但是没有插座的地方。那么我们就要分析这种使用场景，是什么样类型的人有这种需求，有什么样的能力可以潜在地帮他实现目标。所以，一个租借充电宝的业务产品就出现了。

一般而言，需要先明确分析用户使用场景的三个目的：

(1) 了解用户使用产品的整个流程和状态。

(2) 给产品设计提供大框架的设计思路。

(3) 验证产品提供的解决方法是否有问题。

基于以上三点，需要用户的以下信息：

(1) 用户基础背景：年龄、性别、收入、地域、职业、兴趣、习惯等。

(2) 使用环境：用户在什么地方使用产品？这个地方是什么样的？这个环境里有什么？对于使用产品有什么影响？

(3) 使用时间：用户在什么时间使用产品？可以是一个时间点，也可以是一个时间段。

(4) 需求：用户为什么要使用产品？产品可以帮助用户达成什么目标？

(5) 使用过程：用户使用产品前在做什么？用户用产品做什么？用户在使用产品时，是否同时还在做其他的事情？用户在使用产品时，是否会被其他什么事情影响？用户使用完产品后，会做什么？

判断用户使用场景一般就是围绕以上5点展开。

3.1.3 应用场景的设计

随着移动互联网的出现和快速发展，传统的信息传递在时间与空间上的障碍得以排除，业界涌现出很多新的技术和应用模式，形成了更为开放、更加复杂的价值生态体系。移动应用的应用场景设计不能想当然地模仿传统应用，要充分利用移动互联网的特性，以用户的个性化需求(即用户画像)为导向，在新的技术平台上设计创新，以提高用户的体验度和满意度。

提到用户画像，无论是产品菜鸟还是产品大牛，在产品设计过程中都或多或少有所涉及。那么用户画像是什么呢？在什么情况下需要用户画像呢？

1. 用户画像的概念

用户画像这四个字可以分成两部分来看：“用户”一词顾名思义，我们所设计的产品、提供的服务最终的使用群体就是用户，简单来说产品的诞生就是为用户服务的，只有了解了用户才能设计出有用的产品。再来看“画像”，提到画像，很多人的脑海中会不由自主出现一副图像，蒙娜丽莎的微笑也好、梵高的自画像也好，画像以一种生动形象的方式让看到的人更容易理解它想表达的内容。

在产品设计过程中，通过用户画像，将产品的用户具体化、形象化，从单一的文字描述转变成一个“有血有肉”的真实存在的用户，让产品团队的成员更好理解产品的用户，在产品的设计过程中可以根据具象化的用户特点设计产品，不至于让最终设计出来的产品不符合实际用户的需求。

2. 用户画像的应用场景

在产品生命周期的各个阶段，通过用户画像都可以形象生动地表达让产品经理以及产品相关团队成员容易理解的内容。通过用户画像，可以了解产品的用户是谁、用户希望产品可以做什么以及用户在使用产品过程中做了什么。根据这三个目的，把用户画像分为了三种应用场景。

1) 了解用户是谁

在产品的设计文档编写阶段，即产品构想阶段，作为产品经理，最为关注的就是产品的用户、需求、场景，通过三要素判断产品的构想是否成立以及将产品的解决方案向老板进行汇报。

(1) 用户画像包含元素。

基本属性：照片、姓名、年龄、职业、爱好等和产品相关的人物基本属性。

需求：用户目前有哪些需求需要满足。

用户故事：通过一个用户故事来描述用户会在什么情况下使用产品，可以理解为产品的使用场景。

(2) 数据来源。

有些刚从事产品设计的人可能会问，用户画像中的信息从哪里来？是依靠自己的理解和想象来随意写的吗？在这里对于用户信息的收集有几种方式：

① 通过行业分析报告分析，获取产品的用户信息及需求，通过对收集到的信息进行整合形成用户画像。

② 通过用户访谈、问卷调查的方式收集用户信息及需求，根据访谈以及调查问卷的结果形成用户画像。

(3) 实战。

关于外卖类产品的用户画像如图 3.1 所示。

外卖类产品用户画像

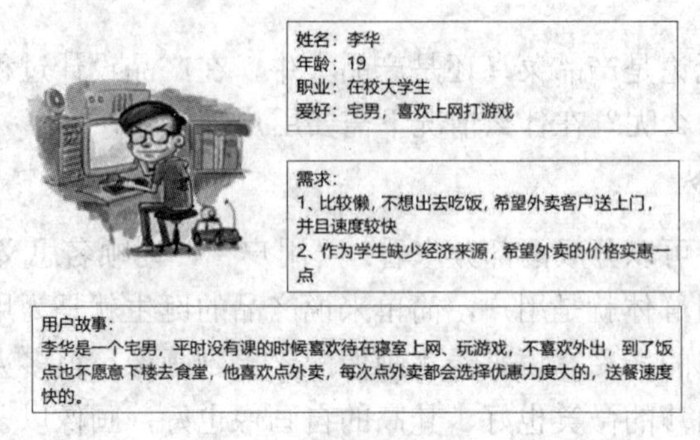

图 3.1　外卖类用户画像

2) 用户希望产品可以做什么

在产品设计阶段，产品经理需要将产品的设计思路和构想提交给产品研发团队、交互设计团队、视觉设计团队进行产品的设计开发。那么如何能让设计开发团队清晰理解你想表达的思想以及用户的真实需求，这就需要用户画像进行辅助说明。通常产品需求以文档、原型图为主，用户画像为辅，让设计研发团队成员在设计产品过程中对产品的目标用户有更形象化的认识。

(1) 用户画像包含元素。

基本属性：照片、姓名、年龄、职业、爱好等和产品相关的人物属性。

使用场景：通过明确产品是在移动端还是 PC 端上使用，是什么情况下使用，让设计、研发团队从产品的性能、用户体验方向进行设计。

用户故事：通过用户故事描述用户任务以及用户完成任务时的产品使用路径。

(2) 数据来源。

在产品设计阶段已经明确了用户的需求以及用户的使用场景，那么关于用户故事的描述，一种方法是对用户进行访谈和问卷调查，另一种方法可以邀请目标用户对产品原型进行模拟使用。通过用户测试了解用户的使用方式和行为，设计出更符合用户习惯的产品。

(3) 实战。

关于女性电商类产品用户画像如图 3.2 所示。

女性电商类产品用户画像

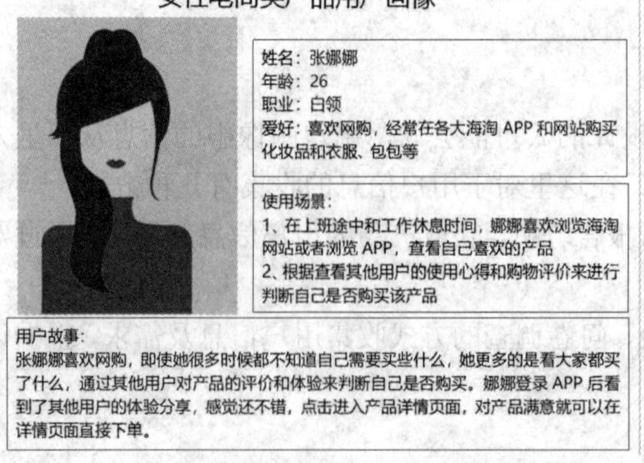

图 3.2　女性电商类产品用户画像

3) 用户在使用产品过程中做了什么

了解用户行为也叫作用户研究，关于用户研究的内容就比较广泛了，比如用户数据挖掘分析、用户流失行为分析、用户推荐等。根据目的不同可以建立不同种类的用户画像。

通常在这个阶段的用户画像都建立在产品上线运营了一段时间后，希望从某一个具体方面对某一类用户行为进行具体研究、分析，提出针对这一类用户的解决或推荐方案。

(1) 用户画像包含元素。

基本属性：照片、姓名、年龄、职业、爱好等和产品相关的人物属性。

使用行为：用户使用产品的行为或特点，通过寻找共性发现希望找到的一类用户。

用户故事：通过用户故事找到符合这类使用习惯的用户群体。

(2) 数据来源。

在这个阶段，使用行为的来源是通过产品后台收集到的数据分析得来，然后将用户行为特点再放入后台数据库中得到一类用户的具体数据。

(3) 实战。

关于手机国际漫游业务推荐如图 3.3 所示。

图 3.3　手机国际漫游业务推荐

3. 总结

(1) 用户画像并不只是代表一个具体的用户，而是代表具有相同特点的一类用户。

(2) 用户画像的目的是让团队中其他成员更明确用户特点以及行为习惯，为产品设计、研发提供辅助参考。

(3) 对于以用户研究为目的的用户画像构建，在构建前期要明确目的，根据目的收集相关的用户信息。在用户画像构建完成后，要根据用户画像去发现这一类用户群体，并提出具体方案为这一类群体进行服务。

用户画像的应用场景并不只是这三类，这里只是罗列出三种常用的场景，具体问题还要具体分析。

3.2 移动互联网产品应用场景需求

3.2.1 应用场景需求的概念

在产品经理编写设计阶段的功能性需求时，应该都会或多或少的涉及应用场景，只是统一归为功能需求，这里将其单独分出。

由于移动互联网设备的移动性，产品的使用场景充满了很多的不确定性，用户可能会在更多的不同场景中使用产品，因此为了增加用户的体验，针对用户使用场景的不同，对产品进行适合场景的调整，以便让产品更加适应不同环境的变化。当产品经理在编写应用场景需求时，需要考虑以下几个重要因素。

3.2.2 应用场景需求的影响因素

应用场景需求的影响因素有网络、外界环境、用户习惯三个方面。

1. 网络

移动设备脱离了网线和电脑等的束缚，只要移动网络和无线网络能覆盖到的地方都可以上网。这就不需要用户集中大量的时间来做某件事情了，而是可以充分利用好碎片化时间来完成很多工作。

同时，受到不同条件的限制，网络信号可能有强弱，不同运营商也可能存在覆盖差异。因此，在设计业务的时候，也要充分考虑到网络可能会间歇性中断的情况，甚至是中断较长时间。如果忽略这些问题，可能会给产品的推广和运营带来不利因素。

2. 外界环境

由于移动设备的便携性，用户使用产品时的外界环境也充满了不确定性。比如开会的时候，可以抽空收发邮件或者利用微信或 QQ 进行工作交流，提升了时间的利用效率，但也可能因为会议主持人的要求而无法使用。再比如学生上课，有些老师允许带手机，则部分学生利用手机来百度听不懂的知识点，帮助自己跟上老师的节奏；也有些学生可能就开始上网、玩游戏，导致掉队。而有的老师不允许带手机，这样那些自制力不强的学生倒是认真听课了，但那些学习热情较高的同学，在有偶尔听不懂的情况下，就失去了一个查阅资料的机会。

因此，在移动互联网时代，你永远不知道你的客户身处一个什么样的外界条件下，所以，很多意想不到的情况会发生，进而导致产品的适应度发生变化。

3. 用户习惯

由于部分用户使用其他产品时形成了一些习惯，导致对某款特定产品的不适应。比如用惯了 QQ 的用户，就会觉得微信的文件传递相当不方便，尽管微信也在不断改进文件传递功能。

除了相对客观的因素外，还有很多基于用户的主观因素，比如用户情绪等。开心乐观的人，看付费喜剧视频或付费音乐的可能性就会偏低。而多愁善感的人就更喜欢付费看电影、连续剧或付费听一些抒情的经典歌曲。

通过对应用场景需求的单独划分，可以让产品设计者更加明确怎么捕获用户需求，从而让产品在用户体验方面更加完善，这对提高用户对产品的满意度很有帮助。有时候，一个简单的改变就可以打动用户的心，让他们掏钱买单。

产品经理其实也是产品的用户，当其站在用户的角度，身处到用户所处的环境，自然能够得到产品的灵感。同时，也能在产品的功能和需求上提供合理化的设计。只要能做到这些，自然能做出一款能够被受众所接受的产品。

3.3　移动互联网产品的营销模式

移动互联网营销是基于手机、平板等移动通信终端，利用互联网和无线通信网技术来满足企业和客户之间的产品交换、服务获取的过程，通过在线活动创造、宣传、传递客户价值，并且对客户关系进行系统管理，以达到一定企业营销目的的新型营销活动。

移动互联网环境下的产品营销可以借助彩信、短信、微信、公众号群发、WAP、APP、二维码、手机应用等手机和移动互联网技术。这些新营销方式具有灵活性强、精准性高、推广性好、互动性强、成本低等特点。下面是几种常见场景下的营销模式以及误区分析。

3.3.1　植入场景

植入场景营销模式是企业通过赞助大型综艺娱乐节目，从而改变自身品牌形象，维护老客户、开发新客户的一条有效途径。

首先企业确定目标客户群体，找到一个有大量用户基数的综艺节目，把产品和品牌植入到节目中去，其中的关键是：节目场景中的人使用产品的感受和节目的主题相呼应，把产品融入消费者的生活场景中去，以此建立品牌与消费者生活的连接，引起用户对产品的兴趣，引导用户到线下场景体验，吸引用户到线下场景下单，最终实现购买转化。

企业通过手机用户线上、线下场景平台数据，锁定目标客户群体，制作用户画像，深入挖掘用户需求，为创造更多符合用户口味的融合场景提供数据积累，进一步促进和完善品牌与场景的融合，如图 3.4 所示。

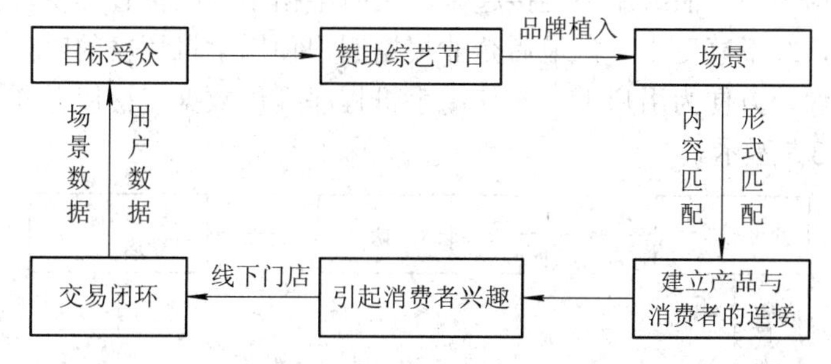

图 3.4　多场景发掘用户需求

例如伊利金典有机奶与《我是歌手谁来踢馆》合作，针对 80 后、90 后、00 后喜欢音乐的特征，请国外顶尖歌手打造“无污染，无添加”的纯粹音乐盛宴。

《我是歌手谁来踢馆》是芒果 TV 推出的一台音乐综艺秀，为一大波新生代实力唱将登上《我是歌手》的舞台提供了一条全新的渠道。在赛制设计上采用弹幕互动、分贝投票，贯穿节目始终，把选手的去留决定权交给观众，迅速提升了网友的代入感，从而无形中突出了伊利产品金典有机奶“无污染，无添加”的特点。

伊利经典有机奶与《我是歌手谁来踢馆》的营销联合战中，一切以歌手、观众、金典有机奶三者之间的互动为中心，以乐评人采访区背景、主持人现场互动口播等创新的场景来吸引消费者的注意。同时，网上发起《我是歌手谁来踢馆》相关内容的微博讨论，吸引大量粉丝与喜欢的歌唱家互动；线下全民票选终极踢馆歌手的新玩法，也让受众参与感倍增。

通过眼、脑、心的互动，企业建立起了产品与消费者生活的连接，在消费者的观念里树立了金典有机奶健康、绿色的品牌形象，不仅提高了品牌的认知度和辨识度，而且大大提升了客户的忠诚度。

还有伊利安慕希酸奶与《奔跑吧》的合作，节目场景中，明星口渴的时候安慕希可以解渴，饭后安慕希可以助消化，甚至是下午茶的时间都有安慕希的身影。在不同的场景中，安慕希不再是一瓶酸奶，而是拥有多种功能于一身的饮品。不仅如此，通过《奔跑吧》明星口播，把安慕希的理念传递给消费者。在《奔跑吧》第二季里面，安慕希的代言人李晨在面试过程中，还被问到“浓浓安慕希，让相聚更浓”用英文怎么说？李晨由于英语水平有限，求助于另一位安慕希的代言人——Angelababy(杨颖)帮忙，这些都有效地实现了品牌植入场景的目的。当目标受众看到安慕希的代言人就会相应地想到安慕希这个产品，通过安慕希的代言人建立了安慕希与消费者之间的连接，引起目标受众的关注。

以人作为纽带，实现从节目场景到生活场景的连接，不仅提高了安慕希品牌的知名度和辨识度，而且把安慕希“浓浓安慕希，让相聚更浓”的理念顺理成章地传递给了用户。

3.3.2 LBS 场景

LBS(Location Based Service)即基于用户的位置提供的服务。通过获取用户的位置(或用户感兴趣的目标位置)向用户提供相关的业务内容。

LBS 是移动互联网时代特有的新型营销推广模式。借助移动设备网络和 GPS、移动 WiFi、地理围栏等定位技术，为用户创造新的场景入口，帮助企业准确获取用户的即时位置信息，随时将用户与产品或服务连接起来，实时根据用户的位置提供增值服务，用户线上完成订单支付，线下享受服务，最后企业根据用户使用手机程序的时间、地点、兴趣等信息建立用户画像，方便为用户下一次使用手机程序提供数据支持以及作为感兴趣内容的推荐依据，如图 3.5 所示。

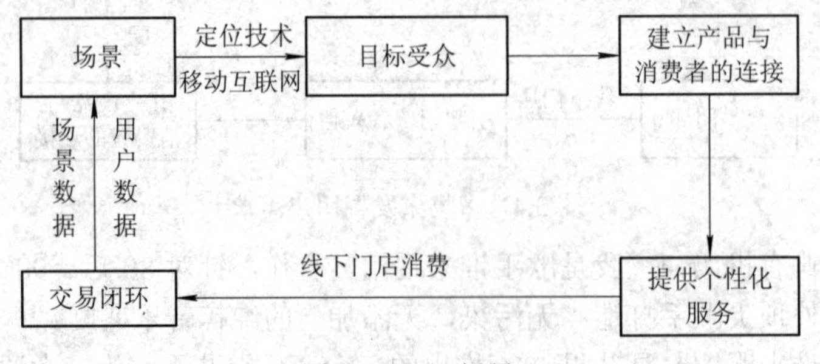

图 3.5 LBS 场景

美国的Foursquare网站是最早(2009年3月)运用消费者地理位置信息的手机服务网站。上线不到半年时间，因为其贴心服务，用户量就突破300万人次。在Foursquare影响下，国内许多互联网企业也开始在LBS领域布局。

2010年11月，人人网推出了“人人报到”业务。2011年4月，新浪通过深度融合微博、娱乐和生活资讯，推出了LBS手机社交APP“微领地”，成为当时国内最受欢迎的应用之一。而以百度地图为代表的导航APP，以免费模式快速占领用户，并在此基础上推出了一系列商务服务，收到了良好的营销效果。

如今，我国LBS应用最成功的行业是外卖行业。截至2020年3月，我国网上外卖用户规模达到3.98亿，其中手机网上外卖用户规模达到3.91亿，保持高速增长势头。

考虑到我国手机用户已经超过了13亿，基本上是人手一机。所以，基于LBS的产品潜在用户的规模还很大，高频市场需求已经形成。

在近年来市场补贴培育下，工作加班、周末聚餐、下午茶、宵夜等订餐场景的出现，使LBS场景营销获得多元化发展，用户的多元化需求也获得了满足。

LBS场景营销模式帮助企业真实地了解了用户的需求，改善了服务质量，实现了在特定场景下的定制化服务，做到了精准营销，传递了真实的口碑，提高了用户对企业的忠诚度，为用户创造了全新的价值体验，提供了更多的场景需求解决方案。

3.3.3 视觉场景

网络视觉营销是以互联网为媒介，通过分析展示的技巧和方法，结合消费者的视觉习惯，将商品在网络中展示出来的一种营销手段。

在移动互联网时代，视觉场景营销是在移动互联网的支持下，结合消费者的视觉习惯，将产品通过各种渠道想方设法地展现在用户的面前，建立产品与用户生活的连接。透过网络，企业可以通过产品带给用户的视觉冲击与用户进行互动，吸引用户的注意力，引导用户线下体验产品，最终实现购买转化。

企业收集用户的购买记录，可以更好地把产品转换成视觉冲击展现在用户面前，如图3.6所示。

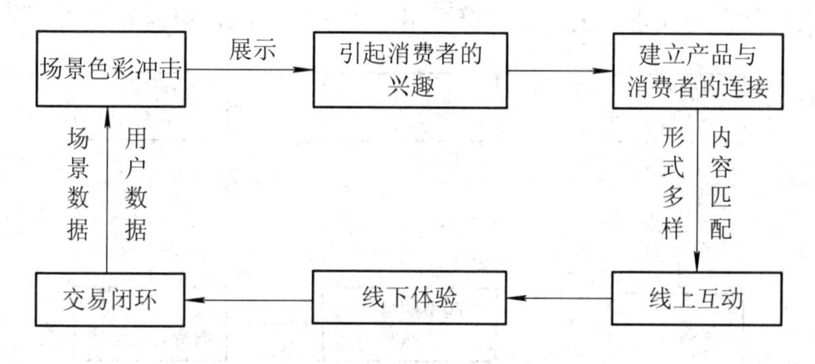

图3.6 视觉场景

小米是成功运用视觉场景营销的案例。

首先，小米的标志选用了“橙色”这一介于红与黄之间的色彩，既满足了目标消费者偏年轻、富有活力的色彩需求，又具备良好的视觉辨识度，让人看了之后容易记住。

在商业标识化方面，选择“米兔”(me too)作为自己公司的卡通形象代言，同时推出与米兔有关的衍生产品。例如米兔系列玩偶、小米短袖等，吸引了小米粉丝的注意，增加了小米粉丝对品牌的黏性。

其次，雷军本人就是小米最大的名片。各种雷军式的表情包流传在各类社交媒体中，使小米的形象更加亲民，拉近了企业与用户之间的距离。依赖微信、微博等社交媒体软件直接宣传小米产品，在社交平台上定期制造各种话题讨论，加上小米产品、logo 的相关配图，形成小米独有的简约、色调鲜明的特点，经过粉丝的转发、点赞、评论，增加了“小米”的曝光率和点击率，更容易激发起消费者的浏览欲望。

最后，小米把小米之家作为小米专门的售后服务部门，小米粉丝不仅能在这里体验小米的最新产品，而且还可以认识到同样使用小米的“有缘人”，进一步建立了用户和小米之间的连接，从而提高转化率。

视觉场景营销模式通过品牌给用户带来的视觉冲击，增加了品牌的辨识度和知名度，拉近了企业与用户之间的距离，增进了用户与企业之间的感情，提高了用户对品牌的忠诚度。同样，视觉场景营销模式不仅给用户的生活增添了更多的乐趣与惊喜，而且在此基础上增加了用户对品牌的认识度，从而提升了潜在用户的转化率。

3.3.4 社群场景

社群指聚集在一起的、拥有共同价值观的群体。他们有的存在于具体的地域中，有的存在于虚拟的网络里。

在移动互联网时代，社群更多的是指忠于某个品牌或者某人的人格魅力而形成的粉丝群体，基于其兴趣、知识与分享的前提，添加个人元素，最终形成粉丝社群生态。而社群场景营销模式就是基于目标受众对品牌、人格魅力的追求，通过社交网络传递品牌或者个人的作品相关宣传，以此建立人和物的连接。网络传播速度之快，会迅速引起不同社群之间的共鸣，最后用户在线上完成支付，线下体验服务来完成整个交易过程，企业收集目标受众的社交平台分享信息与线上平台交易信息，实现场景体验量化，基于用户的兴趣、知识水平挖掘用户潜在的需求，创造更多符合用户需求的产品，流程如图 3.7 所示。

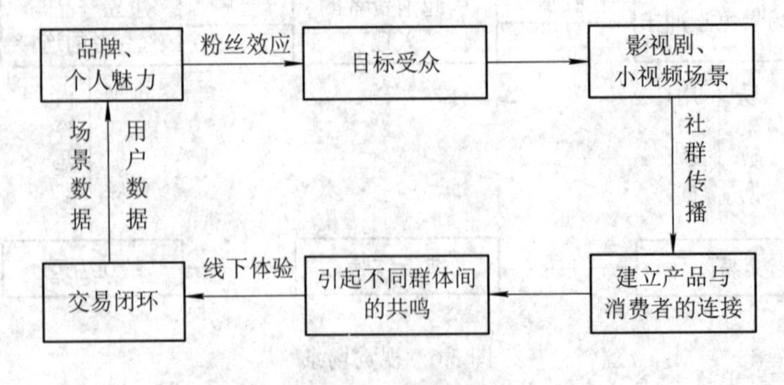

图 3.7　社群场景

例如，基于作者的个人魅力，其小说作品改编的电影《小时代》系列主要受到了 20 岁到 35 岁的年轻女性的追捧，最终以 13 亿元总票房收官。

作者在推出《小时代》系列丛书时已经培养了一批图书粉丝，这些粉丝在后续电影宣传过程中发挥了重要作用，她们是粉丝中的意见领袖。

当作者拍摄《小时代》系列电影时，首先引起《小时代》图书粉丝的关注，她们非常憧憬《小时代》画面质感的冲击，又因为《小时代》是一部都市偶像剧，所以粉丝们会邀请自己的闺蜜或者是男朋友一起走进电影院去观看。当然不仅有粉丝的宣传，加上电影院、制片方的线上线下宣传，电影自然在社群间传播开来。

根据六度分割理论、弱连接关系等社会学理论，在传播过程中，主要是粉丝的转发、点赞等行为使得产品的附加值在不断地累积，用户看到了产品的价值(比如一条微博的转发量、点赞量在不断地增长，就会引起网友对内容的兴趣)。在内容的最下方设置快速的场景入口，引导消费者线下体验，实现购买转化，突出场景营销以用户为核心的要求，为以后更好地进行品牌营销服务打下坚实基础，为场景营销沉淀有价值的数据资料。

3.3.5　O2O 场景

在移动互联网时代，O2O 场景营销模式是通过线上和线下共同作用为用户提供生活帮助的一种新型商业模式。O2O 场景营销模式是用户在衣、食、住、行等场景中，实现线上预约，线下到门店或者是在自己的家里就可以享受到周到服务。通过全渠道的联动，实现产品与用户之间的连接，引起用户的注意，激发他们的消费冲动，进而引导用户完成购买行为，同时可以收集用户数据，利用大数据挖掘用户需求，流程如图 3.8 所示。

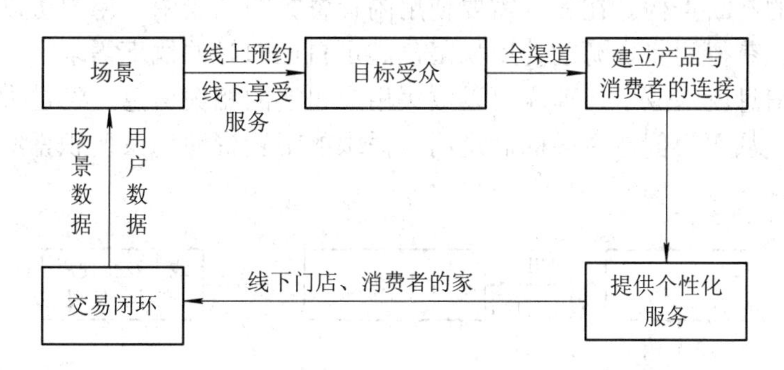

图 3.8　O2O 场景

河狸家的创始人雕爷曾说：“把店拆了，让人上门！”，这句豪言壮语开启了美容业的 O2O 大门。自 2014 年 3 月上线以来，经过短短一年多运营后，河狸家日客单量峰值超过 10 000 单，平均客单价 150 元以上，用户数量超过 100 万，C 轮估值近 3 亿美元。

河狸家在对的时间做了对的事情。在移动互联网时代，成长迅速，前景也是一片光明。河狸家在此基础上，又拓宽了上门服务场景的品类。

在 2015 年 3 月上线的美容业务在随后的两个月掀起了一个小高潮，美容业务上线第一天，河狸家所有美容师前 3 天的订单就全部约满了。如此火爆的生意背后是河狸家通过服务场景转换，以美甲场景为突破口，提供上门服务，基于美甲品类的成熟运作经验以及消费者对平台的信赖和忠诚度，河狸家成功拓展了横向品类，用户享受到了服务，河狸家也创造了全新的美容业经营模式。

对于女性群体来说，美甲相对于美容、美发是一个相对高频的场景。河狸家用高频场景获取新客户，基于用户对河狸家的信赖和忠诚度带动低频场景的使用人数，以此获得较高的毛利率和客单价。

同时消费者也感受到上门服务与到店服务相比，不仅节省了排队等候时间，还节省了到店所花费的间接费用，如交通费等，而且坐在家里享受服务的舒适度更高，尤其是对于一些特殊客户来说，上门服务保护了他们的个人隐私。

O2O 场景营销模式节省了用户排队等待时间，也提高了线下门店的空间利用率，实现了线上、线下的双向引流。线上用户可以通过手机程序预约，到线下实体店场景享受服务，增加了用户对产品或服务的体验感；线下用户在享受服务过程中，通过在线上下单也可以享受到线上优惠。用户在线上、线下都享受到优质服务的同时，也实现了线上、线下用户的互动引流，进而引爆了业务销量。

3.3.6 共享场景

郑联盛在《共享经济：本质、机制、模式与风险》一文中将共享经济定义为：基于技术手段提升闲置资源利用效率的新范式。共享经济是一种基于互联网技术的新思维方式和资源配置模式，通过闲置资源的高效再利用，在一定程度上解决了供求矛盾，发展初期所呈现的特点是盘活存量、人人共享。

但是从场景营销的角度来看，这是产品与产品、人与人、人与物、人与城市的连接方式在场景中的不断重构。在各种需要使用闲置资源的场景中，用户可以通过交易平台租用闲置资源，获得闲置资源的使用权限，满足自己即时的线下需求。当用户线上完成支付后，订单信息就生成了，商家可以收集用户租赁的相关信息，经过大数据分析后，指导经营活动，从而为创造更多的满足用户需求的闲置资源场景而积累经验，流程如图 3.9 所示。

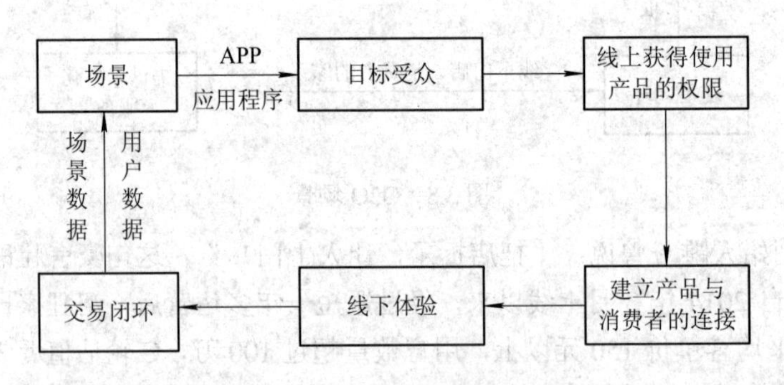

图 3.9　共享场景

例如共享单车解决了市民出行最后一公里的场景痛点，成为 2017 年下半年用户规模增长最为显著的互联网应用类型。截至 2017 年 12 月，共享单车国内用户规模已达 2.21 亿，占网民总体的 28.6%，用户规模半年增加 1.5 亿，增长率达到 108.1%。

只有在移动互联网时代，共享场景营销模式才得以获得长足发展。用户花最少的钱，解决了即时需求，享受到了服务，也为环境保护贡献了一份自己的力量；企业或个人的闲置资源也提高了利用率，为用户更高效的生活方式提供了解决方案。

3.4　移动互联网盈利模式

3.4.1　常见的盈利模式

移动互联网商业模式创新要走向成功，就必须找到适应移动互联网发展的可持续的盈利模式。盈利模式主要是如何收费，从谁那里获取收益。不同的业务、不同的企业盈利模式有很多种，相同的业务在不同企业中盈利模式可能差别较大。盈利模式的设计是商业模式创新的重要内容，它关系到移动互联网企业能否持续、健康的发展。因此，积极探索移动互联网盈利模式，推进盈利模式创新关系到移动互联网产业的发展，关系到进入移动互联网的企业发展的成败。移动互联网盈利模式创新刻不容缓。

简单地说，盈利模式就是企业赚钱的方法，通过怎样的模式和渠道来赚钱。盈利模式是指企业在市场竞争中逐步形成企业特有的、赖以盈利的商务结构及其对应的业务结构。盈利模式说白了就是为了获得更多的利润。从苹果、阿里巴巴、奇虎 360 等诸多互联网企业盈利模式来看，移动互联网盈利模式方向基本是清晰的。从收入来源方向来看，主要是前向和后向，但在不同的企业表现具有明显的差异性。概括起来，移动互联网的盈利模式主要分为八大类，这也是进入移动互联网的企业在设计盈利模式时可以借鉴的。

1. 交叉补贴模式

交叉补贴模式是一种以某一基础性产品实行免费或低价带动相关产品的销售量的增长，而相关产品则实行收费的一种模式。吉列的“剃刀 + 刀片”模式就是传统行业的交叉补贴模式的典型案例；“免费 + 收费”的盈利模式是移动互联网交叉补贴模式中最常见的模式；“你用我的服务，手机我免费提供”“预存话费送手机”等促销活动已经是国内外电信运营商的成熟做法，这也是交叉补贴模式的应用；App Store 上的应用所采取的“免费 + 收费”模式也是交叉补贴模式的生动实践。

2. “终端 + 应用”模式

企业不仅要靠终端赚钱，还要通过为客户提供应用和服务赚钱，而且通过应用和服务进一步提升终端的竞争力和盈利能力，这就是“终端 + 应用”的盈利模式。苹果就是“终端 + 应用”模式的典型代表，苹果在推出 iPod、iPhone、iPad 等一系列数码产品的同时，更开创了具有附加值的内容服务模式，成为新的利润增长点。苹果公司改变了以往传统制造业单纯为消费者提供产品的模式，而是把苹果带入了一个“产品 + 服务”的时代，先后推出了 iPod + iTunes 模式和 iPhone + App Store 模式。

3. 内容付费模式

内容付费模式是指用户为使用应用和内容而付费。长期以来，广大网民早已习惯免费服务模式及分享其带来的乐趣。由于移动互联网还处于发展阶段，目前用户为内容付费的意愿还比较低，影响了企业的发展。从长远发展趋势来看，移动互联网影视、音乐、游戏等的“付费时代”终会来临。从 2011 年下半年开始，中国互联网音乐刮起下载收费的“旋风”，互联网音乐下载“免费时代”即将终结，包括华纳在内的几大国际唱片公司联合酷狗、酷我、百度、QQ 音乐等多个音乐网站，开始推出收费服务，豆瓣 FMPro 率先开始收费，每月 10 元，半年 50 元，主要提供高音质和无广告的个性化音乐服务，但不提供下载服务。培养用户付费习惯和使用习惯是建立内容付费模式的关键，这取决于企业能否为用户提供差异化、不可替代的、对用户有吸引力的内容。2012 年 12 月 3 日，新闻集团宣布将关闭首份 iPad 电子报《The Daily》。在美国，《The Daily》应用程序每周订费为 99 美分。此次 iPad 电子报停刊，数字出版收费受挫，说明很多用户是反对内容收费的，内容付费模式还有很长的路要走。

进入到 2018 年后，内容付费模式慢慢被消费者所接受。如腾讯视频的会员服务，可以享受更多的新片和大片；而免费用户只能看一些长期不更新的旧片。内容上的差异，开始让消费者明白，免费的午餐是不存在的，即使有，也只是一时的。而痴迷于烧钱提供免费或低价服务的企业，则不断进入业务萎缩或倒闭。市场的残酷，开始让投资者认识到，长期免费的策略，并不是一个好的商业模式。

4. “前向＋后向”的收费模式

企业收入来源一般有以下两个方向：

(1) 前向收费。前向收费是向使用者直接收费，由用户买单。信息产品要收费，就必须着重打造内容的差异性、私属性、个性化，要能为用户带来价值，同时收费方式必须灵活、多元，以满足用户的不同需求，比如包月套餐、按时长(流量，事件)收费、按次收费、会员制等，且各种收费方式应能灵活组合。

(2) 后向收费。后向收费主要就是广告费、平台占用费、供应商分成等，用户不用付钱，企业付钱替他买单。谷歌就是这一模式的代表，谷歌盈利模式面向用户实行免费，而对第三方广告客户则收取广告费，广告收入是谷歌的主要收入来源。

5. 平台交易分成模式

移动互联网时代，开放平台是未来的发展趋势。开放平台的一个共同特点就是平台提供者本身不经营相应的产品和服务，而是由合作方或第三方提供。平台提供者直接向广告商和用户收费，然后再与第三方分成，实现共赢。盈利点主要有合作方为进入平台向平台提供者支付平台占用费、会员费、交易额佣金、广告费用等，以及平台向用户收取的费用等。

6. “免费＋广告”模式

在移动互联网中，免费品是内容、服务、软件等；免费对象是所有人。基于互联网的广告模式正引起很多人的注意，包括雅虎按页面浏览量付费的横幅广告、谷歌按点击率付费的文本广告、Amazon 按交易付费的会员广告、谷歌按搜索关键词付费的搜索广告等。当前广告模式仍是移动互联网的主要盈利模式，如百度的搜索就是典型的免费使用搜索引擎，但是向被搜索对象收取一定的排名费(变相的广告费)。

7. 数据咨询服务

移动互联网时代平台为王，随着平台越做越大，每天将产生大量用户消费行为的数据，如今的数据处理量较之以往的规模已呈快速上升的趋势。客户消费行为数据对平台入驻企业十分有用，除了部分数据免费开放给合作伙伴外，移动互联网企业也可以为合作伙伴定制一些分析工具、分析报告以及提供数据咨询服务。由于大量的视频、图片等非结构化数据的爆发式增长，给数据挖掘、数据分析带来了巨大挑战，向定制企业适当收取一部分费用也是可行的。

8. 专利费收入

企业因在技术上具有垄断优势，而通过技术专利授权、产品销售许可以及出售专利等方式获取专利收入。这主要出现在移动互联网产业链中拥有核心技术的公司，这方面的典型代表就是高通公司。高通专攻技术研发，如今 3G、4G 和 5G 的每一个技术标准都无法绕开高通。高通拥有通信领域内很多关键技术的知识产权，通过专利授权和销售许可获利。业界销售每一台基于 CDMA 的设备、终端和系统，都要向高通缴纳一定的专利许可费。每售出一部 WCDMA 手机，销售商大约要缴纳销售额 5%～10%的专利费，其中约有半数进入了高通的口袋。

在复杂的移动互联网市场环境下，移动互联网盈利模式都是上述几种盈利模式的有效融合。如日本 Mixi 公司，其收入主要来自内容付费收入、会员费以及广告收入；阿里巴巴收入主要来自销售佣金、会员费、广告收入、数据收入及增值业务收入等。随着移动互联网市场环境不断发展和完善，必将催生更多的创新型盈利模式。

总之，移动互联网要持续健康的发展，关键在于是否形成持续健康的盈利模式。当前我国移动互联网呈现快速的发展势头，良好的移动互联网市场环境正在形成，为移动互联网盈利模式形成创造了条件。移动互联网的真谛就是创新，因此，加快移动互联网盈利模式创新，积极探索多元化的和新兴的盈利模式刻不容缓。

3.4.2　对移动互联网盈利模式发展的建议

(1) 立足差异，探索新型的盈利模式。

如前所述，移动互联网与桌面互联网存在巨大的差异，这种差异决定了从业者不能抱残守缺，而应该利用这种差异形成的机会，去创新适合自身、存在市场空间的盈利模式。

桌面互联网时代成功的企业无论是三大门户、阿里巴巴还是百度，都是遵循了市场规律，把握了用户的某种需求，从而取得成功的。现在出现的移动互联网盈利模式从内容上看有衍生之处，但如果原封照搬，只会碰壁南墙。创立于 2003 年的 3G 门户，是我国乃至全球最早的移动互联网企业之一，立志于成为移动互联的“好 123”，尽管其用户数一度号称亚洲第一，并早早发布了手机浏览器，但“移动互联网门户”的定位忽视了移动用户的体验，过多内容的加载，导致打开速度过慢。作为后来者的 UC 浏览器抓住了网速这一关键，创造性的开发出云端架构，节省了用户的流量费用，帮助运营商降低了网络建设的压力。以至于曾经一段时间，UC 浏览器有效使用时间占到手机浏览器总体使用时间的 61.9%，覆盖人数稳居市场第一，并在使用次数和使用时长上具有绝对的领先优势。

(2) 立足国情，创新适合我国市场的盈利模式。

我国近 13 亿网民数量，决定了任何一种产品只要找到适合我国市场的盈利模式，很容易取得成功。在桌面互联网时代，微博在借鉴推特(Twitter)的基础上，根据我国用户的特点，添加了发图片、视频等功能，成为集各种媒介于一身的社交化媒体平台，新浪微博注册人数在峰值一度达到了 5 亿，彼时的热门词汇就是“围脖”(即微博)。

从目前我国移动互联网业务的发展来看，除了微信等少数应用，无论是移动搜索、移动娱乐、移动支付以及 LBS 等方面，均还缺少“杀手级”应用业务。因为我国的移动互联网行业发展基本是与世界同步的，甚至一定程度上还领先于其他国家，而且移动互联网市场与本土运营商环境、生活形态等有较大关联，这使得我国的移动互联网企业很难如同桌面互联网时代一样，通过借鉴他国经验的“迭代式创新”取得成功。在我国社会经济高速发展的背景下，用户对于移动互联网的应用和服务有大量的需求，需要移动互联网企业能够从国情出发，进行业务创新，吸引客户并满足其需求。

(3) 立足用户，寻求可持续的盈利模式。

桌面互联网时代模仿跟进某一成功产品是普遍的市场行为，无论是即时通信、门户网站，还是电子商务、视频网站，概莫如是。从近年来移动互联网发展来看，仍然沿袭了这一习惯，然而，如果不能通过整合价值链，形成良好的产业生态系统，很难形成可持续的盈利模式。

可持续是盈利模式能否接受时间和外部复杂环境的考验，包含持续生存、持续渗透、持续盈利和持续创新等涵义。形成可持续的盈利模式不能离开用户，必须围绕用户体验为中心，加强业务创新，满足用户的差异化需求，特别是核心需求。通过高品质的内容产品吸引用户，形成一定规模的用户平台；通过聚集人气，增强用户黏性，再以此为基础寻找合适的盈利模式。微信一开始仅被视作是通信与微博的结合体，但腾讯以微信作为平台，不断升级，整合了支付、游戏等多方面功能，逐渐完善其生态系统，成为了一个闭环，从其趋势看，未来甚至可能成为移动终端的核心。

除了强调用户的体验之外，可持续的盈利模式应该注重用户安全以及用户隐私。由于国内用户有长期免费使用应用软件的习惯，大量的第三方广告成为开发者的主要盈利方式，甚至为了短期提高盈利，不惜伤害用户体验，强制嵌入一些匿名和安全性未知的广告，或者植入采集用户个人信息的程序。从长期来看，这对我国移动互联网行业无异于杀鸡取卵。这一点迫切需要国家完善法规，企业承担社会责任，共同维护移动互联网行业的可持续发展。

(4) 立足理论规律，寻求科学的盈利模式。

移动互联网行业的时间碎片化、地点移动化的特点使其在形成基础、技术条件等方面与传统行业有极大的差异，一定程度上需要从业者重新审视，乃至慢慢摸索这个行业的规律。随着行业的发展，长尾理论、LBS 和大数据的应用等逐渐占据主导地位，对于探索可行的盈利模式起到指导作用。

长尾理论与传统二八理论完全相悖，移动互联网的用户散向四面八方，因为市场已经分化成了无数不同的领域。互联网的出现使得 99%的商品都有机会进行销售，市场曲线中那条长长的尾部(所谓的利基产品)也咸鱼翻身，成为可以寄予厚望的新的利润增长点。互联网企业可涉足的产品类型远多于传统企业，天生适合应用长尾理论，如果提供的是虚拟服务，更可以将长尾理论发挥到极致。

以余额宝为例。支付宝在 2013 年 6 月份推出了一款理财应用，截至 2020 年 6 月 30 日，余额宝的客户数已经达到 6.68 亿人，规模 12 238 亿元人民币。余额宝仅 2020 年上半年就累计给用户带来 117 亿元的收益，虽然人均投入仅为 1832 元，远低于传统基金理财户人均 7 万至 8 万元的投资额，但 6.68 亿用户的长尾让与支付宝合作的天弘基金“草鸡变凤凰”，从当初的年年亏损到资产规模排名国内前3，甚至一度排名榜首。

此外，诸如应用LBS、应用大数据等理论来探索盈利模式，对于还处于发展初期的移动互联网行业都可以起到积极的引导作用。

本章小结

本章系统讲述了移动互联网产品的应用场景，从应用场景的基本知识入手，讲解了如何判断应用场景，如何进行基本的应用场景设计，并分析了产品应用场景的需求，剖析了对场景需求的影响因素；介绍了常见的6种场景模式，包括植入场景、LBS场景、视觉场景等；分析了移动互联网产品的盈利模式，介绍了常见的盈利模式以及对未来移动互联网产品盈利模式的判断和分析。读者阅读之后，能较为系统的掌握移动互联网产品应用场景的设计知识。

思考题

1. 移动互联网产品应用场景的判断应该围绕哪些点进行？
2. 通过用户画像，可以了解哪些要素？
3. 影响应用场景需求的因素有哪些？
4. 简述5～6种常见的移动互联网产品营销模式。
5. 简述6～7种常见的盈利模式。
6. 你是如何理解移动互联网产品未来的盈利模式发展趋势的？

第四章　移动互联网产品的技术实现

随着传统互联网向移动互联网的转移，用户与移动互联网产品之间的联系也日益紧密起来。而移动互联网产品和服务往往是通过信息化手段呈现在受众面前的。从目前开发移动互联网产品的软件技术类型来看，有 APP、小程序、手机网站(也包括传统网站)、桌面软件等形式。尽管技术的类型有很多种，但研发一款移动互联网产品的基本思路依然沿袭了传统的软件开发思路。本章就以软件开发的标准流程为核心，为读者讲解如何从头开始研发一款移动互联网产品。

本章内容

※ 移动互联网产品开发中的需求分析技术；
※ 移动互联网产品开发中用到的数据库设计技术；
※ 移动互联网产品开发中的代码实现技术；
※ 移动互联网产品在开发完毕后的测试和上线技术及流程；
※ 小结本章内容，并提供核心知识的思考题材。

4.1　移动互联网产品的需求分析

移动互联网产品功能往往通过手机端软件来承载，因此很多时候，产品的需求分析就是软件的需求分析。需求分析是研究用户需要得到的东西，尽可能理解用户对产品的需求。

需求分析是一个移动互联网产品项目的开端，是项目实施的关键点。据相关机构分析，软件产品中存在的不完整性、不正确性等问题，80%以上是需求分析错误所导致的。因此，项目的成功与否，软件需求分析是非常关键的。

4.1.1　产品需求分析步骤

移动互联网产品需求分析分为以下九个步骤。

1. 需求分析整合

首先分析项目的业务需求定位，包括认识项目的服务对象、服务对象的具体业务需求，以及这些业务需求中哪些是适合用 IT 手段解决的。

其次分析解决这些问题或需求需要通过哪些有效手段去实施，比如通过调查访谈，或者问卷评估等。

在文档中一一的罗列清楚，适当的用图文并茂的方式使得需求书更加易懂。

2．预算评估

确认需求分析后，技术团队会评估功能需求的技术难度，设计技术方案，确认开发进度即时间安排，并将内容补充到需求文档中。这份文档后期会有助于产品经理等技术开发人员对项目的理解，减少技术人员沟通之间的误差。

3．原型设计

需求文档建立后，接下来项目经理将会进行原型图的设计，其中包含功能的结构性布局、各分页面的设计和页面间业务逻辑的设计。最后生成一份能完整表达页面所有功能的原型设计图。在此期间可能会使用不同种类的原型设计工具，如 Mockplus、axure、墨刀等。

4．UI 设计

前面设计的原型图会经过反复的推敲修正，随后，UI(用户界面)设计师会进行 UI 界面相关的配色设计、功能具象化处理、交互设计、各种机型和系统的适配。然后 UI 设计师经过多次与项目经理沟通修改后，最终达到定稿的高保真设计图。

对于后台 UI，大部分的移动互联网产品项目都会有相应的 Web 管理后台，其功能设计与 APP 的功能是一一对照的，合理的设计能让后台管理人员快速上手。

5．开发

以上流程结束即可进入开发阶段，一款优质的移动互联网产品项目包含以下几个部分：

(1) 服务器端：编写接口协议文档、服务器环境架设、设计数据库和编写 API 接口。其中，国内阿里云服务器占主要市场，国外亚马逊云占主要市场。

(2) APP 端：根据 UI 设计图进行界面开发，UI 开发完成后即可进入和服务端接口对接环节，通过服务端的接口获取数据，编写功能上的逻辑代码。

(3) Web 管理端：根据前端的业务逻辑，后台会有相应的功能与之匹配，同样也需要编写功能上的逻辑代码。

6．测试调试

移动互联网产品功能开发完成之后，测试人员会对整个项目进行系统的测试，这个环节会调动项目组内部所有的相关人员。测试这个环节的重要性不亚于前期功能的规划。一个正规优质的专业团队不应该缺失专业的测试人员。

7．市场检验

在经过至少两轮的内部测试以及完成修改要求后，即可进行最终版本的确认上架，当然分为安卓市场和苹果市场，或者是微信小程序，或者是微网站，还得编写后台操作及客户使用说明文档，并对运营人员进行系统培训。

8．迭代

在产品正式投放到市场后，就会得到市场的大量反馈，从而了解该如何修正或者调整运营策略。若当前系统的功能无法满足项目需求时，就需要去规划新的版本功能的迭代问题了。

9. 日常维护

当项目正常运作后，就算是已经进入了相对稳定的阶段。也可能会有一些小问题的出现，或者一些隐藏的比较深的 bug，此时就需要相关的市场人员进行问题的收集以及技术人员对问题做出及时的修复。

4.1.2 产品需求分析方法

为了保证项目的正常实施和顺利完成，必须加强项目管理和重视项目分析工作。只有从实际出发，切切实实地把握用户需求，才能保证开发工作向正确方向前进。

1. 常见需求分析问题及应对

由于软件项目的特殊性和行业覆盖的广阔性，以及需求分析的高风险性，软件需求分析的重要性是不言而喻的。但需求分析确实非常难做，主要难点来自如下因素。

1) 客户说不清楚需求

有些客户对需求只有朦胧的感觉，说不清楚具体的需求。例如很多部门、机构、单位在进行应用系统以及网络建设时，客户方的办公人员大多不清楚信息技术到底能起到多大作用，更缺乏 IT 系统建设方面的专业知识。此时，用户就会要求软件系统分析人员替他们设想需求。在这种情况下，工程的需求就存在一定的主观性，为项目未来建设埋下了潜在的风险。

2) 需求自身经常变动

根据以往的历史经验，随着客户方对信息化建设的认识和自己业务水平的提高，他们会在不同的阶段和时期对项目的需求提出新的要求和需求变更。事实上，历史上没有一个软件的需求改动少于三次的！所以必须接受“需求会变动”这个事实，在进行需求分析时要懂得防患于未然，尽可能地分析清楚哪些是稳定的需求，哪些是易变的需求，以便在进行系统设计时，将软件的核心建筑在稳定的需求上，同时留出变更空间。同时，项目监理方在需求分析的功能界定上也必须担任一个中间、公平、公正的角色，所以也应该积极参与到需求分析的准备中来，以便协助客户方和承建方来界定“做什么”“不做什么”的系统功能界限。

3) 分析人员或客户理解有误

软件系统分析人员不可能都是全才，更不可能是行业方面的专家。不同的分析人员对客户表达的需求可能有不同的理解。如果分析人员理解错了，可能会导致以后的开发工作劳而无功。例如有一则笑话，有个外星人间谍潜伏到地球刺探情报，它给上司写了一份报告：“主宰地球的是汽车，它们喝汽油，靠四个轮子滚动前进，嗓门极大，双眼在夜里能射出强光……有趣的是，车里住着一种叫作‘人’的寄生虫，这些寄生虫完全控制了车。”所以分析人员知识的专一性也会造成需求分析的误解和失败。因此，项目的技术承建方必须加强业务了解程度，同时加强沟通技巧，以便从客户那里获得准确的需求。

2. 有效性软件需求分析三步法

根据以往的工程经验，需求分析工作方法应该定位在三个阶段(也称三步法)。

1) 访谈阶段

这一阶段是和具体用户方的领导层、业务层人员的访谈式沟通，主要目的是从宏观上把握用户的具体需求方向和趋势，了解现有的组织架构、业务流程、硬件环境、软件环境、运行系统等具体情况和客观的信息。建立起良好的沟通渠道和方式，联系具体的职能部门以及各委办局，最好能指定本次项目的接口人。

实现手段：访谈、调查表格。

输出成果：调查报告、业务流程报告。

2) 诱导阶段

这一阶段是在承建方已经了解了用户方实际和客观的信息基础上，结合现有的硬件、软件，做出简单的用户流程页面，同时结合以往的项目经验对用户采用诱导式、启发式的调研方法和手段，和用户一起探讨业务流程设计的合理性、准确性、便易性、习惯性。用户可以操作简单演示的DEMO，来感受一下整个业务流程的设计是否合理和准确，以便及时地提出改进意见和方法。

实现手段：拜访(诱导)、原型演示。

输出成果：调研分析报告、原型反馈报告、业务流程报告。

3) 确认阶段

这一阶段是在上述两个阶段成果的基础上，进行具体的流程细化、数据项的确认。在这个阶段，承建方必须提供原型系统和明确的业务流程报告、数据项表，并能清晰地向用户描述系统的业务流程设计目标。用户方可以通过审查业务流程报告、数据项表以及操作承建方提供的DEMO，来提出反馈意见，并对已经可接受的报告、文档签字确认。

实现手段：拜访(回顾、确认)，提交业务流程报告、数据项，原型演示系统。

输出成果：需求分析报告、数据项、业务流程报告、原型系统反馈意见(后三者可以统一归入需求分析报告中，提交用户方、监理方进行确认和存档)。

整体来讲，需求分析的三个阶段是需求调研中不可忽视的重要部分，三个阶段或者说三步法的实施和采用，对用户和承建方都同样提供了项目成功的保证。当然，在系统建设的过程中，特别在采用迭代法的开发模式时，需求分析的工作应该持续进行下去，而在后期的需求改进中，工作则基本集中在后两个阶段上。

4.1.3 软件需求分析工具

根据用户要求，通过反复讨论、分析，最终明确一个唯一性的用户需求，这个结果其实就是软件需求分析报告。一般采用Word、PowerPoint、Visio、ProntPage、Excel等Office工具，同时可能采用一些开发工具，如VC或BC等，同样也会使用一些图形工具，如Mockplus、axure、墨刀、Photoshop、调色板等。

使用各种工具表达软件需求分析，其具体表达手段可以分为以下几种。

✧ 效果图描述：主要是用户界面的描述，反映用户需求功能；

✧ 逻辑图描述：根据用户需求功能，使用抽象化理论以及需求分析理论，对用户需求功能进行全面的分析，建立功能性逻辑关系图、流程逻辑关系图等；

✧ 关系图表描述：主要是对信息关系、数据库表格、接口函数等的描述；

✧ 工程数学描述：包括分析用户需求、分析用户需求信息、运用工程数学进行算法推导、进行合理化需求分析推导；

✧ 甘特图描述：主要是软件项目工作安排，开发周期预估；

✧ 其他方法描述：保证完整性、合理性的有效描述。

4.1.4 软件需求分析评估

软件需求分析评估阶段的目标是检查软件需求分析工作的质量是否合格。只有保证软件需求分析工作的正确性、完整性、有效性、合理性、可确认性、可实施性，才能保证用户所需求的功能能被正确地开发出来，主要从如下几个维度进行分析评估。

1. 组织结构与责任管理

对组织结构与责任管理的评估主要有参与人员任务和责任界面的明确、安排计划按时完成状况、相互间的协调能力状况。

2. 满足用户需求的功能

进行需求分析的目的是要求完整、准确地描述用户的需求，跟踪用户需求的变化，将用户的需求准确地反映到系统的分析和设计中，并使系统的分析、设计和用户的需求保持一致。

需求分析的特点是需求的完整性、一致性和可追溯性。

(1) 完整性是准确、全面地描述用户的需求。

(2) 一致性是通过分析整理，剔除用户需求矛盾的方面，规范用户需求。

(3) 可追溯性有两个方面的含义：其一，需要不断的和用户进一步交流，保持和用户最新的需求一致；其二，和系统分析(设计)保持一致。

因此，在需求分析之前必须建立需求分析技术层面的基本框架，从技术上保证需求分析的正确性，在此基础上进行的需求分析才能满足项目对需求分析的要求。

3. 保证可实施性

若要保证产品的可实施性，必须以用户软件需求为依据，以求实的态度详细的、准确的、完整的编写软件需求分析，避免空中楼阁的想法；避免无逻辑、无核心的描述；避免无量化思维，无实际空间概念。

4. 需求分析评价指标

需求分析评价指标主要有功能性、完整性、正确性、逻辑性、表现性、合理性、可实施性等。

5. 工作周期

评价人员投入以及费用支出的合理性问题，正确制定工作周期，保证软件项目的顺利完成。

6. 内容确定

内容清楚明了是实现用户需求正确性的基本保证。如果需求分析报告中还有不确定的内容，将会阻碍软件实现，或者导致软件设计存在着不完整性缺陷，甚至导致项目不可实施。

我们必须对这些还不确定的内容进行分析，其中那些因为工作遗漏或其他可克服的因素导致的问题，就要采取措施予以解决；对于那些确实是客户暂时无法予以明确的问题，承建方要积极提出替代方案，并和客户一起分析可行性，进而给出采用替代方案或者是暂不予以实施该功能点的结论。

4.2　数据库设计

4.2.1　数据库设计的几个步骤

1. 需求分析阶段

进行数据库设计首先必须准确了解和分析用户需求(包括数据与处理)。

需求分析是整个设计过程的基础，也是最困难、最耗时的一步。需求分析的具体方法已经在4.1节中予以了充分说明。

2. 逻辑结构设计阶段(E-R图)

逻辑结构设计是将需求中的数据存储要求转换为逻辑数据模型，并将其进行优化。

在这阶段，E-R图(Entity-Relationship Digram，实体-关系图)显得异常重要。E-R图是有总分结构的，在总体图框架下，还对其中各个细节有分支E-R图。学会用各个实体定义的属性来画出总体的E-R图。

各分支E-R图之间的冲突主要有三类：属性冲突、命名冲突和结构冲突。

E-R图向关系模型的转换要解决的问题是如何将实体型和实体间的联系转换为关系模式，如何确定这些关系模式的属性和码。

3. 物理设计阶段

物理设计是为逻辑数据结构模型选取一个最适合应用环境的物理结构(包括存储结构和存取方法)。

首先要对运行的事务详细分析，获得选择物理数据库设计所需要的参数。其次要充分了解所用的数据库软件的内部特征，特别是系统提供的存取方法和存储结构。

4.2.2　概念模型设计技术

概念模型设计技术主要是利用E-R图将需求文档中体现的概念模型映射为实体关系图，并完善其中的值和码，以及实体与实体之间的关系。

E-R图是描述现实世界概念模型的有效方法。其中，矩形表示实体型；椭圆表示实体属性；菱形表示实体型之间的联系。

构成E-R图的基本要素是实体型、属性和联系，其表示方法如下所述。

(1) 实体型(Entity)：相同属性的实体具有相同的特征和性质，用实体名及其属性名集合来抽象和刻画同类实体。在E-R图中用矩形表示，矩形框内写明实体名，比如手机版网校学生张三、李四都是实体，如图4.1所示。

学生(张三、李四)

图4.1　网校学生实体型的图示

(2) 属性(Attribute)：实体所具有的某一特性。一个实体可由若干个属性来刻画，在 E-R 图中用椭圆形表示，并用无向边将其与相应的实体连接起来，比如学生的姓名、学号、年龄、鉴定分都是属性，如图 4.2 所示。

(3) 联系(Relationship)：联系也称关系，信息世界中反映实体内部或实体之间的联系。实体内部的联系通常是指组成实体的各属性之间的联系；实体之间的联系通常是指不同实体集之间的联系。在 E-R 图中用菱形表示，菱形框内写明联系名，并用无向边分别与有关的实体连接起来，同时在无向边旁标上联系的类型(1∶1、1∶n 或 m∶n)。比如网校老师给学生授课存在授课关系，学生选课存在选课关系。

联系可分为以下 3 种类型，如图 4.3 所示。

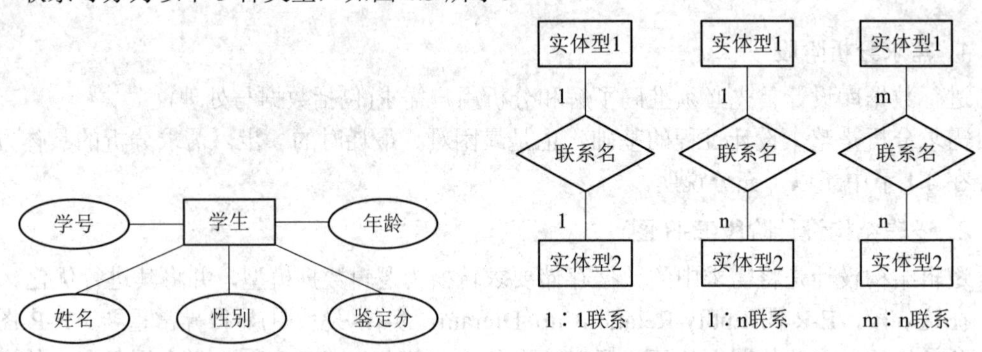

图 4.2　学生实体型的属性图示　　图 4.3　三种不同的联系

① 一对一联系(1∶1)。例如一个部门有一个经理，而每个经理只在一个部门任职，则部门与经理的联系是一对一的。

② 一对多联系(1∶n)。例如某校教师与课程之间存在一对多的联系“教”，即每位教师可以教多门课程，但是每门课程只能由一位教师来教。

③ 多对多联系(m∶n)。例如学生与课程间的联系“学”是多对多的，即一个学生可以学多门课程，而每门课程可以有多个学生来学。联系也可能有属性，例如学生“学”某门课程所取得的成绩，既不是学生的属性也不是课程的属性，由于“成绩”既依赖于某位特定的学生又依赖于某门特定的课程，所以它是学生与课程之间的联系“学”的属性，如图 4.4 所示。

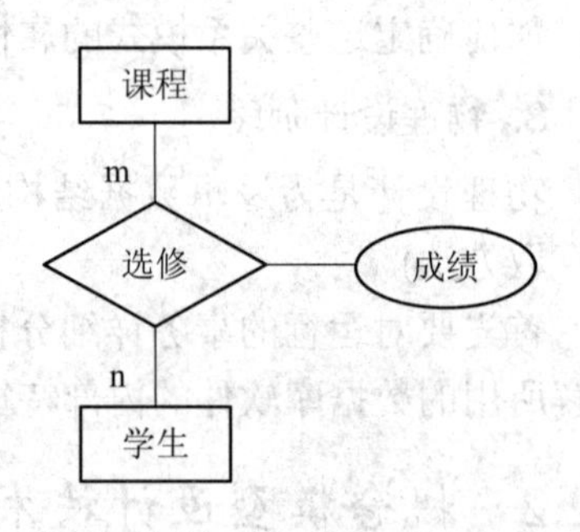

图 4.4　学生与课程的选修联系图示

4.2.3　物理模型设计技术

物理模型设计的第一步是进行物理数据库表的设计，它不仅考虑功能性需求，还要考虑非功能性需求——响应时间和事务吞吐量。

物理表的设计基于之前分析的 E-R 图。物理数据库设计包括设计域(其中包括它们的数据类型和约束)、对实像的有效访问(可能需要分割类或者合并类)、增强性能的技术(比如索引)。一个关系数据库是一组相关的表，一个表可以表示一个实体类的数据部分。一般将

E-R 图中的一个实体类对应一张物理表，但是也有很多例外。

1. 设计域

域是由系统软件(比如编程语言或数据库管理系统)识别的应用数据的最小单位。在逻辑数据库设计(E-R 图)期间一般使用术语“属性”，在物理数据库设计期间一般使用术语“域”。

一个属性通常映射到一个域。然而，也有例外，有时一个属性需要映射为多个域。如姓名可以映射成“姓”和“名”；逻辑数据库模型中的一个组合属性一般也映射成若干个域。

【例 1】　一个 EMPLOYEE 关系：EMPLOYEE(Emp_ID，Name，……)

其中 EMPNAME(雇员姓名)属性可能被表示为两个域——姓、名：

Emp_ID	姓	名	…

或三个域——LASTNAME、FIRSTNAME 和 MIDDLINIT：

Emp_ID	LASTNAME	FIRSTNAME	MIDDLINIJ	…

【例 2】　组合属性 ADDRESS(地址)，可以与主类存放在一张表中，创建为 5 个域：STATE(国家)、PROVINCE(省)、CITY(市)、STREET(街道)和 ZIP(邮编)。

EMPLOYEE_ID	EMPLOYEENAME	…	STATE	PROVINCE	CITY	STREET	ZIP	…

在不同的物理模型(如 MS SQL-Server)中可以把上述每个域分别做成一个字段，而在对象关系数据库(如 Oracle9i/10g)中，组合属性可以单独定义为一个类型，例如 NAME 和 ADDRESS 各自可以被定义为类型。可以看出，在不同的数据库软件上，物理模型是有差异的。

2. 选择数据类型

数据类型是由系统软件识别的、表示数据的一种编码模式。编码模式对系统分析员通常无关紧要，但是存储数据的空间和访问数据所需的速度在数据库设计中很重要。

系统设计员需要熟悉软件可用的数据类型。如果 Java 和 Oracle 交互，它们两个中的数据类型有所不同，如果没有明确的处理，会导致不匹配错误。

选择一个数据类型要均衡下面 4 个目标，它们的重要程度将根据应用的不同而不同：

(1) 最小化存储空间。

(2) 表示域的所有可能值。

(3) 提高域的数据完整性。

(4) 支持域上想要的所有数据操作。

3. 控制数据完整性

通过限制一个域的值的可能范围来帮助控制数据完整性。普遍的数据完整性控制方法是默认值、格式控制、范围控制、参照完整性和空值控制五种。

(1) 默认值：默认值是没有明确输入一个域的值时，该域将采用的值(初值)。

(2) 格式控制：有些数据必须遵从规定的格式。格式是一种代码模式，它限制了一个域中的各个位置的宽度和可能值。例如一个产品号是 4 位字母数字字符，第一位是字母，接下来三位是数字，用格式 A999 定义，其中 A 的意思是只接受字母字符，9 的意思是只接受数字。

其他类型的格式控制可以用于格式化货币值、指明如何显示负数、消除前导零，或对齐显示域空间中的值等。

(3) 范围控制：数字和字母数据具有一个有限集合的允许值。例如一个售出产品域，其单位数量有一个下界 0。

(4) 参照完整性：参照完整性最常见的关系是由外键维护时的对象关系之间的交叉引用。例如顾客订单 CUST_ORDER 表中的外键 Customer_ID 的值必须被限制于来自顾客 CUSTOMER 中的 Customer_ID 值的集合。

顾客：CUSTOMER(Customer_ID，Cust_Name，Cust_Address)

顾客订单：CUST_ORDER(Order_Id，Customer_ID，Order_Date，……)

(5) 空值控制：空值是一个特殊的域值，不同于 0、空白或任何其他值，它表明缺少，或者不知道该域的值。

4.3 移动互联网产品功能的代码实现技术

4.3.1 移动端开发技术

1. 概念介绍

1) 原生 APP

APP(application，应用程序)一般指手机软件，主要指安装在智能手机上的软件，完善原始系统的不足与个性化，是手机完善其功能，为用户提供更丰富的使用体验的主要手段。手机软件的运行需要有相应的手机系统。

目前原生 APP 是指：

✧ 使用 OC 或 Swift 语言开发，运行在苹果公司的 iOS 系统上的移动应用程序。

✧ 使用 Java 或 Kotlin 语言开发，运行在谷歌公司的 Android(安卓)系统上的移动应用程序。

2) H5

HTML(HyperText Markup Language，超文本标记语言)是描述网页的标准语言，HTML5 是第 5 个版本的 HTML。我们上网所看到的网页多数都是由 HTML 写成的。“超文本”是指页面内可以包含图片、链接，甚至音乐、程序等非文字元素。而“标记”指的是这些超文本必须由包含属性的开头与结尾标志来标记。浏览器通过解码 HTML，就可以把网页内容显示出来，它也构成了互联网兴起的基础。

3) 小程序

此处专指微信小程序，简称小程序(Mini Program)，是一种不需要下载安装即可使用的应用，它实现了应用“触手可及”的梦想，用户扫一扫或搜一下即可打开应用。

4) Uniapp

Uniapp 是一个使用 Vue.js 开发跨平台应用的前端框架，开发者编写一套代码，可编译到 iOS、Android、H5、小程序等多个平台。

5) Weex

Weex 是一个使用 Web 开发体验来开发高性能原生应用的框架。

6) RN

RN(React Native)是 Facebook 于 2015 年 4 月开源的跨平台移动应用开发框架，是 Facebook 早先开源的 JS 框架 React 在原生移动应用平台的衍生产物，目前支持 iOS 和安卓两大平台。RN 使用 JavaScript 语言，类似于 HTML 的 JSX 以及 CSS 来开发移动应用，因此熟悉 Web 前端开发的技术人员只需简单的学习就可以进入移动应用开发领域。

7) Flutter

Flutter 是谷歌的移动 UI 框架，可以快速在 iOS 和 Android 上构建高质量的原生用户界面。Flutter 可以与现有的代码一起工作。

2. 比较

下面通过开发、产品、运营三个维度对各项常见移动应用程序开发技术进行比较，标准分为该项指标开发成本或者用户体验效果，对比结果如表 4.1 所示。

表 4.1　常见移动应用程序开发技术对比

维度	细分	原生 APP	H5	小程序	Uniapp	Weex	RN	Flutter
开发	开发语言	OC/Java	HTML + CSS + JS	HTML + CSS + JS	Vue.js	Vue.js	React	Dart
	开发难度	难	中等	简单	简单	简单	中等	中等
	开发速度	慢	中等	快	快	快	中等	中等
	后期维护	难	中等	容易	容易	中等	中等	中等
产品	体验和流畅	最好	差	中等	中等	中等	较好	好
	是否需要安装	是	否	否	/	是	是	是
	安装包大小	较大	/	/	/	/	/	/
	内容体积限制	无限制	较大	2 MB	/	/	/	/
	迭代速度	慢	最快	快	快	较快	中等	中等
	功能支持	最多	少	中等	中等	少	中等	少
	性能及稳定性	好	差	中等	差	差	中等	较好
运营	推广成本	最高	最低	较低	中等	高	高	高
	用户留存	最高	最低	中等	中等	高	高	高
	用户唤醒	最高	中等	较低	中等	高	高	高

由表 4.1 可知，在开发维度上原生 APP 相对评价较低，其他跨平台技术较原生技术有

较大优势；在产品维度上原生 APP 评价领先，而小程序以及其他跨平台技术稍落后，H5在这一项评价较低；在运营维度上小程序具有一定的领先优势，这与其跨平台以及即用即走的特性有较大关系，原生 APP 在这项评价上相对较低。

3. 移动端常用开发技术优劣势

下面对移动端常用开发技术优劣势进行总结，如表 4.2 所示。

表 4.2　常用开发技术优劣势总结

	优　势	劣　势
原生 APP	(1) 优质的用户界面	(1) 开发成本高
	(2) 最佳的用户体验	(2) 用户使用成本高
	(3) 系统硬件支持	
	(4) 用户黏度高	
H5	(1) 跨平台	(1) 性能差，用户体验较差
	(2) 开发成本较低	(2) 底层硬件功能调用受限
	(3) 用户使用成本低	(3) 用户留存度低
小程序	(1) 无须下载，即点即用	(1) 受微信限制，大小只有 2 MB
	(2) 开发、维护成本低	(2) 框架不稳定
	(3) 相比 H5 可调节更多系统硬件	(3) 用户留存度低
Uniapp	(1) 跨平台	框架不稳定
	(2) 开发成本低	
	(3) 相比 H5 可调节更多系统硬件	
Weex	(1) 跨平台	框架不稳定
	(2) 开发成本低	
RN	跨平台	(1) 相比 H5 性能较好
		(2) 需要学习 React 技术
Flutter	跨平台	(1) 相比 H5 性能较好
		(2) 需要学习 Dart 技术

4.3.2　Web 应用程序开发技术

1. 概述

Web 是一种典型的分布式应用结构。Web 应用中的每一次信息交换都要涉及客户端和服务端。因此，Web 开发技术大体上也可以被分为客户端技术和服务端技术两大类。这里对这些技术做简要介绍，以使读者对 Web 技术有一个总体的认识。

2. Web 客户端技术

Web 客户端的主要任务是展现信息内容。Web 客户端设计技术主要包括 HTML 语言、Java Applets、脚本程序、CSS、DHTML、插件技术以及 VRML 技术。

1) HTML 语言

HTML 是构成 Web 页面的主要工具。

2) Java Applets

Java Applets 即 Java 小应用程序。使用 Java 语言创建小应用程序，浏览器可以将 Java Applets 从服务器下载到浏览器，在浏览器所在的机器上运行。Java Applets 可提供动画、音频和音乐等多媒体服务。1996 年，著名的 Netscape 浏览器在其 2.0 版本中率先提供了对 Java Applets 的支持，随后，Microsoft 的 IE3.0 也在这一年开始支持 Java 技术。Java Applets 使得 Web 页面从只能展现静态的文本或图像信息，发展到可以动态展现丰富多样的信息。动态 Web 页面不仅仅表现在网页的视觉展示方式上，更重要的是它可以对网页中的内容进行控制与修改。

3) 脚本程序

脚本程序是嵌入在 HTML 文档中的程序。使用脚本程序可以创建动态页面，大大提高交互性。用于编写脚本程序的语言主要有 JavaScript 和 VBScript。JavaScript 由 Netscape 公司开发，具有易于使用、变量类型灵活和无须编译等特点。VBScript 由 Microsoft 公司开发，与 JavaScript 一样，可用于设计交互的 Web 页面。要说明的是，虽然 JavaScript 和 VBScript 语言最初都是为创建客户端动态页面而设计的，但它们都可以用于服务端脚本程序的编写。客户端脚本与服务端脚本程序的区别在于执行的位置不同，前者在客户端机器执行，而后者是在 Web 服务端机器执行。目前主要流行 JavaScript。

4) CSS(Cascading Style Sheets)

CSS 即级联样式表。通过在 HTML 文档中设立样式表，可以统一控制 HTML 中各标志显示属性。1996 年底，W3C 提出了 CSS 的建议标准，同年，IE3.0 引入了对 CSS 的支持。CSS 大大提高了开发者对信息展现格式的控制能力。1997 年的 Netscape4.0 不但支持 CSS，而且增加了许多 Netscape 公司自定义的动态 HTML 标记，这些标记在 CSS 的基础上让 HTML 页面中的各种要素“活动”了起来。

5) DHTML(Dynamic HTML)

DHTML 即动态 HTML。1997 年，Microsoft 发布了 IE4.0，并将动态 HTML 标记、CSS 和动态对象(Dynamic Object Model)发展成为一套完整、实用、高效的客户端开发技术体系，Microsoft 称其为 DHTML。同样是实现 HTML 页面的动态效果，DHTML 技术无须启动 Java 虚拟机或其他脚本环境，可以在浏览器的支持下获得更好的展现效果和更高的执行效率。

6) 插件技术

插件技术大大丰富了浏览器的多媒体信息展示功能，常见的插件包括 QuickTime、Realplayer、Media Player 和 Flash 等。为了在 HTML 页面中实现音频、视频等更为复杂的多媒体应用，1996 年的 Netscape2.0 成功地引入了对 QuickTime 插件的支持，插件这种开发方式也迅速风靡了浏览器的世界。同年，在 Windows 平台上，Microsoft 将 COM 和 ActiveX 技术应用于 IE 浏览器中，其推出的 IE3.0 正式支持在 HTML 页面中插入 ActiveX 控件，这为其他厂商扩展 Web 客户端的信息展现方式提供了方便的途径。1999 年，Realplayer 插件先后在 Netscape 和 IE 浏览器中取得了成功，与此同时，Microsoft 自己的媒体播放插件 Media Player 也被预装到了各种 Windows 版本之中。同样具有重要意义的还有 Flash 插件的问世：20 世纪 90 年代初期，Jonathan Gayde 在 FutureWave 公司开发了一种名为 Future Splash Animator 的二维矢量动画展示工具，1996 年，Macromedia 公司收购了 FutureWave，并将

Jonathan Gayde 的发明改名为我们熟悉的 Flash。从此，Flash 动画成了 Web 开发者表现自我、展示个性的最佳方式。

7) VRML 技术

Web 已经由静态步入动态，并正在逐渐由二维走向三维，将用户带入五彩缤纷的虚拟现实世界。VRML 是创建三维对象最重要的工具，它是一种基于文本的语言，并可运行于任何平台。

3. Web 服务端技术

与 Web 客户端技术从静态向动态的演进过程类似，Web 服务端的开发技术也是由静态向动态逐渐发展并完善起来的。Web 服务端技术主要包括服务器、CGI、PHP、ASP、ASP.NET、Servlet、JSP 和 J2EE 等。

1) 服务器技术

服务器技术主要指有关 Web 服务器构建的基本技术，包括服务器策略与结构设计、服务器软/硬件的选择及其他有关服务器构建的问题。

2) CGI(Common Gateway Interface)技术

CGI 即公共网关接口技术。最早的 Web 服务器简单地响应浏览器发来的 HTTP 请求，并将存储在服务器上的 HTML 文件返回给浏览器。CGI 是第一种使服务器能根据运行时的具体情况，动态生成 HTML 页面的技术。1993 年，NCSA(National Center Supercomputing Applications)提出 CGI1.0 的标准草案，之后分别在 1995 年和 1997 年制定了 CGI1.1 和 1.2 标准。CGI 技术允许服务端的应用程序根据客户端的请求，动态生成 HTML 页面，这使客户端和服务端的动态信息交换成为了可能。随着 CGI 技术的普及，聊天室、论坛、电子商务、信息查询、全文检索等各式各样的 Web 应用蓬勃兴起，人们可以享受到信息检索、信息交换、信息处理等更为便捷的信息服务了。

3) PHP(Personal Home Page)技术

1994 年，Rasmus Lerdorf 发明了专用于 Web 服务端编程的 PHP 语言。与以往的 CGI 程序不同，PHP 语言将 HTML 代码和 PHP 指令合成为完整的服务端动态页面，Web 应用的开发者可以用一种更加简便、快捷的方式实现动态 Web 功能。

4) ASP(Active Server Pages)技术

ASP 即活动服务器页面技术。1996 年，Microsoft 借鉴 PHP 的思想，在其 Web 服务器 IIS 3.0 中引入了 ASP 技术。ASP 使用的脚本语言是我们熟悉的 VBScript 和 JavaScript。借助 Microsoft Visual Studio 等开发工具在市场上的成功，ASP 迅速成为 Windows 系统下 Web 服务端的主流开发技术。

5) ASP.NET 技术

由于 ASP.NET 使用 C#语言代替 ASP 技术的 JavaScript 脚本语言，用编译代替了逐句解释，提高了运行效率。ASP.NET 是建立在.NET Framework 的公共语言运行库上的编程框架，可用于在服务器上生成功能强大的 Web 应用程序，代替以前在 Web 网页中加入 ASP 脚本代码，使界面设计与程序设计以不同的文件分离，复用性和维护性得到提高，已经成为面向下一代企业级网络计算的 Web 平台，是对传统 ASP 技术的重大升级和更新。

6) Servlet、JSP、J2EE 技术

以 Sun 公司为首的 Java 阵营于 1997 和 1998 年分别推出了 Servlet 和 JSP 技术，并在随后推出了 JDK 的 J2EE 版本。JSP 的组合让 Java 开发者同时拥有了类似 CGI 程序的集中处理功能和类似 PHP 的 HTML 嵌入功能。此外，Java 运行时的编译技术也大大提高了 Servlet 和 JSP 的执行效率。Servlet 和 JSP 被后来的 J2EE 平台吸纳为核心技术。

4.4　移动互联网产品的测试和上线运营

4.4.1　测试计划

1. 测试编写目的

产品开发出来后需要执行严格的系统测试，才能进行上线运营。

产品测试的第一步就是编写测试计划，确定系统测试的内容和范围，为评价系统提供依据。这就需要合理安排现有的各种资源，顺利进行该项目的软件测试，尽可能多地发现潜在的错误，以完成预期的功能。

2. 测试策略

1) 功能测试

测试目标：确保测试对象的功能正常，其中包括导航、数据输入、处理和检索等功能。

方法：利用有效的和无效的数据来执行各个用例、用例流或功能，以核实以下内容：

✧　在使用有效数据时得到预期的结果；

✧　在使用无效数据时显示相应的错误消息或警告消息；

✧　各业务规则都得到了正确的应用。

完成标准：所计划的测试已全部执行，所发现的缺陷已全部解决。

需考虑的特殊事项：无。

2) 用户界面测试

用户界面测试常用的检查维度如表 4.3 所示。

表 4.3　用户界面测试常用检查维度

检　查　项	测试人员类别及评价
窗口切换、移动、改变大小正常吗？	能够正常运行
各种界面元素的文字正确吗？	文字正确
各种界面元素的状态正确吗？	各种界面元素的状态正确
各种界面元素支持键盘操作吗？	各种界面元素支持键盘操作
各种界面元素支持鼠标操作吗？	各种界面元素支持鼠标操作

3) 性能测试

性能测试主要是对响应时间、事务处理速率和其他与时间相关的需求进行评测和评估，分为单元测试、组装测试、确认测试、系统测试四个阶段。

3. 测试计划案例

1) 制定测试计划的步骤

- ✧ 分析产品需求；
- ✧ 定义测试策略；
- ✧ 定义测试环境；
- ✧ 定义测试管理；
- ✧ 编写和审核测试计划。

2) 选择测试手段

常用测试手段如表 4.4 所示。

表 4.4 测试手段简介

方式	简 介	目的
黑盒测试	把各模块视为独立实体，输入数据和审核输出	测试能否正常运行
白盒测试	研究源代码和程序，分析代码的问题	分析系统内部结构
静态测试	不运行被测软件，只静态地检查程序代码	同白盒测试
动态测试	运行被测程序，输入相应的测试数据	同黑盒测试
单元测试	对软件中的最小可测试单元进行检查	检测小单元
集成测试	测试单元模块组装成系统或者子系统	测试集成小单元
系统测试	将整个软件系统看作一个整体进行测试	测试整个系统
验收测试	由用户来进行验收	看是否达到用户需求

3) 测试进度安排

测试进度安排样例如表 4.5 所示。

表 4.5 测试进度安排样例

测试活动	计划开始时间	实际开始时间	预计结束时间	实际结束时间	预计耗时	实际耗时
测试前准备	1	6	7	11	6	5
制定测试计划	7	11	11	13	4	2
设计测试用例	11	13	23	35	12	22
执行测试用例	23	35	39	58	16	23
缺陷记录	39	58	49	81	10	23
评估测试并报告	49	81	51	84	2	3

4.4.2 测试过程

1. 搭建测试环境

测试环境是测试人员为进行产品测试而搭建的环境，一般情况下包括了多种典型的用户环境。

用户环境是用户实际使用产品时的环境，当一个产品给不同的用户使用时，他们可能在不同的环境下使用这个软件。在很多情况下，这几个环境并不相同，但一个规划良好的测试环境总是很接近于用户环境(这里所说的“环境”指的是被测试产品所运行的软件环境和硬件环境)。一般来说，除被测试产品本身外，还包括产品运行的操作系统(如 Windows XP、Linux)，其他支持软件(如 Java 虚拟机、数据库软件、中间件软件)，计算机平台(如 PC、小型机)，系统数据，外部设备(如打印机)，专用的硬件设备(如工业控制软件所涉及的一系列输入、输出设备)。

在开始进行测试前，要建立测试环境，而在很多时候，建立测试环境并不是一件容易的事情，需要花费人力、时间和经费才能建立起来能够满足测试要求的环境。因此，在测试计划阶段，就需要对建立什么样的测试环境进行规划。

建立测试环境是实施测试过程中的一个比较重要且有一定复杂度的工作。在实际的产品测试过程中，常常会发生在公司的测试环境下发现不了软件错误，到用户手里却发现了缺陷，以及用户反映了软件错误而在公司的测试环境中却无法重现的问题。理想的测试环境是和用户环境完全一样的，但实际上，由于不同的用户往往使用不同的环境，用户环境的数量可能相当大，因此在公司搭建的这个理想的测试环境并不能实现所有的用户场景。因此，要分析在用户环境中哪些配置可能对产品有影响，并在这个分析的基础上建立测试环境。

2. 测试用例

如何对一个移动互联网产品进行测试呢？假定现在需要测试一个自动扫描纸质版电话号码并生成电子电话号码数据的 APP，将这样进行测试：

(1) 检查手机照相机是否正常，检查手机存储卡有足够空间，将照相机的工作模式设置到“拍摄”而非“录像”。

(2) 准备一张印刷了电话号码的纸张。

(3) 按下快门。

(4) 在取景框中所看到的内容应该被拍摄下来。

(5) 检查 APP 的文本框中是否出现了电话号码。

(6) 检查电话号码与纸质版电话号码是否一致。

上面这个例子，通过 6 个步骤去检查 APP 的电话号码识别功能。为了检查 APP 功能，需要对照相机做一些必要的检查和设置，同时需要准备被拍摄物品，第(1)、(2)步完成这个工作。然后就要执行某个动作，这就是第(3)步“按下快门”。在按下快门前，操作者知道应该会发生什么样的结果，在按下快门后，检查所期望的结果有没有发生。如果按下快门后，图像区域没有图片，则认为 APP 调用手机相机进行拍摄的功能没有发挥作用；而如果拍摄成功，按下数字识别后，发现识别的电话号码与纸质的不同，会认为这个 APP 做了我们不期望它做的事情，这都是 APP 的质量缺陷。

将前面提到的这些步骤归纳起来，就是这样三个要素：前提条件和操作步骤、预期结果、实际结果。而每个测试用例，就是由这样三个要素构成的描述。

注意：执行测试用例，检查结果是否与期望的输出一致。

在编写测试用例时，要以软件需求为依据，其三个要素都需要在软件需求中找到相应的依据，而不能凭着想象去写。

3. 测试发现的错误的分类及原因

可以从如下几种方式来定义产品错误的分类：按照错误等级分类；按照错误修复优先级分类；按照错误原因分类。

1) 软件错误等级

按照错误的严重程度、影响程度的不同，软件错误可以被分为不同的等级(有时人们也称之为错误严重程度、错误严重等级)。在不同的公司，对于软件错误的分级方法也不同。所谓严重性，指的是在测试条件下，一个错误在系统中的绝对影响，忽略了在最终用户条件下发生事情的可能性。严重性错误主要包括以下两种：

(1) 致命错误。致命错误一般指影响全局的死机、通信中断、重要业务不能完成。例如运行过程中的死机、非法退出、死循环、数据库发生死锁、功能错误等。

(2) 严重错误。严重错误一般指规定的功能没有实现、或不完整、或产生错误结果，设计不合理造成性能低下，影响系统的运营，使系统不稳定或破坏数据等。

2) 错误修复优先级

错误的修复通常可以分为以下 4 种优先级：

(1) 立即解决。此错误阻止进一步测试，需要立即修复，否则会导致测试的停滞。

(2) 高优先级。此错误在产品发布前必须修复，否则会影响软件的发布和使用。

(3) 正常排队。如果时间允许，应修复该错误。

(4) 低优先级。此错误即使不修复，也可以发布。

优先级与严重程度有一定关系，但也不完全相同(如果完全相同，就不需要按照优先等级进行分类了)。有可能某个严重错误的修复优先级很低，也有可能某个轻微错误的修复优先级更高。

优先级抓住了在严重程度中没有考虑的重要程度因素。测试人员、项目经理及项目组其他成员常常会对个别错误有不同意见。在实际操作中用严重性和优先级来处理，严重性等级由测试人员决定，而优先级则由项目经理设置。

3) 错误原因

软件错误产生的原因主要包括以下几点：

(1) 需求分析不完善，造成软件不满足用户要求。

(2) 软件设计错误，造成运行错误。

(3) 程序员编写代码过程中引入错误。

4.4.3 上线运营

1. 开发与运营的关系

当移动互联网产品经过一系列的测试，并将 bug 修复之后，公司会推出上线运营。互联网产品开发从流程上看上线运营是最后一棒。然而，产品上线后，依然有大量的修改完善工作要做。因为在运营过程中，会不断地发现新的 bug，甚至是产品的逻辑性错误。所以产品开发思路必须贯穿整个研发及后期运营过程。需要注意的有以下几个要点。

1) 数据驱动下的运营需求

不管是哪种产品，在运营的过程中都离不开产品数据分析。数据是反馈运营活动、产品用户体验，以及用户使用焦点的重要支撑，它能帮助决策者不断更新产品的定位以及特有功能。运营人员要提前预判进行运营后有哪些数据会起到关键作用，然后把数据采集需求提前提供给后端负责产品开发的同事，提早进行支撑，便于后期进行数据的统计分析。

2) 用户驱动下的运营需求

这里提到的用户驱动主要体现在通过客户积分等规则进行的客户内部等级制度体系上(包含客户签到送积分)。通常，在最初的产品研发阶段，这种非核心功能的排期会滞后。但运营必须要提前准备好方案，并将业务需求提交给研发。另外，产品在出完原型之后，关于原型中不合理的地方，运营有义务从用户的角度出发，进行意见反馈。因为与用户接触最频繁、最密切的角色是运营！所以产品设计过程中，运营必须参与其中。这也是为什么后期很多运营岗位可以顺利转岗做产品研发的原因。

3) 营销活动驱动下的运营需求

拿APP来说，现在分为原生开发与H5开发，很多产品采用混合开发的方式，在这种情况下运营进行活动时更为灵动一些，但是如果采用全原生的开发方式，那么很多页面之间的交互如果提前不埋下链接点，是无法行程跳转的，这会给活动运营带来很大的局限，所以运营在产品开发的过程中要提前做出预案。例如一些常规的营销活动，其在产品界面中的使用方式、配置方式要提前与产品研发人员进行沟通，并在产品开发中做出相应的灵活调整。

2. 产品的运营

移动互联网产品运营工作，简单来说就是让一个新产品落地甚至盈利的过程，在这个过程中，产品运营应该做好以下工作。

1) 筹备

产品运营是连接产品设计方与产品售卖方或者执行方的中间方。所以作为产品运营，首先需要对产品做全方位的解读，包括产品诞生的背景、产品对用户的意义、产品形态、产品使用方法、产品在使用过程中遇到的问题预设等。另外，如果新产品有考核任务或者预期目标的话，产品运营还需要了解任务或者目标值、考核的周期、过程指标与结果指标的反馈日期等。

2) 运营策略制定

当产品运营对产品已经反复解读之后，需要做的第二件事就是产品运营策略的制定。产品运营策略是指导执行方执行的方向和方法，其重要性不言而论。

在制定运营策略的时候，一般会从以下几个方面来着手。

(1) 产品定位、亮点和优势的总结与包装。比如社交APP，现实中，人与人的社交总是脱离不了外貌和出身等“物质条件”，而这个APP则主打心灵配对，抛开外在条件，直视人们内心，来场心与心的交流，越是缺什么越是渴望得到什么，一时间无数人被这个APP所吸引。

(2) 产品适配人群圈定。比如拼多多的定位非常的清晰，在淘宝和京东已经覆盖了一二线城市的大部分人群的时候，他们可能忽略了国内的小县城、农村等低收入人群和不舍得花钱的中老年人群，拼多多以低廉的价格迅速攻占这部分人群。

(3) 产品售卖话术，抑或产品宣传文案整理。一个好的产品，定位有了，适配人群圈好了，还需要宣传，需要有人售卖，才能广为人知，真正推广开来。

(4) 执行方的激励制定，包括任务激励和过程激励。

3) 任务拆分

产品前期的解读、策略都制定好之后，现在需要做的就是把产品预期目标转化为任务，结合执行方的实际情况，用甘特图的方式将任务拆分到各团队，必要时可以拆分到个人，甚至到每一天。

4) 推进

推进阶段是建立在执行方执行过程中的，因为一个新产品在推进的过程中肯定会遇到我们原先无法预设的问题。另一方面，也需要产品运营对执行方执行过程的数据做监控，把握新产品运营的整体节奏，如果节奏落后于目标推进甘特图，或者偏离初衷，则需要产品运营做及时的督促和纠偏。

5) 内容整合

产品稳定运营一段时间，有了稳定增长的用户群体，积累了一定数量的优质内容，为了集中充分展示优质内容，更好地打造产品口碑，促进产品价值传播，就需要开展内容整合工作了。

6) 用户维护

因产品性质不同，用户维护的手段各异。用户维护的基本原则有以下两点：

(1) 建立完善 Q&A(Question and Answering，问与答)机制，解决用户投诉和困难，为他们提供更好的人性化服务。

(2) 主动邀请有价值的用户来使用产品。

第一批种子用户对任何 UGC 类产品都是至关重要的，他们决定着产品的价值观，这批用户最好是在某个领域有一定影响力的人，因为这利于口碑传播。

对社区化的产品，用户维护包括调解用户群的矛盾、奖惩、等级分配、氛围等。对社交类的产品，用户维护包括身份审核、隐私保护、用户关系、投诉等。

用户维护是产品与用户群之间的情绪管理，即这款产品的公共关系管理。以管理员、虚拟角色直接面对用户的运营人员，在某种意义上代言了产品形象并与用户对话，他们面向高端用户或群体用户提供的客户服务，资源投入低而情感附加值高，能够非常有效地提高用户的忠诚度和产品品牌形象，同时保护用户的隐私，也给用户带来了美好的的体验，有利于移动互联网产品的进一步深化运营。

本 章 小 结

本章系统讲述了移动互联网产品的技术实现路径。从需求分析入手，讲解了需求分析的步骤、需求分析方法、需求分析工具以及需求分析的合格性评估方法；介绍了移动互联网产品的数据库设计技术，包括数据库设计的步骤、概念模型和物理模型的设计等；讲述了产品的开发技术，包括移动端开发技术的类型及特点，以及Web应用程序的开发技术及特点；最后讲解了产品的测试和上线，包括产品的测试计划制定、测试过程如何进行、上线运营的方式方法等。读者阅读之后，能较为系统的掌握移动互联网产品的技术实现过程。

思考题

1. 原型设计中常用的软件工具有哪些？
2. E-R图在数据库设计中主要起到什么作用？
3. 常用的移动端开发技术有哪些？分别有什么优缺点？
4. 常用的Web应用程序开发技术有哪些？分别有什么优缺点？
5. 常用的测试手段有哪些？分别有哪些内涵？
6. 移动互联网产品的运营策略制定一般从哪些角度入手？

第五章　移动互联网产品运营

移动互联网产品的运营也是产品设计知识框架之一。一款成功的移动互联网产品，离不开良好的运营方案设计。本章在介绍运营基础理论的基础上，系统探讨了运营中产品推广的知识，阐述了运营中推广产品的渠道，并进行了案例剖析。

本章内容

※ 移动互联网产品运营的理论知识，包括运营的概念、划分、理念和要点；

※ 移动互联网产品运营中的产品推广基础知识，包括市场格局、趋势、用户体验、推广以及盈利模式；

※ 移动互联网产品推广的常用渠道，包括门户网站、微信公众号、传统媒体广告等；

※ 移动互联网产品成功和失败的运营案例；

※ 小结本章内容，并提供核心知识的思考题材。

5.1　移动互联网产品运营的理论基础

广义上的运营是对产品从策划、生产、销售及售后全流程的计划、组织、实施和控制，是与产品生产和服务密切相关的各项管理工作的总称。但从狭义的角度而言，运营也可以指对移动互联网产品生产之后的商业模式的设计、运行、评价和改进的管理工作。简而言之，就是移动互联网产品团队(或所属公司)的运作和经营管理。本章主要侧重狭义的运营。

5.1.1　运营的概念

运营包含计划、组织、实施和控制。其中，计划包括总体计划、阶段性计划；而组织、实施和控制则与人有关，所谓的人，包括上级、下级和平级。实际上，运营的理念就是：根据制定好的运营计划，将合适的人，放到合适的环节上，配置以合适的资源，做该环节该做的事情，并通过一系列的考核来约束和规范其行为。

对于移动互联网而言，运营的目标是开源、节流、促进体验用户活跃，并促使用户从免费体验转为付费使用，如图 5.1 所示。

图 5.1　移动互联网产品运营的目标

运营的基本特点是标准、细致、效率、协作和创新。

(1) 标准性：运营的流程与规范需要严格按照规矩执行。运营的标准是指所有运营工作应遵守的标准和程序，运营标准就是公司的运营规范，是全体员工必须遵守的运营规则。

(2) 细致性：在运营时即使是小事都需要很细心地完成，而这些小事都是流程中非常重要的和必须立即处理的工作，不容忽视，例如接客户电话、解决客户问题等日常工作。

(3) 效率性：运营具有很强的时间性。争分夺秒，错过最佳时间付出的代价就会变大，甚至造成不可挽救的困局。而且运营工作是不可分割的，每个流程都是环环相扣的，任何一个环节出错都会影响其他环节的执行工作。

(4) 协作性：运营是团队合作，每个人都应该有合作精神。运营工作的核心是互相配合，大到每个部门，小到个人，都应该参与，这样才能让运营长久持续下去。

(5) 创新性：运营的最终目的是营造一个不断变化、吸引人的购物气氛，创造良好的销售业绩。因此运营提倡创新，容许试错，任何新意都应有发挥的空间。不过，在创新的过程中，要注意最原始的初衷——服务顾客。因为，运营的工作准则是顾客至上、标准管理、提高销售、降低损耗、追求效率，服务顾客是每个员工的首要任务，也是最重要的职责之一。

在当今社会，随着生产力的不断发展及人类的需求，大量的社会需求被转移到移动互联网上，通过在线下单等方式完成需求采集，通过在线或传统方式完成服务。传统的运营理念已经不能反映和概括移动互联网产品和服务业所表现出来的生产形式。这就需要我们进一步加强对新生事物和全新运营模式的理解，持续创新，才能有更好的商业前景。

5.1.2　运营的划分

1. 市场营销

1) 市场营销的概念

美国市场营销协会对市场营销的定义是：市场营销是创造与传送价值给顾客以及经营顾客关系，以便让组织与其利益关系人受益的一种组织功能与工作流程。

也有学者更加强调营销的价值导向，即市场营销是个人和集体通过创造并同他人交换产品和价值以满足需求和欲望的一种社会和管理过程。

实际上，营销是一种利益交换，通过相互交换和承诺，建立、维持、巩固与消费者及其他参与者的关系，实现各方的目的，这才是营销的真实内涵。

2) 市场营销理论的发展

市场营销理论发展有以下四个阶段。

第一阶段——初创阶段。

市场营销学说于 19 世纪末到 20 世纪 20 年代在美国创立，所研究的范围很窄，只是研究广告和商业网点的设置与布局。这时市场营销学的研究重点是推销术和广告术，至于现代市场营销的理论、概念、原则还没有出现。

第二阶段——应用阶段。

20 世纪 20 年代至二战结束，美国国内企业开始大规模运用市场营销学来运营企业，打开海外市场，欧洲国家也纷纷效仿。这个阶段，市场营销学的研究特点是：

(1) 并没有脱离产品推销这一狭窄的概念。

(2) 在更深、更广的基础上研究推销术和广告术。

(3) 研究有利于推销的企业组织机构设置。

(4) 市场营销理论研究开始走向社会，被广大企业界所重视。

第三阶段——发展时期。

20 世纪 50 年代至 80 年代为市场营销学的发展阶段。美国军工经济开始转向民众经济，社会商品急剧增加，社会生产力大幅度提升，而与此相对应的居民消费水平却没有得到多大的提升，市场开始出现供过于求的状态。

此时美国市场营销学专家 W.Aderson 与 R.Cox 提出了广义的市场营销学概念，这个概念把市场营销定义为是促进生产者与消费者进行潜在商品或劳务交易的任何活动。此观点使营销开始步入全新的阶段。原先认为市场是生产过程的终点，现在认为是生产过程的起点；原先认为市场营销就是推销产品，现在认为市场营销是通过调查了解消费者的需求和欲望，而生产符合消费者的需求和欲望的商品或服务，进而满足消费者的需求和欲望。这种新的观点的出现，使得市场营销学摆脱企业框架而进入社会视野，并有明显的管理导向。

第四阶段——成熟阶段。

20 世纪 80 年代至今为市场营销学的成熟阶段，表现在：

(1) 与其他学科关联，如经济学、数学、统计学、心理学等。

(2) 开始形成自身的理论体系。

20 世纪 80 年代是市场营销学的革命时期，开始进入现代营销领域，使市场营销学的面貌焕然一新。

3) 市场营销渠道

市场营销渠道是指对同一或不同的分市场采用多条渠道营销，一般分为两种形式：

(1) 移动互联网产品提供商通过多种渠道销售同一类型的产品，这种形式易引起不同渠道间激烈的竞争。

(2) 移动互联网产品提供商通过多渠道销售不同类型的产品。

在这个过程中，还需要掌握对渠道提供产品的两种形式，即批发和分销。

(1) 批发仅仅是以低于零售价的价格，将移动互联网产品提供给渠道。

(2) 分销是分着来销。在销售的过程中，已经考虑到了下家的情况，不是盲目销售，而是有计划的销售，商家有服务渠道的概念。

分销和批发是相对的，对渠道有管理和计划的才可以称为分销。在移动互联网时代，需要产品提供商有服务终端的意识。

市场营销的渠道都是很重要的，尽管移动互联网产品提供商可以通过对产品进行技术创新来保持企业竞争力，但营销渠道系统创造的资源对移动互联网产品提供商的发展有着很强的弥补作用。

4) 市场营销观念的发展

市场营销观念的演变与发展可归纳为五种，即生产观念、产品观念、推销观念、市场营销观念和社会市场营销观念。

(1) 生产观念。

生产观念是指导销售者行为的最古老的观念之一，产生于20世纪20年代前。企业经营哲学不是从消费者需求出发，而是从企业生产出发，其主要表现是“我生产什么，就卖什么”。生产观念认为，消费者喜欢那些可以随处买得到而且价格低廉的产品，企业应致力于提高生产效率和分销效率，扩大生产，降低成本以扩展市场。例如美国汽车大王亨利·福特曾傲慢地宣称：“不管顾客需要什么颜色的汽车，我只有一种黑色的”，这就是生产观念的典型表现。显然，生产观念是一种重生产、轻市场营销的商业哲学。

生产观念是在卖方市场条件下产生的。在资本主义工业化初期以及第二次世界大战末期和战后一段时期内，由于物资短缺，市场产品供不应求，生产观念在企业经营管理中颇为流行。中国在计划经济旧体制下，由于市场产品短缺，企业不愁其产品没有销路，工商企业在其经营管理中也奉行生产观念，具体表现为：工业企业集中力量发展生产，轻视市场营销，实行以产定销；商业企业集中力量抓货源，工业生产什么就收购什么，工业生产多少就收购多少，也不重视市场营销。除了物资短缺、产品供不应求的情况之外，有些企业在产品成本高的条件下，其市场营销管理也受产品观念支配。例如亨利·福特在本世纪初期曾倾全力于汽车的大规模生产，努力降低成本，使消费者购买得起，借以提高福特汽车的市场占有率。

(2) 产品观念。

产品观念也是一种较早的企业经营观念。产品观念认为，消费者最喜欢高质量、多功能和具有某种特色的产品，企业应致力于生产高值产品，并不断加以改进，它产生于市场产品供不应求的“卖方市场”形势下。当企业发明一项新产品时最容易滋生产品观念。此时，企业很容易导致“市场营销近视”，即不适当地把注意力放在产品上，而不是放在市场需要上。在市场营销管理中缺乏远见，只看到自己的产品质量好，看不到市场需求在变化，致使企业经营陷入困境。例如美国某钟表公司自1869年创立到20世纪50年代，一直被公认为是美国最好的钟表制造商之一，该公司在市场营销管理中强调生产优质产品，并通过由著名珠宝商店、大百货公司等构成的市场营销网络分销产品。1958年之前，公司销售额始终呈上升趋势，但此后其销售额和市场占有率开始下降。造成这种状况的主要原因是市场形势发生了变化：这一时期的许多消费者对名贵手表已经不感兴趣，而趋于购买那些经济、方便且新颖的手表。而且，许多制造商为迎合消费者需要，已经开始生产低档产品，并通过廉价商店、超级市场等大众分销渠道积极推销，从而夺得了某钟表公司的大部分市场份额。该钟表公司竟没有注意到市场形势的变化，依然迷恋于生产精美的传统样式手表，仍旧借助传统渠道销售，认为产品质量好，顾客必然会找上门，结果致使企业经营遭受重大挫折。

(3) 推销观念。

推销观念产生于20世纪20年代末至50年代前，是许多企业采用的另一种观念，表现为“我卖什么，顾客就买什么”。它认为，消费者通常表现出一种购买惰性或抗衡心理，如果听其自然的话，消费者一般不会足量购买某一企业的产品，因此，企业必须积极推销和大力促销，以刺激消费者大量购买本企业产品。

推销观念在现代市场经济条件下被大量用于推销那些非渴求物品，即购买者一般不会想到要去购买的产品或服务。许多企业在产品过剩时，也常常奉行推销观念。

推销观念产生于资本主义国家由“卖方市场”向“买方市场”过渡的阶段。在1920—1945年间，由于科学技术的进步，科学管理和大规模生产的推广，产品产量迅速增加，逐渐出现了市场产品供过于求，卖主之间竞争激烈的新形势。尤其在1929—1933年的特大经济危机期间，大量产品销售不出去，因而迫使企业重视采用广告术与推销术去推销产品。许多企业家感到，即使有物美价廉的产品，也未必能卖得出去。企业要在日益激烈的市场竞争中求得生存和发展，就必须重视推销，例如美国皮尔斯堡面粉公司在此经营观念导向下提出“本公司旨在推销面粉”。推销观念仍存在于当今的企业营销活动中，如对于顾客不愿购买的产品，往往采用强行的推销手段。这种观念虽然比前两种观念前进了一步，开始重视广告术及推销术，但其实质仍然是以生产为中心的。

(4) 市场营销观念。

市场营销观念是作为对上述诸观念的挑战而出现的一种新型的企业经营哲学。这种观念以满足顾客需求为出发点，即“顾客需要什么，就生产什么”。尽管这种思想由来已久，但其核心原则直到20世纪50年代中期才基本定型，当时社会生产力迅速发展，市场趋势表现为供过于求的买方市场，同时广大居民个人收入迅速提高，有可能对产品进行选择，企业之间竞争加剧，许多企业开始认识到，必须转变经营观念才能求得生存和发展。市场营销观念认为，实现企业各项目标的关键在于正确确定目标市场的需要和欲望，并且比竞争者更有效地传送目标市场所期望的产品或服务，进而比竞争者更有效地满足目标市场的需要和欲望。

市场营销观念的出现，使企业经营观念发生了根本性变化，也引发了市场营销学的一次革命。市场营销观念与推销观念相比具有重大的差别。西奥多·莱维特曾对推销观念和市场营销观念作过深刻的比较：推销观念注重卖方需要；市场营销观念则注重买方需要。推销观念以卖主需要为出发点，考虑如何把产品变成现金，而市场营销观念则考虑如何通过制造、传送产品以及与最终消费产品有关的所有事物，来满足顾客的需要。

可见，市场营销观念的4个支柱是市场中心、顾客导向、协调的市场营销和利润。推销观念的4个支柱是工厂、产品导向、推销和赢利。从本质上说，市场营销观念是一种以顾客需要和欲望为导向的哲学，是消费者主权论在企业市场营销管理中的体现。

许多优秀的企业都是奉行市场营销观念的。如美国的迪斯尼乐园，它使得每一位来自世界各地的儿童美梦得以实现，使各种肤色的成年人产生忘年之爱。因为迪斯尼乐园成立之时便明确了它的目标：它的产品不是米老鼠、唐老鸭，而是欢乐，快乐如同空气一般无所不在。人们来到这里是享受欢乐的，公园提供的全是欢乐，公司的每一个人都要成为欢乐的灵魂。游人无论向哪位员工提出问题，他都必须用“迪斯尼礼节”回答，决不能说“不知道”。因此游人们一次又一次地重返这里，享受欢乐，并愿为此付出代价。

(5) 社会市场营销观念。

社会市场营销观念是对市场营销观念的修改和补充，它产生于20世纪70年代西方资本主义出现能源短缺、通货膨胀、失业增加、环境污染严重、消费者保护运动盛行的新形势下。市场营销观念回避了消费者需要、消费者利益和长期社会福利之间隐含着冲突的现实。而社会市场营销观念则认为：企业的任务是确定各个目标市场的需要、欲望和利益，并以保护或提高消费者和社会福利的方式，比竞争者更有效、更有利地向目标市场提供能够满足其需要、欲望和利益的物品或服务。社会市场营销观念要求市场营销者在制定市场营销政策时，要统筹兼顾企业利润、消费者需要的满足和社会利益这三方面的利益。

上述五种企业经营观的产生和存在都有其历史背景和必然性，都是与一定的条件相联系、相适应的。当前，大多数企业正在从生产型向经营型或经营服务型转变，企业为了求得生存和发展，必须树立具有现代意识的市场营销观念、社会市场营销观念。但是，必须指出的是，由于诸多因素的制约，当今全球诸多企业并不是都树立了市场营销观念和社会市场营销观念。事实上，还有许多企业仍然以产品观念及推销观念为导向。

目前中国仍处于社会主义市场经济初级阶段，由于社会生产力发展程度及市场发展趋势、经济体制改革的状况及广大居民收入状况等因素的制约，中国企业经营观念仍处于以推销观念为主、多种观念并存的阶段。

2. 用户运营

用户运营是指以用户为中心的运营手段。其核心是遵循用户的需求来设置运营活动与运营规则，进而制定运营战略与运营目标，并且在此过程中，通过大数据分析，不断优化和调整运营手段，以达到预期的运营目标与任务。

用户运营是一个很烦琐的过程，运营者要有足够的耐心和细心来整理用户的资料和信息。产品的核心应该是解决用户的问题。了解用户需求是用户运营最重要的一个点，知道用户要什么，然后才能更好地为用户服务。

用户运营的基本流程：

(1) 调研用户需求。

(2) 围绕用户需求，制定运营战略与运营目标。

(3) 运营过程的计划、组织、实施和控制。

(4) 具有指导意义的数据分析。

用户运营的四个要素：

(1) 开源——拉动新客户。

(2) 节流——防止用户流失与挽回流失用户。

(3) 维持——已有用户的留存。

(4) 刺激——促进用户活跃甚至向付费用户转化。

下面让我们来看一个用户运营的典型趣味案例。以大众熟悉的聊天工具运营为例，让读者了解用户运营这个岗位是怎么演变出来的。

(1) 1 对 1 运营。

某聊天工具 VV 研发后终于上线了，CEO 小刘捧着一杯咖啡静静地坐在电脑前，期待着第一个注册用户的出现。第一个用户终于来了，注册 ID 是小芳。小刘心思很细腻，心想 VV 上只有我和小芳两个用户，如果小芳发现没有朋友可聊天是不是就会流失呢，于是主动加小芳为好友，得到许可后，开始聊天。日子一天天流逝，两人终于结为网友。

(2) 1 对多运营。

小芳觉得小刘人不错，挺会哄小姑娘开心，看照片也是个帅哥，文质彬彬的。于是就给身边的朋友小马推荐。一来二去，小芳推荐了 10 个朋友，都注册了 VV(口碑出来了)。小刘很高兴，开始复制对小芳的服务模型，同时和 11 个网友聊天，但其实已经力有不逮。小芳的 10 个朋友也觉得小刘人不错，也各自推荐了 10 个朋友注册了 VV。

(3) 粗放运营。

这时候 VV 注册用户已经有 111 个了。小刘终于忙不过来了，就找到小张，说“你别搞什么新功能了，过来做用户服务吧”。小张技术出身，对聊天不感兴趣。旁边的小曾听到了，眉头一皱，计上心来，说“我们得组建一个服务团队了(用户运营部的雏形)”。于是招募了 10 个客服，按照小刘的服务模式开始分工聊天，越来越多的 VV 注册用户诞生。最初注册 VV 的那部分用户也找到了各自的网友，开始淡化和 VV 的客服聊天，只在有相关 VV 使用问题的时候才会咨询客服。小刘从聊天阵营里下来后开始琢磨，怎样服务才能达到用户规模化成长呢。

(4) 精细化运营。

毕竟技术出身，思维敏捷。经过分析，他发现同城好友聊天最多。于是在注册表单上应用了城市字典，用户注册的时候必须选择在哪个城市，然后基于用户的位置信息，给新注册用户推荐同城朋友。小刘很“花心”，特别知道异性相吸的道理，把性别也作为了一个筛选项。远在新疆的张三也注册了 VV 账号，城市填的是喀什，性别男。在提示注册成功的页面赫然列着一群喀什的 VV 注册用户，张三筛出女性，逐一添加好友。忽然一个头像映入眼帘，可真好看呀！赶紧加好友套近乎。这体验，太好了。

故事结束了。你是否明白了用户运营是做什么的呢。用户运营就是一个带有业务目标的策略化服务。用户使用你的产品其实就是为了解决自身问题，如果你的产品抓住了用户痛点，没有运营也活得很好。但是在产品同质化日趋严重的今天，产品功能的竞争已经让位于产品体验的竞争。在这个体验中，有产品体验因素，权重大的还是用户服务。

3. 内容运营

1) 内容运营的起源

数字新媒体的出现让大多数人相信传统媒体与网络、移动和社交媒体会逐渐融合，以更加个性化和互动的方式精准地吸引目标顾客群体。

许多公司(如腾讯、阿里等)纷纷抓住这一转型时机，开始创造和散播大量令人信服的“内容营销”信息以吸引顾客，建立品牌与顾客关系以及顾客之间的联系，并最终促使他们购买产品。

目前，内容运营有两种手段：

一种是在 UGC 社区，将用户产生的高质量内容通过编辑、整合、优化等方式进行加工，配合其他手段进行传播。例如你在知乎回答一个问题，回答得很精彩，知乎的同学会把你的回答和别人的回答拿去整理好，然后通过微博、日报、周刊等手段传播，这就是以内容为中心的运营。这种类型比较适合生活性较强或专业度不强的领域。

另一种是在一些媒体产品上以运营者自身的内容编写团队来制作内容，例如搜狐体育，腾讯体育等。和前者不同的是，依靠自己采编、整理、撰写的成分较多，不一定来自用户。这种类型比较适合专业性较强的领域。

内容运营核心在于持续制作、编辑及推荐对于用户有真实价值的内容，保证用户可以在这些产品中获取有用信息；根据 KPI 的设计，降低或者提高用户获取内容的成本；协助移动互联网产品(或互联网产品)获利。

2) 内容运营中“内容”的内涵

每次打开各种网站或者 APP，我们都会看到各种各样的信息：

✧　点开 QQ 音乐，能够马上听到强大算法推荐下的定制化歌单(如图 5.2)；
✧　打开京东，瞬间可以看到琳琅满目的商品信息(如图 5.2)；
✧　打开抖音，可以看到目前最新发生的热点事件；
✧　……

图 5.2　QQ 音乐和手机京东的首页

这些信息的类型不一样，阅读观看的人群也不相同，给读者的阅读体验也不一样……但是不管是资讯、电商、门户网站，还是各种论坛，都是通过“内容”来服务用户的，而上述的热点商品信息、定制歌单、热点视频等都属于“内容”。

大众对这些信息(文字、视频、音频等)有消费的需求，所以才会有这么多产品去分门别类地提供相应的内容服务。而且，只要是互联网产品，一定需要用内容进行填充，不同的网站或者 APP，所需要的内容是不一样的。由此，“内容运营”应运而生。

有些人会误以为网站或者 APP 中的各种文章、小说等以文字的形式呈现出来的才能叫作内容。但事实上，网站上呈现出来的各种信息都能够被称为“内容”。

(1) 点开美团，搜索餐厅，餐厅信息往下滑，会看见用户评价(如图 5.3)。

(2) 打开京东商城，会看到京东年味送礼大促销活动宣传(如图 5.4)。

图 5.3　美团用户评价

图 5.4　京东年货宣传

这些和咱们之前认为的文字内容有一定的认知偏差——但是不可否认的是，它们都是正儿八经的内容。

3) 内容运营包含的工作

内容运营这个岗位其实包含了很多工作内容，大致可以分为以下几个部分：

✧　内容的采集与创造；
✧　内容的呈现与管理；
✧　内容的扩散与传导；
✧　内容的效果与评估。

虽然看起来这几块工作范畴让人似懂非懂，但是还是能体会到内容运营并非简单的写写文章，然后设置个定时推送，把文章发出去。

(1) 内容的采集与创造。

内容的采集与创造是内容运营最初的流程，一般在制作(内容形式可以是视频、音频、文字图片等)之前都会确定好写作内容的方向、明确主题。这一步是为了确定内容的定位、目标人群、内容的来源渠道等。

注意：这里所说的内容，可以大致分为 PGC(Professional Generated Content，专业生产内容)和 UGC(User Generated Content，用户生产内容)两种，并不是说所有的内容都是由内容运营工作者去输出。

很多主打内容分享的社区平台都是以 UGC 为主的，就比如小红书、抖音、知乎，里面的内容都是 APP 用户自己去生产，借助平台的推送机制让更多用户看见这些内容。

(2) 内容的呈现与管理。

运营人员通过某些方式或者手段，将优质内容展现在用户面前的过程。

还是以知乎为例，每天都有大量的内容在这个平台中出现，但是这些 UGC 内容的质量肯定是参差不齐的，如何让更优质的内容出现在用户的面前，则涉及内容的管理问题。

知乎通过自身的筛选机制，用“赞同”“反对”“感谢”来帮助用户去筛选出优质内容，并根据赞同的量来判断是否推送，从而保证整个社区能够良性运营，如图 5.5 所示。

另外，每当有新用户入驻知乎时，新用户会被引导阅读“知乎指南”，帮助新人快速了解社区的运作形式、操作规范，大致掌握社区的内容优劣标准，如图 5.6 所示。

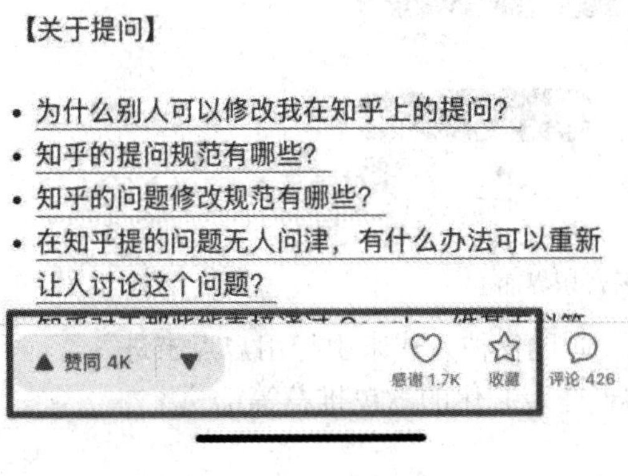

【关于提问】

• 为什么别人可以修改我在知乎上的提问?
• 知乎的提问规范有哪些?
• 知乎的问题修改规范有哪些?
• 在知乎提的问题无人问津，有什么办法可以重新让人讨论这个问题?

图 5.5　知乎提问

属于「知乎官方指南」的问答有哪些?

查看全部 1 个回答 >

邀请回答　　写回答

知乎小管家
知乎 官方帐号
已关注

知乎的社区基本原则是什么?

【知乎入门】

• 如何使用知乎?
• 在知乎不可以做哪些事?
• (新增) 在知乎上，什么是不友善内容?
• (新增) 知乎上的不友善内容会被怎样处理?
• (新增) 如果在知乎上发布了不友善内容，帐号可能会被怎样处理?

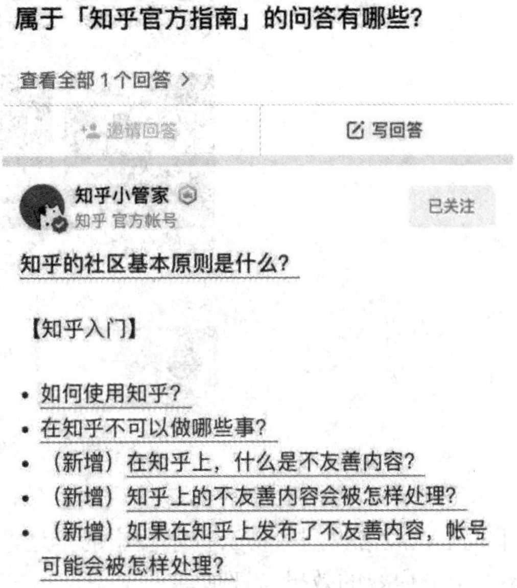

图 5.6　知乎官方指南问题合集

(3) 内容的扩散与传导。

这一步的目标就是通过各种方式将好的内容推送到用户的眼前，尽可能降低用户触及这些优质内容的门槛。

无论是知乎这样以图文为主的知识分享型社区，还是QQ音乐、腾讯视频、火山小视频、抖音、喜马拉雅FM、网易云这样以视音频为主的平台，光有优质内容是远远不够的。接下来要做的就是，通过各种方式将好的内容有针对性地推送给目标用户。

打开网易云音乐，我们可以发现首页有不同的入口，比如“每日推荐”“歌单”“排行榜”以及底部的“发现”“视频”等，如图5.7所示。

图5.7　网易云音乐界面

这些入口后面对应的都是优质的音乐内容，通过各种方式来引导用户点击进入，而且手机上也经常收到网易云音乐发出的推送消息(一些定制化的歌单推荐等)。

(4) 内容的效果与评估。

当内容传播出去以后，我们自然要知道每一次内容的推送有没有达到效果，所以需要对推送后的用户行为进行监测、数据分析来量化效果。

通过对大量数据的分析，我们能够了解到用户对于哪些入口的内容是感兴趣的、哪种方式的内容推送无法引导用户点击……

以这些数据作为基础，在接下来的运营工作中可以进行有方向的调整和优化，以达到更好的效果。

4) 内容运营的应用

前面大致介绍了内容从被创造到最后的效果回收这一整个过程，这也就是一名内容运营工作者会接触到的工作内容。

接下来看看一些具体的工作岗位，帮助大家进一步了解内容运营的岗位职责和能力要求。

图 5.8 所示是某资讯类 APP 的内容运营岗位信息，把这些信息进行归纳分类，能够发现这一岗位的工作内容，大致包含了内容生产到数据回收的整个过程。

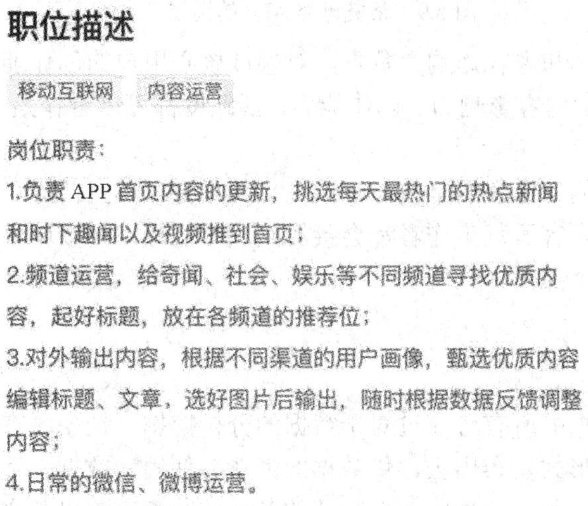

职位描述

移动互联网　内容运营

岗位职责：
1.负责 APP 首页内容的更新，挑选每天最热门的热点新闻和时下趣闻以及视频推到首页；
2.频道运营，给奇闻、社会、娱乐等不同频道寻找优质内容，起好标题，放在各频道的推荐位；
3.对外输出内容，根据不同渠道的用户画像，甄选优质内容编辑标题、文章，选好图片后输出，随时根据数据反馈调整内容；
4.日常的微信、微博运营。

图 5.8　某资讯类 APP 信息界面

(1) 内容的采集：挑选每天最热门的热点新闻、趣闻及视频推到首页。

(2) 内容的创造：对外输出内容，根据不同渠道的用户画像，甄选优质内容编辑标题、文章，选好图文后输出。

(3) 内容的呈现与管理：将优质内容起好标题，放在各频道的推荐位。

(4) 内容的扩散与传导：日常的微信、微博运营。

(5) 内容的效果与评估：随时根据数据反馈调整内容。

我们再来看看某资讯类 APP 的内容运营岗位(宠物领域)，如图 5.9 所示。

图 5.9 的宠物领域的内容运营岗位和图 5.8 的资讯类岗位相比较而言，貌似两个岗位的职责与要求完全是两个画风，但是仔细看来，这一岗位依然是围绕内容运营的四部分工作内容。

持续跟踪领域进展与热点并组织讨论，识别领域的核心用户并予以针对性运营——因为资讯类 APP 是以 UGC 内容为主，所以岗位职责中的“内容采集与创造”主要是依靠运营者去引导领域内的用户和 KOL(Key Opinion Leader，关键意见领袖)去创造内容。

职位描述

移动互联网　内容运营　产品运营

「你要做的」

1. 负责制定宠物领域的发展方案并落实，对领域的用户规模和内容生态负责。

2. 持续跟踪领域进展与热点并组织讨论，对领域的内容规模和内容影响力负责。

3. 识别领域的核心用户并予以针对性运营，对领域核心用户的创作能力与活跃度负责。

图 5.9　某资讯类 APP 的岗位描述

对领域的内容规模和内容影响力负责，对领域核心用户的创作能力与活跃度负责——这里提到的内容规模、内容影响力、创作能力、活跃度都可以看作是“内容的效果与评估”中的工作内容。

至于内容运营中的“内容的呈现与管理”“内容的扩散与传导”，在岗位职责中并没有体现，说明并非每个内容运营工作者都会接触到整个流程，许多岗位可能只会涉及其中几个部分或者是仅仅一个部分。

4. 数据运营

1) 数据运营概述

数据运营是指数据的所有者通过对于数据的分析挖掘，把隐藏在海量数据中的信息作为商品，以合规化的形式发布出去，供数据的消费者使用。数据充斥在运营的各个环节，所以成功的运营一定是基于数据的。在运营的各个环节都需要以数据为基础。当我们养成以数据为导向的习惯之后，做运营就有了依据，不再是凭经验盲目运作，而是有的放矢；当我们有了足够的数据之后，就可以不再依赖主观判断，而让数据成为公司里的裁判。理想情况下，如果我们能够追踪一切数据，那么所有的决策都可以理所当然地基于数据。在企业中，从整体战略、目标设定到驱动商务运营都可以基于数据，最后采用一定的度量来衡量数据运营的效果，数据在企业中的作用是巨大的。

不同层面的人，需要对数据做不同的操作。对决策层而言，数据分析结果意味着商业智能，意味着商业战略是否正确；对销售人员和产品开发人员而言，数据分析结果则意味着商业战术是否成功。

但数据运营是需要 IT 系统支撑的，对于移动互联网企业的 IT 人员来说，最痛苦的事情莫过于面对业务的各种各样的需求，IT 人员要在繁忙的开发任务中抽时间来做数据分析，而业务人员和领导则需要等很久才能拿到数据。重复的工作太多，一旦数据、需求都上涨，将承受更大的压力。

有问题就有对策，报表工具就应运而生了。后期流程固化之后，分析人员增多时，又有了 BI 这一类可与数据分析挖掘技术结合的工具的应用。纵观这一类现象，其实在企业经营的过程中比比皆是，诸如财务、销售、市场等业务自身就带有强烈的数据分析需求。如果说运用到个人或是某一个问题的叫数据分析，那么投入到企业的业务层面，用于辅助管理产生效益的则可称为数据化运营，如图 5.10 所示。

图 5.10　数据分析界面

2) 数据运营的概念

简单来说，数据运营的本质还是运营，就是一个发现问题—分析问题—解决问题的过程。所不同的是数据运营的整个过程是以数据为基础和对象的，因此从技术上来讲，实现的流程可分为需求分析、数据收集、数据整理、数据分析、数据可视化、模板开发、分析报告、模板应用等 8 个步骤。图 5.11 所示就是一个数据运营的典型界面。

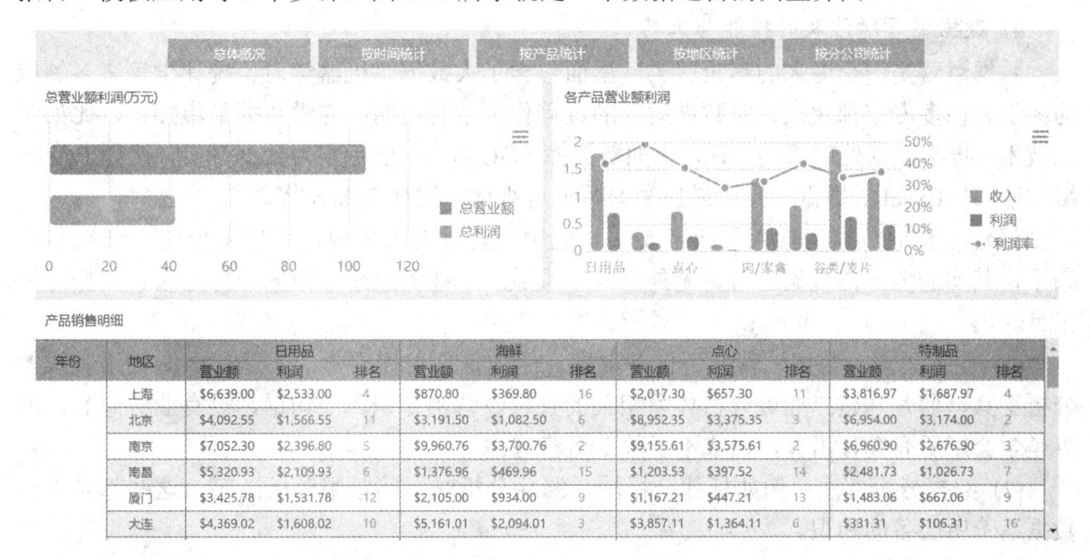

年份	地区	日用品			海鲜			点心			特制品		
		营业额	利润	排名	营业额	利润	排名	营业额	利润	排名	营业额	利润	排名
	上海	$6,639.00	$2,533.00	4	$870.80	$369.80	16	$2,017.30	$657.30	11	$3,816.97	$1,687.97	4
	北京	$4,092.55	$1,566.55	11	$3,191.50	$1,082.50	6	$8,952.35	$3,375.35	3	$6,954.00	$3,174.00	2
	南京	$7,052.30	$2,396.80	5	$9,960.76	$3,700.76	2	$9,155.61	$3,575.61	2	$6,960.90	$2,676.90	3
	南昌	$5,320.93	$2,109.93	6	$1,376.96	$469.96	15	$1,203.53	$397.52	14	$2,481.73	$1,026.73	7
	厦门	$3,425.78	$1,531.78	12	$2,105.00	$934.00	9	$1,167.21	$447.21	13	$1,483.06	$667.06	9
	大连	$4,369.02	$1,608.02	10	$5,161.01	$2,094.01	3	$3,857.11	$1,364.11	6	$331.31	$106.31	16

图 5.11　数据运营界面

3) 数据运营的层次

按照业务逻辑，数据运营可以分为以下几个层次，如图 5.12 所示。

(1) 业务指导管理。通过对数据的收集、统计、追踪和监控，搭建业务的管理模型来指导业务。例如销售业务中日销售额、月销售额、年销售额的完成情况；电商营销业务过程中的流量、新增用户数、每日的成交量等。

(2) 运营分析管理。运营分析更多注重对收集来的数据进行分析和管理，可归纳为人、货、场、才的分析管理。例如客户关系管理(CRM)、财务分析管理、供应链分析管理等。

(3) 经营策略管理。经营策略管理拥有一手的管理决断，对各经营环节进行对应的数据分析来修改和制定策略。比如消费者购买行为的分析、会员顾客策略、是采用积分制还是打折制等。

(4) 战略规划管理。战略规划需要通过企业内部和市场外部数据制定长远的规划。比如企业竞争力分析、行业环境分析、战略目标规划等。

图 5.12　数据运营层次示意图

4) 数据运营所涉及的技能与工具

数据运营是一个庞大的理论门类，里面包含了大数据、机器学习、统计学等诸多领域的知识。很多专家都建议按照数据运营的过程作为学习思路：先学数据采集知识，比如爬虫技术；再学数据处理相关知识，比如数据库 SQL 语言；然后学习数据分析，比如 Python 编程语言、Excel 等数据工具；最后学习数据可视化，比如 Echart 等。

但对于普通数据运营人员或者要从其他领域转行的人来说，这些未免过于细致和复杂了，其实想要入门数据运营，无外乎三个领域——业务思想、数据分析方法、数据分析工具。

(1) 业务思想。数据运营并不仅是取数、用数，你首先要学的不是什么编程语言或者分析工具，而是和建立业务分析体系相关的管理、营销知识。一句话，没有业务思想，就算是学会了所有编程语言，也成不了数据运营官。

(2) 数据分析方法。例如杜邦分析法、漏斗分析法、四象限分析法等，这些都是入门数据运营所必备的知识。

(3) 数据分析工具。业务思想有了，数据分析方法也学会了，接下来就可以学习数据运营用到的各种工具了。这方面东西比较多，下面简单列举几种。

① 数据库语言。

企业比较常用的大型数据库有 Oracle、DB2、SQL Server、Sybase、MySQL，这么多数

据库不可能都会，只要学会其中通用的技术即可，也就是标准SQL语言。

选择一款简单的数据库软件(如SQL Server)进行SQL语言的实践，图5.13所示就是SQL Server 2008的软件界面。

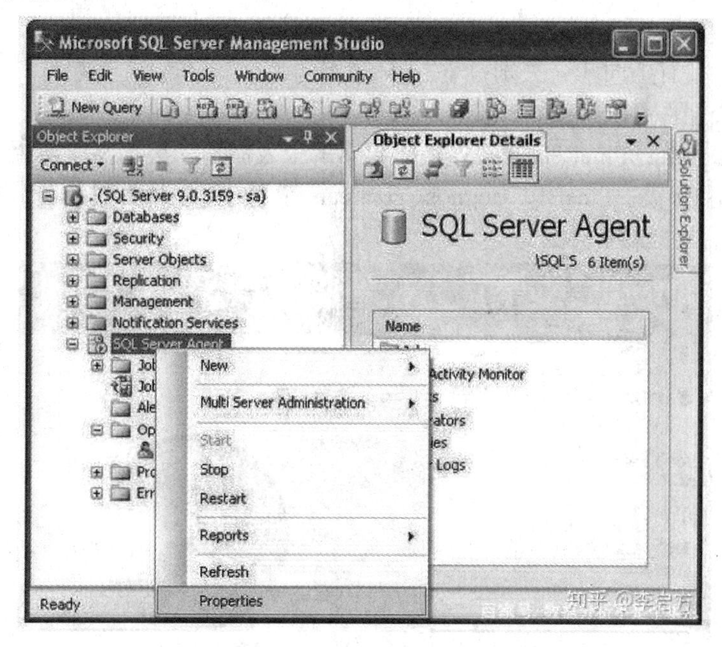

图5.13　SQL Server软件界面

② Excel。

Excel绝对是数据运营工作当中必须要掌握的工具！想要精通Excel也绝对不简单，起码要学会Excel里的各种进阶操作。

学习过程可以按照这个顺序来：表格初级操作(排序、定位、筛选等)→初级函数(sum、if等逻辑判断函数和运算函数)→透视表(必须学会透视表)。

③ Python语言。

作为偏向于数据分析的编程语言，Python几乎可以说是市面上最简洁、最强大、最成功的编程语言了，它是一门标准的全能语言。图5.14所示就是Python软件启动界面图。

图5.14　Python软件界面示意图

Python 是一种计算机程序设计语言，是一种面向对象的动态类型语言，最初被设计用于编写自动化脚本，现在也用于报表开发和实现办公自动化。学会了 Python 之后，报表开发就相当简单了。

④ 分析工具。

分析工具主要有下面几个类别：

✧ 图表类插件：Echarts、Highcharts 等，其功能都十分强大；

✧ 数据报表类：FineReport 等，用于日常的报表制作，更加易学实用；

✧ 可视化 BI 类：FineBI、Cognos、Tableau 等，更直接地针对业务分析。图 5.15 所示就是 FineBI 的数据展示界面。

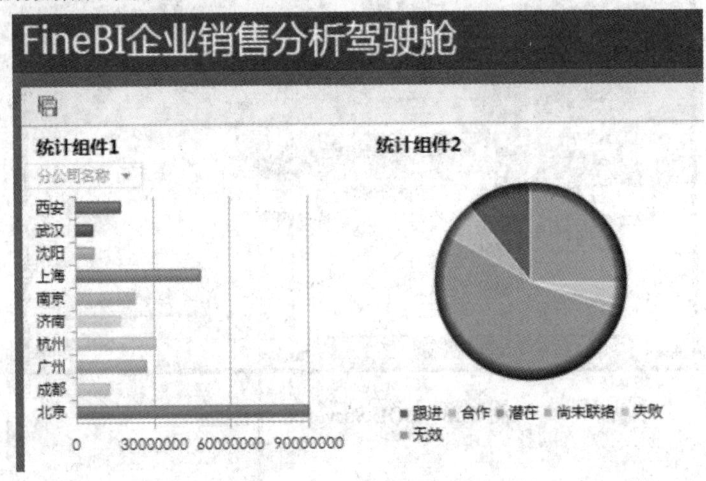

图 5.15　FineBI 分析工具

⑤ 移动端和大屏可视化分析。

模板应用成熟后，接下来需要考虑的是如何更好地为管理层和领导层服务，可以结合当下的 HTML5、APP 技术去做更好的应用。让对决策层更有用的数据能快速地以图形化、直观化和可视化的形式提供给经营者。图 5.16 所示就是 FineBI 可视化界面示例。

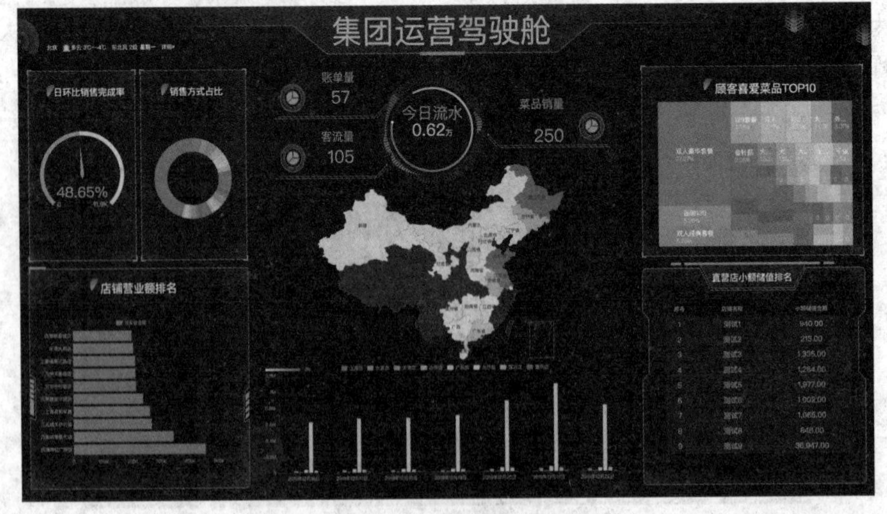

图 5.16　FineBI 可视化

5) 数据运营总结

数据运营(管理)是数据分析的上层建筑，其本身不能带来最大化的业绩和效率，只有将正确的分析结果以最实际的方式应用到业务层面才能产生效益，只有不断地产生效益才能称之为数据运营(管理)。

5.1.3　运营的理念

1. 运营先行可解决的问题

1) 风险可控

当启动产品开发时，投入的 PM(项目管理)和 RD(研发)人力资源就是成本，如果上线后效果不好，那这成本就变成了损失。运营先行，就意味着先投入较少的开发人力，结合运营手段先做尝试，虽然落地形式不完美，但效果已经可以摆在眼前了。如果运营效果好，再进一步投资优化产品，这样可以早点放弃不合理的产品规划，减少损失。

2) 把握时机

对于运营来说，借势非常重要，借得好可以事半功倍。但如果错过最好的时间点，这个势就借不到了。所以，如果希望借势做一个运营措施，但因为需要开发功能而延后两天，可能这件事就不能做了，因为已经错过了最好时机。把握时机就要快速响应，就要运营先行，想办法尽快上线。

3) 增强信心

除非事实摆在眼前，否则任何人都有理由去质疑一个预估。在产品功能设计和开发阶段，团队各角色都不确定上线后的效果，思路不可能完全一致，所以出现不同观点是无法避免的。如果决策不顺利，还会走一些弯路。

如果运营先行，先做出一些简单的尝试，把结果摆在团队面前，大家就会对这件事有一个清晰的认知，更容易达成一致观点，减少不必要的沟通和试错成本。

2. 运营先行的劣势

1) 运营人力成本增加

在不开发功能的情况下做项目，实际上是把 PM 和 RD 的人力成本转移到运营身上了。运营人员需要搭建班子做平台，与用户做更详尽的沟通，线下用 Excel 计算更多的数据，做静态的专题页或帖子用来替代产品功能。

2) 用户体验差

运营先行可以节省开发成本，能快速启动，不错过热点，但也因此牺牲了展现形式，伤害了用户阅读或操作体验。有得必有失，也符合自然规律，这是一个权衡利弊的结果。

3) 执行水平要求高

运营先行是运营承担了产品功能的作用，所以这个过程对运营人员的执行能力要求很高。看似很细节的小事，但叠加起来也会决定项目的成败，比如文案、沟通方式、推广渠道等。

另外，除了以上三点，还有一个可能存在的问题。运营先行的基础是领导和团队足够信任运营，愿意以运营的尝试为依据，去分析效果。否则，在运营试验的过程中，哪怕一点点小的挫折，都可能让大家失去信心，然后把一个可能成功的 Case 给提前否决了。

5.1.4 运营的要点

1. 运营工作基本要素

运营工作的目标可以概括为以下两点：

(1) 找到用户在哪。

(2) 以能接受的成本找来用户，让他们用你的产品，让用户持续用你的产品，跟用户在不用产品时也能保持联系。

下面以电商运营来列举运营的要点。

电商运营工作就是保证 APP 和网站的用户体验，拉来新客户，留下老客户。它包括以下六个方面的内容：需求分析和整理、频道内容建设、网站策划、产品的维护和改进、效果数据分析、部门协调沟通。

(1) 需求分析和整理。对于一名电子商务网站运营人员来说，最为重要的就是要了解需求，在此基础上，提出网站具体的改善建议和方案。对这些建议和方案当然不能囫囵吞枣，而是要与大家一起讨论分析，确认是否具体可行。必要时，还要进行调查取证或分析统计，综合评出这些建议和方案的可取性。

(2) 频道内容建设。频道内容建设是由专门的编辑人员来完成的，内容包括频道栏目规划、信息编辑和上传、信息内容的质量提升等。频道内容建设是一个长期积累的过程。网站内容质量的提升，应当是编辑人员最终的追求目标。很多小网站或部分大网站，网站编辑人员就承担着网站运营人员的角色，不仅负责信息编辑，还要提需求、做方案等。

(3) 网站策划。网站策划包括前期市场调研、可行性分析、策划文档撰写、业务流程说明等内容。策划是建设网站的关键，一个网站只有真正策划好了，才有可能成为好的网站。因为，前期的网站策划涉及更多的市场因素。

(4) 产品的维护和改进。产品维护是对顾客已购买产品的维护工作，响应顾客提出的问题。大型网络公司的客服人员通常对技术、产品等问题不是非常清楚，对顾客的疑难问题无法做出最佳解答，此时就需要运营人员分析和判断问题，给出合理说法，或把问题交给技术部门以寻找更好的解决方案。此外，产品维护还包括制定和改变产品政策、进行良好的产品包装、改进产品的使用体验等。

(5) 效果数据分析。效果数据分析是指将网站运营数据按照一定阶段进行划分，并对数据进行分析和整理，形成可以指导运营工作的相关报告或策略。效果数据分析可以根据用户习惯来调整网站方向，对网络媒介的每一个细节进行分析，提高网站用户黏性，提高吸引力及关注度。效果数据分析的主要技术手段为分析页面访问记录、在线调查问卷等，从而获取更多的用户体验数据。以数据分析来指导运营，才能抓住核心，抓住用户，提升运营效果。

(6) 部门协调沟通。各部门协调工作更多体现的是管理角色。运营人员因为深知整个网站的运营情况，知识面相对来说比较全面。所以，与技术人员、美工、测试、业务的沟通协调工作，更多的是由运营人员来承担的。

作为一名运营人员，要与不同专业的习惯思维打交道，沟通协调能力是必不可少的。

在沟通的过程中，可能碰上许多不理解或难以沟通的情况，这都是比较正常的现象。但不管过程多么曲折，只要最终把问题解决掉，就是一个合格的运营人员。

2. 案例

下面用手机淘宝中的网店来说明运营的要点。

1) 首要关注运营店铺的整体良好发展，提高店铺竞争力

(1) 店铺检查：查看每天店铺提醒区，及时处理投诉等，确保店铺无违规隐患。

(2) 活动报名：争取合适的活动资源，根据店铺宝贝选择合适的淘宝活动。

(3) 数据报表：关注每日流量、转换率、销量、来源构成等，做好考核。

(4) 店铺页面：查看店铺详情页，确保店铺装修、活动、折扣、分类、图片、描述、搭配、链接等都正常(要注意及时更新活动图片)。

(5) 了解库存：了解宝贝数量库存等数据，重复店铺宝贝的检查(对于过季的和30天无销量的宝贝可以下架)。

(6) 直通车等销售工具：根据自身店铺宝贝市场环境，做好相关的推广工作，充分利用淘宝推广工具，如直通车。

(7) 做好内功：优化宝贝的标题，同时将宝贝评分都能做到4.8以上，平时关注店铺热销款的走势，关注和查看热销款的中差评。

(8) 活动分析：每次活动结束之后，需要和上级反馈一下活动效果，同时找出做的不足的地方，加以改进。

(9) 熟悉规则：了解和学习各平台的最新规则以及相关的工具，对于最新的公告需做相应的调整以及相关人员的培训。

(10) 提出方案：对于店铺在不同时期的发展方向提出发展策略，能够独立完成店铺活动的策划和执行。比如提升店铺好评率、客服服务、买家售后服务体验等的切实可行的方案。

2) 宝贝的挖掘，不断的提升产品的竞争力

每一款宝贝都有新生期、成长期、爆款期、稳定期、衰退期这几个阶段。而这几个阶段中宝贝必然是有一定的规律和节奏的，反映到数据上来说就是“流量周期性变化”。一般是以周为时间段，按照类目排序，就能寻找到有价值的单品。

要注意有些单品在某一个流量级别会有高转化率，这要么是有较高的临时价格优惠，要么是短期内在店铺首页占据了有利的位置，或者是因为给这个单品使用了付费的淘宝直通车推广服务，而并非这款产品真的受欢迎。所以数据需要找一个在较长时间段(至少一周左右)内UV量(独立访客数量)在一定水平上(3000UV以上)，转化率较高(3%以上)，流失率较低的单品。一般可以多参考自己店铺的平均数据来做比较。

3) 店铺的装修和详情页面的呈现

详情页的描述优化其实远比店铺装修更为重要。因为进店铺的买家基本都是从单品进店，有了兴趣再去首页的。淘宝的量子功能清单里有个很好的功能，就是装修分析——装修热力图，还有装修趋势。在这里可以清晰地看到美工水平，以及每次更换新的装修或者海报图的效果等。

5.2 移动互联网产品推广基础知识

随着新一代移动通信技术的发展，不少企业家把目光投入到移动互联网领域，他们通过提供一些碎片时间内的免费便利服务来吸引消费者。而消费者在利用移动通信设备享受企业带来的便利的同时，不知不觉中已经成为企业赚钱的工具了。

以微信公众号和 APP 为例，大多数人的印象可能停留在这样一个概念，即企业微信号主要用来传达信息和增加品牌曝光等，等到积累了一定的粉丝后，再进行流量的转换盈利。但实际上，免费的 APP 和公众号一样是可以赚钱的，只是盈利模式不一样罢了。

5.2.1 市场格局

随着从 PC 端的传统互联网过渡到移动互联网，中国网络服务正从“资源稀缺”走向“经济富足”时代。从传统桌面互联网过渡到移动互联网阶段，用户需求正在发生深刻的变化。移动互联网产业链将进行更广泛和更有深度的整合，在这一过程中，具备一定业务优势的核心企业将扮演产业链组织和协调的重要角色，整个产业链网络将缔结为产业联盟，并以生态系统的形式进行运作。

在这种环境下，超级 APP 应运而生。超级 APP 是中国移动互联网特有的产物，在移动互联网上半场，巨头们争相开发多个 APP，借助 APP 去争夺用户流量入口、用户和流量，但到了下半场，移动互联网用户增长接近停滞，竞争转向对用户滞留时长的争夺上，超级 APP 可以一站式满足全方位需求，因此受到用户喜爱。

如今 BAT 都不再强调应用多寡，而是看重强者恒强，超级应用的作用已不言而喻。微信、支付宝、百度作为中国互联网影响力最大的三大超级 APP，分别代表中国互联网的社交、电商、搜索的三个方面。它们虽有不同的成长路径，但最终的成长轨迹却殊途同归，从工具到内容、从平台到生态，它们的崛起也成为中国移动互联网高速发展的缩影。

在超级 APP 上也复制了传统互联网的成功模式，即“平台+应用”。超级 APP 可以集成多种多样的移动互联网应用。毕竟，如今移动互联网应用产品可谓百花齐放，但凡用户需要的，基本上都能在移动互联网上找到。我们可以把平台上承载的各类移动互联网应用分为搜索和广告、社会化媒体和沟通、电子商务、影音娱乐等几种类型。

5.2.2 趋势

1. 社会性

尽管各类互联网产品和应用的功能五花八门，但是其内在的属性都是一样的，那就是社会性。例如手机版网络商城，它改变了人们传统的网购习惯，可以在坐车、排队时购物；手机搜索业务在很大层面上帮助用户搜索信息，利用碎片时间随时解决；移动聊天软件比打传统电话和发短信更具便利性。

有学者认为，互联网存在的本质就在于它不断地模拟现实社会，把现实社会中的点点滴滴搬到了虚拟社会中。人本身就是具有社会性的动物，天生需要与他人联系沟通，所以有了最初论坛的兴起和现在 Facebook 的辉煌。国内第一家校园社交网站校内(人人)网的成功和 QQ 高度的用户黏度，都源于他们的产品具有良好的社会属性。所以未来产品的一个大趋势，是它们都需要具有社会性的标签，能把现实社会中的业务行为搬到虚拟场景中。

2. 个性化

就近些年互联网以及移动互联网的发展而言，有几种产品是不容忽视的。第一个是个人博客、直播的诞生，它们的出现可以让用户上传自己的照片或视频，写网络日志，甚至是直播个人生活，其服务本质是为了让用户更方便地表达自己、宣传自己；第二个是游戏，其表面是娱乐，本质是个人欲望在虚拟世界中的错位满足；第三个是推特、微博、小视频，让普通用户可以即兴表达自己的观点和心情。

这几种产品至今都很火爆，特别是游戏经久不衰，微博和小视频也在高潮期。未来移动互联网产品的趋势之一，就在于更加注重用户的个性化，更加快捷地为用户提供表达工具和场景。

3. 移动化

随着硬件的不断升级，中国 3G、4G、5G 甚至更新一代网络的不断涌现，必将提升移动产业的全面革新。中国的手机网民本来就很多，特别是用户都比较喜欢随时随地的上网(这也正是当年笔记本比台式机流行的原因)。数据表明，移动互联网网民在 2014 年左右已经超过 PC 网民，而且在 2015—2019 年间呈现爆炸式增长。

所以未来的各种业务和产品，必然要求支持移动平台，同时应该努力在这个不断发展的大市场中有所挖掘和收获。

4. 移动互联和万物互联背景下的大数据智能化

移动互联的终端是所有的终端产品，包括手机、iPad、智能手环、笔记本、PC、传感器、智能汽车、智能电器等。在移动互联网时代，直观感受就是万物互联，而万物互联则依靠智能感应落地生根。

著名导演斯皮尔伯格的影片《头号玩家》中让所有人物佩戴头盔传感器，并在虚拟世界获得真实触感，让人沉迷其中。很显然，这位好莱坞电影大师那超出常理却又逻辑缜密的想象力，让我们真切领悟了什么是“没有看不到，只有想不到”，整部电影中的人物佩戴传感器从头玩到尾的主线，对未来智能感应的使用畅想达到了巅峰。

智能感应是物联网成功的基石，随着移动通信网的发展，市面上众多感应器已经被人们接受。这些感应器正对世界进行记录，感知到的数据经过大数据技术的处理，通过人工智能手段形成虚拟现实场景。

尽管现在还达不到影片中的高度发达程度，但也已经有一些智能应用开始萌芽。比如现在的打车软件和一些娱乐应用上都可以自动识别地理位置，方便该应用向距离最近的出租车发送订单，或者为客户推荐相应的身边美食和娱乐活动；一些智能家居也可以根据客户的身体感应来开启和调节最适宜的温度等。这种智能感应的产品不仅让用户的信息得以传输，还可以通过感应来获取更多的信息，甚至依靠客户的五官、皮肤和四肢来获取，使人类器官得以延伸。

5.2.3　用户体验

一款好的产品之所以能够抓住用户，其用户体验至关重要。具体的用户体验与具体的产品的内容、功能、界面相关，这里暂不讨论。但是如果要想让用户有一个好的体验，除了不断进行产品测试和提供完善的建议通道外，还应该结合当前互联网的趋势，做到以下两点。

1. 个性化

产品应该充分迎合用户个人表达的需求。除了添加基本的日志、相册、微博外，更需要从用户平常入手。偏娱乐的产品可以添加电影、音乐、书籍、饮食、衣饰等。应该充分的给予用户隐身保护权限，同时全面深入的挖掘用户的个人习惯和喜好。这样就可以根据个人的喜好，引导用户创建内容，为产品不断补充内容。运营者可以通过用户的个人数据，引导组建群组、推荐好友和商品等，这样非常符合用户的需求，必将深受用户的喜爱。

2. 社会化

社会化有多方面，重点突出社会化的人际关系和社会化的人的活动。

社会化的人际关系代表为SNS(社交网络服务)，SNS的出现极大地方便了人们的沟通。对于人人等实名站点来说，加深了用户的人际交往关系。越是社会化程度发达的产品，其用户忠诚度也越高。如QQ，在产品中可以根据个性化资料，建立相应的小组，推荐好友，建立个人圈子，同时引入好友邀请机制邀请友人，使用户的日常好友也被吸引而来。

社会化的人的活动的代表是电子商务。以淘宝为例，它的出现改变了人们传统的购物习惯，其平台上的产品种类繁多，价格便宜，最关键是以C2C模式存在，可以不断吸引普通卖家和买家，极具竞争力！因此可以在产品中添加相应的社会化功能，例如团购或者其他用户需要的功能。

5.2.4 推广

产品的推广起初是由于资金的匮乏，所以推广的成本应该尽量小，同时又要保证其推广的效率，实在是难以两全其美。有学者认为，最开始时，可以先撰写优秀的产品文章，以投稿或广告的形势投到各个大的热门门户和人气站点，其优点是可信度高、转载高。如果产品是软件的话，还可以上传到各个下载站，提供下载。作为初期推广，开始的用户数量必然是有限的，要想获得更多的用户来使用产品，就应该充分利用初期用户的资源。通过发布邀请或者一些其他的奖励措施，引入用户的人际圈，形成病毒式推广，具体模式如风靡一时的“偷菜”，好友邀请好友的经典推广方式至今仍然值得回味。其他的推广形式还可以通过博客、论坛进行软性宣传，或者和其他的软件进行合作推广(比较难实现)，但终究是要把握好用户的心理。

1. 推广的前置和后置工作

1) 前期的准备工作

✧ 保证产品能正常运行；

✧ 明确产品定位和目标；

✧ 选择合适的推广渠道和方式，协调内外部的资源并制定详细的计划；

✧ 确定团队分工并执行。

2) 上线初期的工作

✧ 保障产品的正常使用；

✧　根据运营状况和客服反馈，阶段性的优化产品；
✧　上线初期，使用一些常见的推广策略进行推广。

3) 后期的日常工作

✧　产品的更新；
✧　内容运营；
✧　活动策划；
✧　用户运营；
✧　数据分析；
✧　意见反馈。

2. 常见的推广策略

1) 行业网站广告交换

当有一定的流量时，可以找一些相同规模的同行交换广告，即在你的产品上做对方的广告，在对方产品上做你的广告。这样可以不用花钱就能得到一定的广告效果。

2) 产品关键词竞价排名

通过百度推广等工具，可以借助它们庞大的入口流量，根据点击率有效控制预算来做广告。

3) 行业广告直投

如果希望能快速在行业内达到一定的知名度和公信力，在知名媒体上投放行业广告应该是最容易操作的一个推广手段了。这时候，应该在广告的设计上多下功夫，因为知名媒体渠道上的广告价格相对都不低。这类手段一般在资金比较充裕，而且希望短期内达到一个较高的知名度时才使用。

4) 软文宣传

让专业写手编写具有广告味道并不浓的专业软文，同时发布到专业渠道上，往往能起到意想不到的好效果。

5) 长尾关键词优化(适用于网站)

根据定位列出尽可能多的长尾关键词，这些关键词必须与方向、产品或是服务相关，然后可以针对这些关键词做一些优化。

此外，还可以通过关系网直接或间接宣传移动互联网产品，例如通过短信、微信、QQ群发信息，或通过公众号向订阅客户群发推广，或在传统的报纸上登载等。

6) 效果分析，经验总结

对活动效果进行跟踪，统计做出一些数据分析，总归一些经验。对于参与厂家进行回访，了解情况，对于不足之处需要讨论并加以改进。

7) 流量分析

流量分析可以让你知道你的客户从哪里来，关心什么内容等，对运营是一个很好的数据参考，主要可以分析以下数据：

(1) 用户关注数据。它代表着来使用产品的独立用户和点击量。关注数据可以理解成为每个用户在产品上的翻看量，而翻看量越大，说明产品的吸引力越大，也就是黏性强。

如果这个值较小，那就要注意内容建设了。

(2) 流量来源。了解客户从哪些平台点过来，哪些平台的链接比较有效果。这里同时也经常被用作广告效果分析，看一看投放哪种广告的效果比较好一些。对于引流效果不佳的广告，就可以考虑撤销了。

(3) 搜索引擎。了解哪些搜索引擎的优化效果好。

(4) 关键词。了解用户关心什么，以及哪些关键词优化做得好。

(5) 查看浏览页面。用户看得最多的产品页面是哪个？这里是不是可以挖掘些有用的价值。因为有些页面流量是有时效性的，当时间过了，流量也降下去了。查看浏览页面可以让你在流量高的时候抓住商机。

(6) 入口页。这些页面经常是被直链或是优化做得比较理想的页面，可以学习或是在这些入口页面上做一些营销上的事情。

根据流量数据，我们可以对推广方式以及内容做一定的调整。当产品的人气和知名度上来以后，可以尝试提供一些收费服务。

5.2.5 盈利模式

任何一款移动互联网产品都要有一个强大的盈利模式作为支撑。而移动互联网产品盈利模式的设计也并非无法可依，许多成功的产品也都有着一套成功的盈利模式，我们略加总结，就可以发现其中的经验。

大致来讲，就是广告、平台佣金、销售、增值服务、开放 API 等，这些是从理论到实践都非常成熟的盈利模式。所以，拿来一款移动互联网产品，不用再去苦思冥想，从 0 到 1 地去设计其盈利模式，而是可以先把这款产品的相关特性与定位想清楚，然后从盈利模式思维导图中(见图 5.17)选出对这款产品具有可操作性的盈利模式加以套用，来让这款产品迅速开始盈利起来。

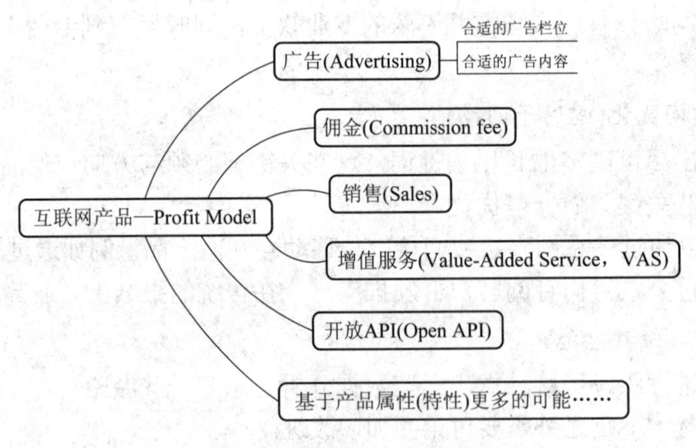

图 5.17 盈利模式思维导图

1. 广告

广告无处不在，其盈利简单直接。移动互联网产品在积累人气后，通过广告进行盈利也是一种较好的方式。在具备流量基础后，产品的覆盖面更为广泛，形式更为丰富(图片、文字、视频、多媒体等)，能够精准定向推广，非常具有价值和竞争力。所以，众多互联网产品都选择了广告这一个重要盈利模式。

对于移动互联网广告，要考虑的因素大致有两个方面：一个是广告栏位的布局；另一个就是广告内容与这款互联网产品之间的关系。简而言之，就是在合适的位置、以一种合适的展现方式放上合适的广告。

这里来说说互联网产品广告栏位，目前常见的广告栏位有 Banner 广告(Banner Ads)、启动屏广告(Splash Ads)、插屏广告(Interstitials)、私信广告(Message Ads)、视频广告(Video Ads)等，下面详细介绍这些广告栏位的特点。

1) Banner 广告

Banner 广告又叫横幅广告(或者通栏广告)，常常出现在页面的顶部或者底部。Banner 广告能够直观地展现广告，快速吸引用户注意，但是却对内容观看容易造成一定的遮挡，影响用户体验。图 5.18 就是一个典型的带 Banner 广告的手机软件界面。

2) 启动屏广告

启动屏广告是用户首次进入 APP 时出现在启动页的广告。当 APP 后台运行再次进入时，启动页将不再出现。这是一种双赢的广告栏位设计，即将 APP 加载的时间充分利用，既展现了广告，为产品实现了盈利，同时又为这一短暂无聊的加载时间丰富了内容，没有打扰到用户，用户也容易接受。当然，加载的流畅绝不能受到广告展现的影响，3～5 秒是一个合理加载时间范围，不然就会影响体验，得不偿失了。图 5.19 就是一个典型的启动屏广告示例。

图 5.18　网易云音乐的 Banner 广告

图 5.19　启动屏广告

3) 插屏广告

插屏广告一般会在用户第一次点击某个功能页面时弹出，显示广告内容。这种广告形式能够给用户带来非常强的视觉冲击力，效果显著。但是这同样也会打断用户正常的产品使用，影响用户体验(所以建议在用户进入 APP 主页时使用比较合适，同时也要谨慎使用)。图 5.20 就是一个典型的插屏广告示例。

4) 私信广告

私信广告是将某个商品或服务的相关广告信息以私信的形式发送给用户，用户通过点击该私信就能链接到商品或服务的详细介绍页面。这种广告形式具有精准性和个性化，能为不同类型的用户推荐不同的商品和服务，特别是对于用户收藏但没有下单的商品。商品降价通知往往能够推波助澜，起到促使用户下单购买的作用，但也常常被用户忽略，图 5.21 就是一个典型的私信广告示例。

图 5.20　APP 的插屏广告

图 5.21　飞猪 APP 中的私信广告

5) 视频广告

视频广告更多的是出现在播放类的产品(优酷、爱奇艺等)中，在视频中内嵌植入广告，不增加额外的内容版块，对于付费用户(会员)则免广告播放，以此来实现两种盈利方式，即会员业务和视频广告业务。图 5.22 就是一个典型的视频广告示例。

图 5.22　爱奇艺的视频广告

6) 常见的广告类型及计费方式

按点击付费 CPC(Cost Per Click)：根据广告被点击的次数收费。关键词广告计费中最普遍的形式，百度联盟中的百度竞价广告将其发挥到了极致。

按展示付费 CPM(Cost Per Mille)：不管通过何种方式，只要展示了广告主想要展示的广告内容就要付费，最为常见的弹窗广告等就以此计费。

按数量付费 CPA(Cost Per Action)：根据广告实际投放达成的效果计费，以有效回应的问卷、注册数量或下载安装数量等计费。

按销售收入付费 CPS(Cost Per Sales)：以实际销售产品的收入计费，事先规定好销售分成，这种形式在游戏产品代销联运过程中尤为常见。

按时长付费 CPT(Cost Per Time)：以使用广告位的时间来计费，比如“一个月多少钱”。这种承包方式很粗糙，但是省心。

按播放付费 CPV(Cost Per Visit)：在富媒体广告中应用广泛，以节目或内容被打开播放的次数计费。

2. 佣金

移动互联网产品的佣金盈利模式是指平台为商家企业(To B)的销售提供流量和帮助而获得相应的报酬，这个模式在电商团购类平台中非常常见。图 5.23 就是大众点评 APP 中的相应界面。

3. 销售

销售模式，简而言之，就是平台自己卖东西，销售产品、数据、信息或服务。例如京东、亚马逊的自营商品，虾米、QQ 音乐的付费音乐下载，昵图网、造字工坊的付费图片和字体下载等。销售模式是和产品平台属性密切相关的，图 5.24 就是虾米音乐 APP 的付费下载界面。

图 5.23　大众点评入驻的商家介绍

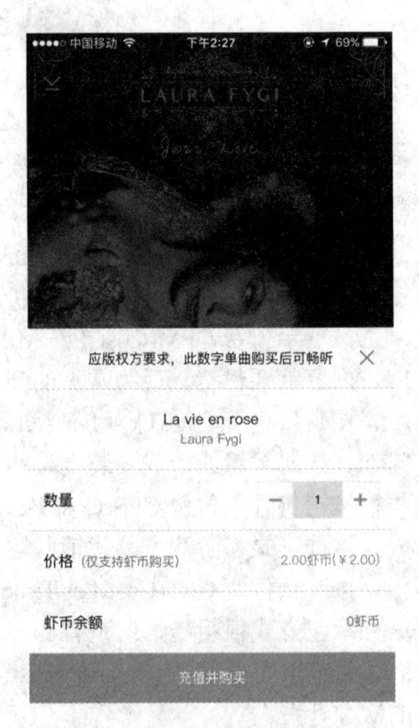

图 5.24　虾米音乐付费下载

4. 增值服务

增值服务的核心内容是指根据客户需要，为其提供的超出常规服务范围的服务。简言之，就是提供特权服务。互联网产品中最典型的当然要数 QQ，其旗下的 QQ 秀、虚拟币(Q 币)、各种等级会员等都是增值服务。之前提及的播放类产品中开通会员免广告就是一个很经典的增值服务。图 5.25 就是爱奇艺 APP 会员付费去广告界面。

图 5.25　爱奇艺会员付费去广告

5. 开放 API

在互联网时代，把网站的服务封装成一系列计算机易识别的数据接口开放出去，供第三方开发者使用，这种行为就叫作 Open API，提供开放 API 的平台本身就被称为开放平台。

例如腾讯开放平台(如图 5.26)、高德开放平台、百度开放平台等，向开发者提供其支付、地图等功能的相关接口，给开发者的产品赋能，也以此吸引更多的合作伙伴加入这个平台来帮助产品更好地发展。当然平台也要收取开发者相应的授权费用，开放平台以此盈利。

图 5.26　腾讯开放平台

6. 基于产品属性的其他情况

下面是一个针对一个广告的组合盈利模式，其实是对一个事件(或者广告主)使用了“Banner 广告 + 佣金”的模式，这个也顺应了用户的自然逻辑。这个广告是一个演出，用户如果感兴趣就会点进去看看，既然感兴趣，下一个需求就是买票了，从知晓一个演出的广告到购票的一站式服务，提高了用户体验。图 5.27 就是网易云音乐演出的“Banner 广告 + 售票”模式的 APP 界面截图。

图 5.27　网易云音乐演出的“Banner 广告 + 售票”模式

从这个例子可以看到盈利模式的多种可能性。不同盈利模式的组合，以及新的盈利模式正在不断被创造出来并被使用。如何让产品能赚更多的钱，将是永恒的话题。产品的盈利模式尽管形式多样，但其目的都是为了让产品拥有强大的商业变现能力。

使用盈利模式思维导图是一种站在巨人的肩上的快捷方式，可以让产品设计者少走弯路，快速实现盈利。

5.3　移动互联网产品推广的常用渠道

对于绝大多数移动互联网产品来说，产品推广是花费成本最多的地方。所谓的互联网企业“烧钱”，绝大多数都“烧”在推广环节。因此，了解移动互联网产品当前主要推广方式及其特点，对于所设计产品的落地是非常重要的。移动互联网产品当前推广方式主要包括门户网站、微信公众号、传统媒体广告等。

5.3.1　门户网站

门户网站出现已经有二十多年的历史了，但直到今天，门户网站依然是企业和机构宣传自己以及业务和产品的最重要窗口。

1. 门户网站的必要性

无论是 PC 终端上网还是智能手机上网都已非常普及，人们要了解一家公司或者一个产品，可以方便地通过上网来查询。一家没有网站的公司，会给人留下信息化程度比较落后的感觉。在信息化与实体经济紧密融合的今天，信息化程度的落后从很大程度上也就反映了其业务管理和产品宣传的落后。因此，在移动互联网时代背景下，拥有企业自己的门户网站是十分必要的。

门户网站有 PC 网站和手机网站两种形式，分别对应于 PC 和手机两种上网方式，展现能力和上网方便程度各有优势。通过门户网站宣传推广自己的产品，给人以可信度高、信息权威的印象，可以有效提升企业自身的形象。

2. 门户网站的作用

门户网站一般展示企业自身的组织架构、产品体系、解决方案和服务体系，使用户可以方便且全面了解企业的产品和服务，有的还具有线上客服功能，可以及时接受用户的业务咨询、反馈意见和服务投诉。

有的门户网站还兼具基本的电商功能，与综合性电商平台不同的是，企业门户所带的电商平台只销售自己企业的产品。而有的产品提供商甚至为了实现互联网营销，专门搭建自己的门户网站，比如小米、荣耀等手机品牌。

3. 门户网站的建设方式

门户网站的建设方式通常有自建、代建两种。所谓自建，就是自己申请互联网专线，购买服务器或购买云主机，自己开发门户网站；所谓代建，是指自己提供内容，委托别的公司提供网站建设全套服务。

一般小型公司多采用代建方式，因为这样花费最小，不需要企业自己有专门的网站开发和管理人员；大一些的公司适合于自己建设，因为代建的网站多以模板化为主，如果要提供定制化网站，花费会迅速增加。

5.3.2 微信公众号

微信公众号(简称公众号)是目前热门的宣传通道。公众号要发挥作用，必须首先受到目标人群的关注，获得大量粉丝。因此，推广就成为公众号是否能够取得预期效果的关键。而要让粉丝持续关注公众号，则需要公众号不断推出吸引粉丝的内容，需要持续的运营。目前，公众号推广主要通过病毒式传播、有奖关注、媒体广告宣传、第三方推广等几种方式进行。

1. 线上推广

1) 在相关网站设置浮动二维码

(1) 官方网站宣传。

在政府网站、公司官网、社区信息惠民平台等各大官方网站挂出二维码，做出宣传二维码移动图标，浮动于各大官方网站首页。

(2) 下属公司官网。

在下属公司的官方网站、区内某机构等官方网站挂出浮动二维码，进行相应的宣传推广。

(3) 相关其他网站。

在与主题相关的论坛网站、博客网站挂出二维码，发表相关的推广软文帖。

2) 社交媒体进行推广

(1) 背景图及头像推广。

公司及相关公司、机构的官方微博、微信、QQ 的背景 Banner 图推广，将官方头像及下属员工头像在一定时间段修改为二维码。

(2) 微博、公众号互推。

在相关的微博及公众号上发布推广信息，互推文章，直接对平台进行宣传推广。如果有相应资源，可请相关认证大 V、营销大号进行帮转。

(3) 文章后附带二维码。

在相关官方微博及公众号上发布的微信文章后面添加平台微信公众号二维码，并鼓励粉丝分享。

(4) QQ 群、微信群信息发送。

编辑简短推广文案，在各大 QQ 群、微信群中发送，进行宣传。

(5) 借势营销(蹭热点)。

如今是信息爆炸的时代，如果能第一时间抓住用户眼球，就能达到很好的宣传效果。结合社会热点，编辑软营销文案，发送至朋友圈、微博，能够起到很好的推广作用。

3) 微信互动活动

(1) 易启秀、微传单推广。

制作精美的 H5 网页、微传单进行宣传，吸引用户注意力。

(2) 赠送礼品，吸引用户。

针对微信平台开展微信转发、点赞送礼品，集赞送福利等活动，同时增加刮刮卡、大转盘、砸金蛋等抽奖内容。

(3) 干货资源赠送。

一些优惠券、实用资源(类似200个精美PPT模板，文案模板等真正实用资料)免费赠送活动，只要关注公众号，转发截图就可以获得，以此营销。

4) EDM邮件推广

对于电商企业可在EDM邮件中嵌入微信二维码。

2. 线下推广

1) 物料添加二维码

(1) 各类宣传单、名片印制二维码。

利用各方资源，在宣传物资如宣传单、名片等印制或张贴二维码。

(2) 各类常用物品印制二维码。

在每天都可以见到的日常用品(如门、笔记本、杯子、桌子等)上印制或张贴二维码，增强印象，有利于宣传。

(3) 赠送物品印制二维码。

为居民免费提供杯子、餐巾纸等赠品，在赠品上印制或张贴二维码，并要求扫码添加才能获得赠品。

2) 户外广告宣传

(1) 公共交通广告投放。

在公交车座椅、公交站牌广告宣传栏、地铁广告等能见度高，用户出现频繁的地方进行广告投放，加大宣传。

(2) 重点区域海报张贴。

在商圈、上下班必经通道、小区大门等人流量大的区域内进行海报张贴，广告宣传。

(3) 扫码设点领赠品。

在商圈、上下班必经通道、小区大门等人流量大的区域进行设点宣传，通过扫描二维码、添加公众号、转发朋友圈等，可获得相应的福利赠品。

3) 联合推广

(1) 联合商家推广。

联合美团、广告机构等进行宣传联合推广。形成合作后，商家不管以任何形式宣传自己的产品，都必须同时宣传微信公众平台。同时，只要关注该公众平台，也能获得商家的优惠券、赠品等。

(2) 联合社团、组织推广。

联合社团、组织，为他们提供相应的活动赞助(如为跑团提供运动手环，手环上印制平台二维码)，要求社团、组织提供赞助回馈，团内、组织内成员添加并宣传平台。

4) 活动推广

平台进社区组织大型活动，为公众平台造势，提高平台知名度，做到掷地有声，如平台发布会、社区技能大赛、联谊活动等。

3. 其他推广

1) 短信推广

给居民发送带平台链接的短信，说明点击链接或添加平台可获得话费、抽奖、优惠券等，提高居民积极性。

2) 语音提醒关注

广播电台，特别是在出租车、私家车常听的频道内设置广告，在新闻、歌曲播放中插入平台推广广告。

5.3.3 传统媒体广告

传统媒体广告是指采用报纸、电视、期刊、灯箱、墙体、车体、电梯间等传统方式推广的广告，也是移动互联网产品经常采用的推广方式。不过，传统媒体广告成本较高，仅适合于有实力的企业和组织，实现全方位、立体的、高强度广告覆盖。

1. 报纸、期刊

报纸、期刊在经历了多年的用户急剧萎缩后，存活下来的主要是官方媒体及其副刊、有特色的报刊等。

纸广告的特点是用户群比较固定，每份报纸都有其相对固定的读者群体。比如男性如识分子喜欢看环球时报、参考消息，政府官员经常观看本地的日报和晚报，流动人口相对喜欢看本地官方色彩不浓的报纸。因此，报纸广告的特点是定向性比较好，可以向自己的目标用户精准投放广告。

2. 电视

电视是男女老少都喜欢的媒体，也是当今最主要的传统广告介质。不同电视频道的观众群体明显不同，关心时政的经常看央视 4 频道、13 频道，喜欢体育的就爱看央视 5 频道，因此，电视广告的投放也是要根据产品的目标用户来选择合适的频道。

电视广告由于其强制观看特点，经常会被用户拒绝观看。比如看到广告就换台，会使广告效果大打折扣。为了降低被观众拒看的概率，应该在广告创意策划上多下工夫。创意新、设计好的广告，人们都喜欢看，也记住了所广告的产品。相反，设计粗糙，采用野蛮的所谓轮番“轰炸”方式的广告，只会令人生厌，甚至让顾客有意不购买所宣传的产品，其实质是不尊重观众，凭借自己所投入的广告费侵犯观众的时间和视觉，不尊重观众(包含其目标用户)的广告本质就是掏钱给自己脸上抹黑。

3. 实体广告

灯箱、墙体、车体、电梯间广告等均为实体广告。实体广告的特点是充分利用人们的碎片时间，也为人们克服碎片闲暇时间的无聊提供了一个出口，一般不会引起用户排斥。比如站在拥挤的地铁里或电梯里，看看周围的广告无疑是消磨这个碎片时间的好办法。当然，用户不排斥并不代表可以不精心策划设计，设计精巧的广告可以带给人们更好的体验和更深的印象。

5.4　移动互联网产品运营案例分析

5.4.1　成功案例及分析

1. 移动互联网工具软件

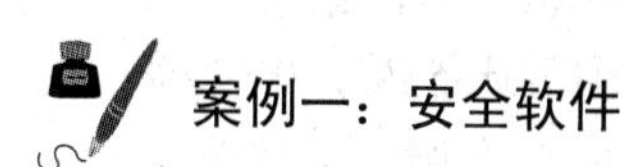

案例一：安全软件

安全是互联网的基础服务，如奇虎 360 等安全厂商通过提供免费的基础服务得到用户，建立品牌和影响力，形成了平台。其盈利模式是用免费的安全服务在移动互联网市场里占据有利位置，从而成为其他赚钱业务的平台和推广商，再利用优势地位与赚钱业务的运营公司合作营销，最终通过增值服务获得收入。

案例二：搜索软件

谷歌、百度等网站采用搜索免费的策略，利用搜索建立平台，聚集人气，然后向使用平台的用户推送广告。其盈利模式是向广告主收费，为广大中小企业或品牌企业进行各种形式的营销与推广。

案例三：支付软件

移动支付是移动互联网的关键点之一，现阶段主要向接入商家收取手续费、交易费。用户只要通过内置支付软件就可以实现一键付费交易，这一领域的市场未来将出现爆发式增长，如支付宝、易宝支付、快钱、中移动“手机钱包”等。

2. O2O 电子商务模式

简单来说，O2O 模式的核心就是把线上的消费者带到现实的商店中去——在线支付购买线下的商品和服务，再到线下去享受服务。O2O 服务业领域覆盖面广、企业数量庞大、地域性强，很难在电视、互联网门户上做广告，而 O2O 电子商务模式完全可以满足这个市场需要。

案例一：本地餐饮团购

对本地餐饮商家来说，通过网上订餐平台(如美团网)可以传播得更快、更远、更广，可以瞬间聚集强大的消费能力，也解决了团购商品在线营销不能常态化、实时化的问题，商家可以根据店面运营情况，实时发布最新的团购、打折、免费等服务优惠活动，来提高销售量。

对消费者来说，可以通过在团购网站上筛选服务，比较口碑，然后再有选择地进行消费。团购网提供丰富、全面、及时的商家的团购、折扣、免费信息，能够快捷筛选，还提供了大量的消费者口碑供参考，不仅满足了消费者个性化的需求，也节省了消费者因比选而产生的时间(一般平台都提供了很人性化的筛选功能，可以很快定位到所需要的店家，如距离最近、价格最低、人气最高、评分最佳等)。

案例二：良品铺子

论知名度，良品铺子可能还不及走纯线上模式的三只松鼠，要是回到无数线下商铺在实体经济不景气的形势下，如何利用互联网来做大自身品牌这个时代大命题上来，良品铺子商业模式的研究和借鉴价值就突显出来了。

他们的创始人团队之前是做科龙冰箱的销售，走的是自建线下渠道的重模式，店内零售的产品、店铺的包装及 POP、员工素质都实现了标准化。而有意思的是，据公开的营收数据：2020 年 1—3 月，良品铺子营收 19.09 亿元，其中线上销售额占比 55%，电商模式与线下店铺之间形成了不错的互补，称得上是由线下走线上的 O2O 成功案例。这对于线下商铺如何从中得到操作层面的启发具有重大意义。

电商跨区域性与线下店铺服务半径的本地化一直是很难克服的矛盾，过去一直认为电商会压缩传统店铺的生存空间，再加上以往各个区域代理商销售返点不一致，公司层面做电商会与代理商争利，因此很多企业不愿尝试电商模式。

随着电商用技术把边际成本降低，用服务器+线上平台的方式大大提升顾客(虚拟)的接待量，把人工服务成本降低，这个优势随着劳动力成本加剧甚至比网络的传播优势对零售业的冲击更大。

良品铺子的经营模式大体上是找到原料加工商做 OEM(贴牌)，做好品控。在销售端是自建线下店铺打下样板，再吸引本地商户改装门店做加盟商，这其实是市场的常规打法。良品铺子进驻了各大电商平台，在各类知名公众号中也都开通了商城，其做起来的原因大概有三点：

(1) 产品适合做电商。零食方便运输，定价也可以统一(把利润分配好，消除窜货问题)。甚至除了干果，良品铺子还开始卖卤肉了，在产品研发上开发了越来越多的品种，商城的货源比较丰富。

(2) 品牌年轻化。良品铺子 2010 年成立之初就赶上了移动互联网浪潮，只能抓住年轻人的喜好，让品牌娱乐化，才有可能在无数零食品牌中存活下来。这点与同在武汉的周黑鸭有点相似。良品铺子的代言人有乐嘉、黄晓明、吴亦凡等，主打年轻女粉丝，因为在零食领域比较讲究“女性思维”。此外，零食行业的“品牌效益”优势明显，品牌强势既能保证商家在供应链上挑选优质上游合作商，又可以不断吸引和收编一些地方店铺加盟。

(3) 激活线下流量。光把散客转化为回头客还是不够的，还要把顾客信息数据化，这样才能摆脱实体店在营销上的被动局面。良品铺子一个比较厉害的吸粉办法是：在各个店铺都有一个专门的试吃区域，用户必须要关注良品铺子公众号或者微博之后才享有试吃权限；在购物小票上也有二维码，扫描之后可以抽奖也可以领优惠券。粉丝对品牌已有了切身了解，即使不便到店消费也可在手机下单，比单纯逛网店要多一份信任感。

3. 游戏应用

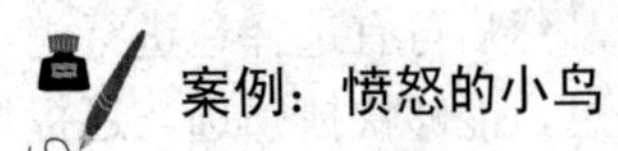

案例：愤怒的小鸟

“愤怒的小鸟”最早来源于 Rovio 公司一位游戏设计师的画作。2009 年初，这名设计师画了一只看起来似乎非常愤怒的小鸟，并解释了这个创意的游戏规则。

由于人人都喜欢这个角色，所以他们就开始制作了这个游戏。他们将这款游戏的主角设定为一群看起来很冷酷的小鸟，并决定将游戏的反派设置为一帮有点病态的绿色小猪，隐喻当时全球都在热议的“猪流感”。就这样，一个仅12人的游戏制作团队凭借着10万美元的开发经费，完成了最初的“愤怒的小鸟”，并于2009年圣诞节前夕在芬兰发行。

游戏的情节大致是这样的：为了报复偷走鸟蛋的肥猪，小鸟们以自己的身体为武器，去攻击肥猪们的堡垒，砸倒全部肥猪就能过关。即使大多数的人都认为“愤怒的小鸟”讲述的不过是一个太过平淡无奇的故事，但它却在2010年全球69个国家的苹果App Store应用商店中排名第一。

据统计，仅美国玩家们平均每人每天玩这款游戏的时间就超过一小时，每天总共花在这款游戏上的时间高达两亿分钟，几乎相当于全部美国人每天看电视时间的总和。《纽约时报》甚至将它称为2010年最不可思议的流行文化狂热之一。

更不可思议的是，截至周年纪念日，这款游戏已经在苹果的iOS平台卖出了1300万份，再加上各种版本的免费试玩，它的总下载次数已经达到了5000万次。如果按照0.99欧元的单价来计算，“愤怒的小鸟”在苹果应用商店销售收入就超过1700万美元。

即使如此，“愤怒的小鸟”一直在探索新的创新模式。Rovio公司还在游戏中推出付费道具“神鹰”来帮助用户过关。

此外，公司借机推出的“愤怒的小鸟”毛绒玩具、T恤衫等周边产品也很受欢迎，譬如粉丝们在苹果系统里能很方便地进入应用商店，买到关于小鸟的一切衍生产品。即使是免费下载的Android版本，Rovio公司也通过广告从中获益。

“愤怒的小鸟”为什么能取得这么大的成功呢？

首先，Rovio公司在设计之初，就在貌似平淡的游戏故事身后设定了若干隐藏条件，游戏操作非常简单，所有的操作只要一拖一放即可完成，最耐人寻味的是其对碎片时间的利用，经过调查发现，手机用户玩游戏的时间一般不超过15分钟，“愤怒的小鸟”就正好控制在这个时间范围内，有效地填补了这段碎片时间。

其次是关卡设置合理。绝大部分手机用户仅仅依靠画面就能在2分钟内了解游戏规则和玩法，但是要全部过关就不那么容易了，如果玩家前一级没有过关的话，那么就不能玩以后的游戏。这样的设置激发了客户的好胜心，确保在每一个阶段客户都有追求新目标的动力。

另外，游戏的推广线路也值得参考。整个制作团队，超过一半的员工专门负责回复客户邮件和Twitter，并且负责向研发团队及时反馈信息。该公司CEO Mikael Hed说：“在市场方面，我们没有什么特殊的资源，我们没有进行任何传统广告和社区宣传，只是工作人员认真回复人们的每一封邮件，Twitter上的每一个Tweet，依靠口碑相传，积极和玩家进行社区互动。”

最后是品牌运营得当。制作团队围绕“愤怒的小鸟”开发周边产品，如毛绒玩具等。此外还组织粉丝聚会、线下活动、电影拍摄，努力延伸“愤怒的小鸟”整个品牌的娱乐效应。

点评：“愤怒的小鸟”这款游戏之所以能成功，是因为它契合了移动互联网的需求，这也提示了我们，只有把握移动互联网的特点和规律，才能更好地开展移动互联网经营。

另外，它的成功还要归功于手机游戏业的迅猛发展。有报告显示，2010年全球手机游戏产值达到56亿美元，其市场规模增加了19%，各大手机应用商店的兴起，也使得手机游戏市场更加活跃。同时，随着苹果iPhone手机的热销，以及Android系统的广泛普及，都使得手机游戏得到了前所未有的大变革与井喷。而“愤怒的小鸟”正好赶上了这班“变革”

顺风车，成了这趟车里最幸运的那个“宠儿”。

此外，“愤怒的小鸟”开发商“聪明”地将游戏定位为“低智商”的休闲游戏，这类游戏一般时间长度较短，加上简易便捷的游戏操作，被业内人士称为“娱乐小点心”，诸多成人用户在许多场所毫不避讳地掏出手机，旁若无人地玩起游戏。休闲游戏正逐渐成为当今人们用来减压、打发时间的首选。

5.4.2 失败案例及分析

1. 盲目的 KPI 导向

运营的效果是通过数据来衡量的，这个数据就是运营的 KPI(Key Performance Indicators，主要绩效指标)。但不能盲目的追求 KPI，而忽略了背后的逻辑。

KPI 最重要的作用是给团队指了一个方向，让大家合力往一个点去努力，不跑偏、不分散，即使最终没达到最初确定的数字，去分析具体原因再调整就好。

但有些公司给运营压 KPI，就像给销售压销量一样。最终会导致运营不再关注过程效果，只关注最终数字，这样对产品品质会有很大的伤害。

Q 小姐是一个地图类 APP 的微博运营，也是一个豆瓣红人。公司期望凭借她优秀的文案和创意能力，可以把微博做起来。她试用期的 KPI 是将 15 万的粉丝做到 50 万。可惜她没做到，没转正就走人了。

当年的微博和现在的微信公众号类似，在最初的红利期是有很多办法可以快速增粉的，Q 小姐没抓住这个机会。但在下个阶段还可以通过赠送预装了软件的手机等活动简单快速地增加粉丝，取关率还可以接受。Q 小姐在这个阶段也没赶上，此后微博增粉就很难快速做起来了。

希望通过内容的力量把微博做起来，并且通过粉丝数和互动数体现出来，至少需要 2～3 个月这样一个较长的时间周期。再加上这是一个工具类产品，微博的内容会受到产品定位的制约，运营的难度就更大了。更让人绝望的是，最终目标是初始数据的 3 倍多，这就更是一个不可能完成的任务了。

但在 Q 离职两个月后，通过后面一位运营的大量资金投入，这个微博的粉丝数被做到了 130 万，只是转发数还和之前一样是个位数，也就是说，并没有为后续的增收做出多少贡献。

2. 产品的定位错误

运营的工作载体是产品，如果产品不好或定位出错，对于运营来说本质上都是做无用功。研发资源紧缺、产品有迭代节奏，这些都可以接受，运营的一部分职责就是在产品完善的过程中，做好填坑的工作。

案例：亿唐网

不少人还记得 2000 年北京街头出现的大大小小的亿唐广告牌，“今天你是否亿唐”的那句仿效雅虎的广告词着实让亿唐风光了好一阵子。亿唐想做一个针对中国年轻人的包罗万象的互联网门户。他们自己定义中国年轻人为“明黄 E 代”。

1999 年，第一次互联网泡沫破灭的前夕，刚刚获得哈佛商学院 MBA 的唐海松创建了亿唐公司，其“梦幻团队”由 5 个哈佛 MBA 和两个芝加哥大学 MBA 组成。

凭借诱人的创业方案，亿唐从两家著名美国风险投资 DFJ、SevinRosen 手中拿到两期共 5000 万美元左右的融资。

亿唐宣称自己不仅仅是互联网公司，也是一个“生活时尚集团”，致力于通过网络、零售和无线服务创造和引进国际先进水平的生活时尚产品，全力服务所谓“明黄 E 代”的 18～35 岁之间、定义中国经济和文化未来的年轻人。

亿唐网一夜之间横空出世，迅速在各大高校攻城略地，在全国范围快速“烧钱”：除了在北京、广州、深圳三地建立分公司外，亿唐还广招人手，并在各地进行规模浩大的宣传造势活动。2000 年年底，互联网的寒冬突如其来，亿唐钱烧光了大半，仍然无法盈利。此后的转型也一直没有取得成功。2008 年亿唐公司只剩下空壳，昔日的“梦幻团队”在公司烧光钱后也纷纷选择出走。

亿唐失败的最大问题就是没有定位，这也是大部分互联网创业者公司的问题。浮夸，不愿意沉下心帮用户解决实际的问题，而是幻想凭钱就可以砸出一个互联网集团来。亿唐对中国互联网可以说没有做出任何值得一提的贡献，也许唯一贡献就是提供了一个极其失败的投资案例。它是含着金汤匙出生的贵族，几千万美元的资金换来的只有一声叹息。

2009 年 5 月，etang.com 域名由于无续费被公开竞拍，最终的竞投人以 3.5 万美元的价格投得。

3. 老板不懂运营

案例一：某男性奢侈品网站

某 BOSS 看好中国奢侈品电子商务市场，也就是奢侈品网购市场的发展。因为自己就是一个不折不扣的“型男”，所以，他确定了他要走的方向：中国男人奢侈品市场。就这样，招工、建站、推广……轰轰烈烈搞了不到 5 个月的时间，网站运营不下去了，公司接连亏损，公司也开不下去了，只好背着自己当初的梦想，依依不舍的关闭公司的大门。

造成其失败的原因归结为以下几点。

(1) 对市场了解不够深入。

通过一些简单的数据和自己的一些猜想，某 BOSS 就觉得“奢侈品”在中国做网上营销一定是个很理想的喜人局面。世界上对奢侈品的追求和购买占比最大的是中国，这个说法似乎没有错误，但是他忽略了网上商城贩卖的是“比较适合的商品”，奢侈品似乎不太适合，或者说消费力度根本不如他想象的那般乐观。

(2) 产品定价不科学，价格徘徊。

徘徊指的是没有确定的价格。高了，充分彰显的是产品奢侈和品牌效益，值得信赖，但是销量跟不上；低了，虽然量是上升的，但客户说太便宜，是假货，不相信，反而得不到好的口碑和销售效果。

(3) 支付方式单一，居然没有货到付款，一味相信支付宝。

现在做 B2C 商城的企业，不能货到付款，单量或者说成交量可能直接下降到 50%。商家的支付方式主要依靠支付宝，殊不知能够购买奢侈品的客户很少用支付宝支付，支付流程显得麻烦!

(4) 商城建设过于个性化，不符合大众浏览习惯。

因为是“型男”，所以网站按他的要求设计建设“很个性”，而网站的易用性直接影响顾客购物的可能性。

(5) 在线客服人员能力欠缺，没有合适的内部培训。

如何有效地抓住上线的客户，然后转化为利润，在沟通的时候就相当关键了。反应速度、语言的组织、对自己产品的了解、如何沟通、如何跟进等都直接影响到产品的销量。

(6) 不敢投入，精打细算，把钱省在推广上。

现在的B2C商城，说白了就是一个烧钱的工程，不敢花钱去打造自己的品牌。

(7) 太急躁，没有长远的眼光。

对奢侈品电子商务市场期望太高，时间太短不可能积累太多的客户，也就没有太多利润。

案例二：博客中国

“博客中国”是由当年号称中国互联网第一人的方兴东创建，是Web 2.0时代的一面旗帜，曾汇聚了一批民间顶级的思考者，一度号称要把新浪拉下马。

2002年，方兴东创建“博客中国”，之后3年内网站始终保持每月超过30%的增长，全球排名一度飙升到60多位。2005年9月，方兴东融资1000万美元，并引发了中国Web 2.0的投资热潮。

随后，“博客中国”更名为“博客网”，并宣称要做博客式门户，号称“全球最大中文博客网站”，还喊出了“一年超新浪，两年上市”的口号。于是在短短半年的时间内，“博客网”的员工就从40多人扩张至400多人，据称60%～70%的资金都用在人员工资上。

同时“博客网”还在视频、游戏、购物、社交等众多项目上大把烧钱，千万美元很快就被挥霍殆尽。“博客网”自此拉开了持续3年的人事剧烈动荡，高层几乎整体流失，而方兴东本人的CEO职务也被一个决策小组取代。到2006年年底，“博客网”的员工已经缩减恢复到融资当初的40多人。

4. 运营方向的不确定

案例：W的遭遇

W在一家交易类APP做产品运营，最近他的任务是把商品的评论量做上来，属于UGC类的工作。

他通过运营核心用户以及策划一些活动，去引导用户及时发布优质的评论。经过一段时间的运营，评论量快速的做了起来，每天都有10万用户主动发布评论。

有一天，老板对W的工作提出了质疑：“通过用户、活动和内容等运营方式带来的评论量，每天最多有1万，在整体的占比为10%，但你和团队共有3个人在做这件事，这么算起来，每位运营者带来的评论量占比仅为3%，收入产出比很低。”

对此，W很不服气。老板得出的这个结论，就是在抹杀他们的工作成果。他认为之所以评论量能做到10万，是因为初期核心用户的带动，在每次消费后及时发布了优质评论，保证了后续未购买商品的用户跟进，无论到哪个长尾商品页都能看到客观公正的评价，这是一个很细节但非常好的体验。

除此之外，对于一个交易型 APP 来说，培养用户贡献内容的习惯是非常不容易的，所以 UGC 的氛围拉动力也是很重要的。这些收益，都是靠核心用户带来的。

W 打了一个比方："这就像一个金字塔，是靠一块块砖垒起来的。每一块砖都是一样的，但组成塔尖的那几块砖价值更大，因为它们代表了整个金字塔的高度。"

不过，老板不会听这样的道理，每次仍然问他带来的评论量占比多少。虽然 W 努力的想尽办法提升量级，但运营手段终归没融入在产品流程中，曝光量和转化率都很低，导致占比始终没有提升。

老板只关注投入产出是没有错的，这对运营岗是一个挑战。在运营把用户习惯和 UGC 氛围都培养起来之后，或许应该考虑撤掉或缩减运营人员，主要靠优化产品和排序来提升。

5. 市场超前

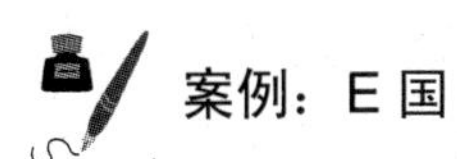

案例：E 国

"E 国"是 2000 年电子商务的明星企业，一度口号为"一小时配送到家"，比如今的京东还超前。

"E 国 1 小时"在获得用户称赞的同时也获得了同样多的怀疑："E 国 1 小时"带来了巨大的配送成本，它还能赚钱吗？卖得越多不是亏得越多？没有新资金的介入，E 国还能够支撑多久？E 国面临着巨大的赢利压力。

实际上，E 国的悲剧是在市场没有成熟前过早切入市场。在 2000 年，中国无论是物流、支付、配送，甚至网购人群都极不成熟，靠一家公司来撑起整个产业链，只是天方夜谭。等到市场成熟了，E 国已经倒掉了，后起之秀京东完美地填充了它留下来的空白。

本章小结

本章系统讲述了移动互联网产品的运营设计理论体系。从运营的概念入手，讲解了运营的划分方式，对移动互联网产品运营的理念进行了分析，并介绍了其中的相关要点；讲解了移动互联网产品运营的基础知识，其中对市场格局、趋势进行了分析，阐述了用户体验、推广和盈利模式的内涵外延；介绍了三种常见的渠道推广模式，并引申了一些相关渠道知识；在此基础上，分别深入剖析了成功和失败的移动互联网产品运营案例。读者阅读之后，能较为系统地掌握移动互联网产品的运营知识体系。

思考题

1. 阐述五种常见的市场营销观念。
2. 运营工作的两个目标是什么？
3. 常见的推广策略有哪些？
4. 请至少列举 5 种移动互联网产品盈利模式。
5. 产品推广的常用渠道有哪些？
6. 举出不少于 3 种传统媒体广告。

第六章　移动互联网产品案例摘编

为了让读者更好地理解移动互联网产品的策划过程，本章从各类媒体中摘录了两个典型案例，分别是“抖音”产品设计与“喜马拉雅 FM”有声读物产品设计。

本章内容

※ 分析抖音的发展、触发、行动阶段、对客户多样性的激励、投入等方面；
※ 介绍喜马拉雅 FM 有声读物的创立和发展、生产模式、盈利模式以及发展的后续思考；
※ 小结本章内容，并提供核心知识的思考题材。

6.1　抖音产品分析

说起当前流行的短视频软件，抖音一定是名列其中。这款移动互联网产品 2016 年上市，居然在 2018 年就达到产品日活跃用户数 2.5 亿，月活跃用户数突破 5 亿，可以说是一款非常成功且用户黏性较大的内容类短视频产品。这款互联网产品深度挖掘了商业规律，让用户爱不释手甚至上瘾，可谓是一款对移动互联网营销规律使用到极限的互联网产品。

6.1.1　抖音的发展

抖音是在 2016 年 9 月上线的，其核心内涵是基于短视频的社交软件。在上线初期，抖音就遇到了短视频软件的火爆阶段，可谓“站在了风口”，所以传播起来相对竞争没有那么激烈，也更加方便。抖音的策略是把具有大众喜闻乐见的视觉效果的视频内容推送给用户，其形式受到了很多不同年龄阶段用户的追捧。据统计，在 2016 年 1 月到 2017 年 1 月之间，短视频霸主——快手的市场渗透率是最高的，其渗透率大于其他所有短视频 APP 的总和，所以抖音短视频 APP 当时的孵化行动并没有受到竞争对手太大的关注。但是截至 2018 年底，抖音的最高日活跃用户已经到达了 2.5 亿，月活跃用户已经突破 5 亿，这是让曾经的巨头“快手”所始料不及的。

去中心化算法是抖音成功的重要基石，也就是说任何人在抖音上发布的内容，都有火的机会。相比传统互联网巨头的“嫌贫爱富”，抖音显得更加亲民，它不会因为普通用户的粉丝不够而不推荐其发布的内容。简单来说，当用户发布一条内容时，抖音会把这条内容分发给少部分用户，根据这一部分用户的反应以及他们与视频的互动，再决定是否将把视频推向更大的流量池。因此即使是新用户，如果内容足够好或者能追到热点、满足受众需求，就有可能变为一条爆款内容。也是因为如此，抖音上的内容才会如此丰富，抖音才会在几个关键节点上有较大的增长爆发。

著名相声演员岳云鹏在 2017 年 3 月的微博上转发了一条带有抖音 logo 的短视频，这次转发事件让抖音得到了首次在公众面前大规模曝光的机会。但实际上，这次曝光并非抖音刻意的运营，仅仅是因为抖音上一个与岳云鹏神似的用户引发了岳云鹏的好奇而已。这条微博最后转发超过了五千次，点赞超过八万，传播力度较大，大幅提升了抖音的知名度。从案例可以看出，明星效应是产品冷启动的有效手段之一。

从 2017 年 1 月 1 日至 2017 年 7 月 1 日的百度指数(如图 6.1)可以看出，岳云鹏转发后(2017 年 3 月)抖音的关注度获得了大规模的增长，越来越多的年轻用户被抖音所吸引，也有其他明星开始体验抖音。

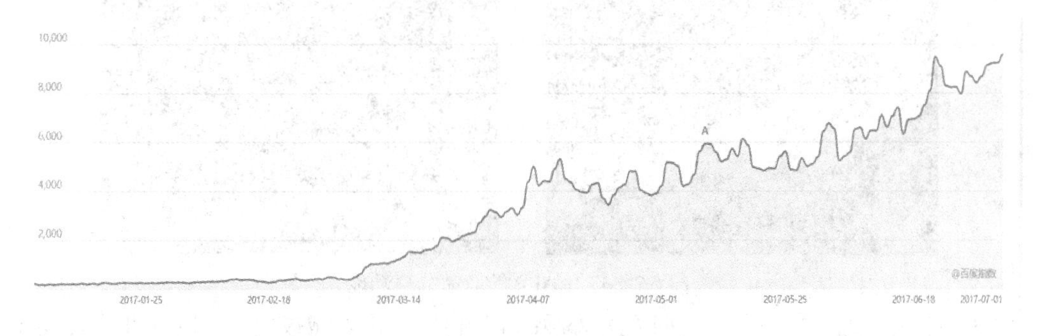

图 6.1　抖音百度搜索指数(2017.1.1—2017.7.1)

根据 App Annie 提供的数据，抖音这款产品上线后直到 2017 年 7 月在苹果应用商店的排名变化情况与百度搜索指数类似。经过半年的探索，抖音已经从默默无闻上升到了免费排行榜前 60 名，录像类产品前 10 名。发展到这个阶段，抖音已经进入了产品的良性循环，越来越多的新用户开始使用抖音，同时其潜在的黏性也为抖音带来了极大的用户留存。据统计，在 2017 年 9 月到 2018 年 2 月间抖音的七天安装留存率高达 7 成以上。

在强力营销策略助推下，2018 年春节前后，抖音彻底火遍大江南北。仅在春节期间，抖音就增长了 3000 万的日活跃用户，并且月均日活跃用户首次超过千万级；当年 3 月份，抖音又进行了品牌升级，将原口号“专注新生代的音乐短视频分享社区”调整为“记录美好生活”(直接与竞争对手快手短视频的“记录生活记录你”口号短兵相接)。在接下来的一年中，抖音基于自身品牌影响力、优秀的算法以及深度的运营，日活跃用户数不断上升。

拥有了巨量活跃用户是成功的第一步。紧接着，抖音短视频开始着手从广告、电商以及直播这三个方面获取收入。

1．广告

2018 年 7 月 20 日，抖音推出了官方推广接单平台——星图。视频作者如果想在抖音里接广告必须通过星图平台，如果没有经过星图平台下单，所上传的视频可能会被审核下架，这样就改变了原有的任何人都能发布广告的模式，将基于本平台的视频广告进行了统一归口，为利润化奠定了管理和技术基础。

2．直播

抖音利用自己现有的庞大用户体量以及平台的 UGC 资源，邀请已有粉丝基础的达人开通直播。与短视频不同，直播的互动性更强，同时离“钱”更近了。下半年，抖音中的直播活动越来越多。七夕情人节期间，抖音直播推出了“浪漫七夕，为爱充能”的活动。12月，抖音直播又主办了“iDou 直播嘉年华”活动，基本上等同于各大直播平台的年度盛典比赛。直播已经成为了抖音的重要变现方式之一。

3．跟进电商

抖音又与阿里合作，推出了新的福利政策：“只要发布视频数量超过十条，就有上线店铺的资格”。当然这一优惠政策的前提是：“在应用过程中，抖音和阿里都会在其中抽成”。图 6.2 为抖音的商品分享功能申请条件及权益，满足条件的用户都可以申请。

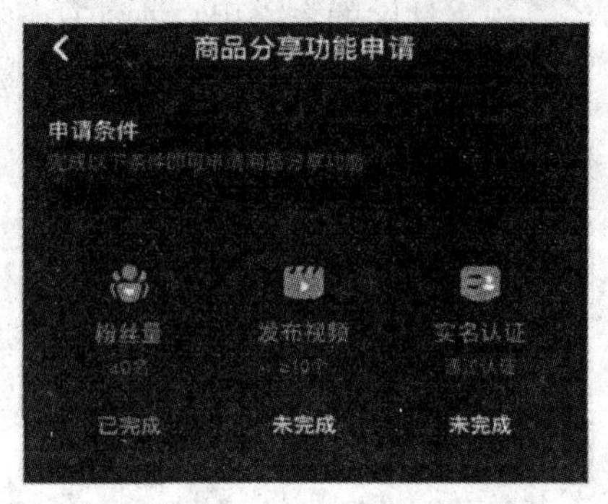

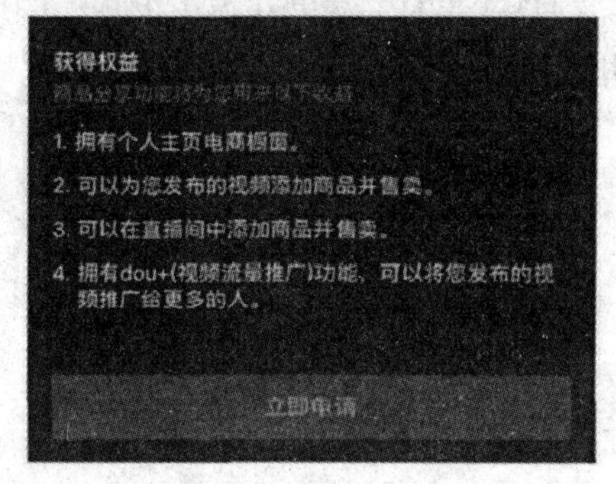

图 6.2　抖音 APP 的商品分享功能

国内发展一路凯歌的同时，抖音海外版(TikTok)也一路攻城拔寨。2018 年 1 月，TikTok 在泰国苹果应用商店下载量排名第一；5 月，TikTok 在越南苹果以及谷歌两个应用商店都获得了下载量冠军；9 月，TikTok 打败国外传统社交媒体巨头 FaceBook、Instagram、Snapchat 和 YouTube 等，登顶美国 App Store 的 9 月下载榜；10 月，TikTok 再次获得美国 App Store 下载榜冠军；11 月，TikTok 下载总量超过 FaceBook，在多个排名版上都拿下全美第一。目前，抖音海外版已经覆盖 150 个国家、75 个语种，在 40 多个国家和地区位居应用商店总榜前列，成为了短视频领域的一个神话。

仅仅一年的时间，从默默无闻到一夜爆红，从崭露头角到稳居榜单前三，从一开始的烧钱到多样化的变现方式，从一款音乐短视频产品到涵盖了各种类型的全民短视频应用，抖音创造了神话。这不但反映了我国移动互联网市场的活力，也说明了用户对于这种符合劝导式设计的去中心化移动互联网产品抵抗力较弱。抖音设计的使用模型是一个完整的帮助用户养成对产品使用习惯的模型，用户在每个阶段都会有不同的行为和心理体验，触发(获取和激活新用户)、行动(促进用户活跃)、多样性的激励(使用户渴望继续使用产品)、投入(用户为产品提供信息或其他操作行为)，整个模型是一个闭环，在对产品本身持续运营的情况下，有利于让用户对产品始终保持新鲜感，同时也方便找出产品在培养用户习惯方面存在的问题，利于调整产品策略，减少企业对于产品不必要的投入。

6.1.2　触发

1. 触发阶段面临的问题

1) 获取种子用户，提高种子用户留存率

种子用户是指在产品开发的早期阶段的活跃用户。这类用户愿意去试用产品，同时对这个产品有较强的认可度，他们往往热衷于产品，并且愿意给出对产品的反馈。实际上，任何新的互联网公司都会面临产品初始阶段的“冷启动”问题。一般的新创业公司，由于缺乏历史积淀，需要从头开始一点一点积累用户。现在的时代，能像腾讯 QQ、网易邮箱这样站在巨量存量用户基础上去做新产品的公司已经凤毛麟角，大部分公司只能从头开始。

所以，应选择高质量的前期种子用户加入，并将种子用户产生的消费行为转化成基础数据，利用这些数据为后续产品开发提供改进支撑。一旦冷启动未能很好地解决，很可能给后期操作带来比较大的隐患。不过，在一流的互联网公司里，推出的新产品很少被冷启动所困扰。毕竟，大公司有很强的线上线下的聚合能力，他们的其他产品拥有庞大的用户群体，能快捷的进行交叉推广，并迅速掌握各类用户数据，他们还牢牢掌控着移动互联网核心渠道资源和发展所需要的深层次要素。但是对于缺少资金和各类资源的中小型创业团队，冷启动阶段是一个痛苦的过程。当然，不论公司规模大小，不同形式的触发都是新用户使用产品的必经之路。

2) *无法形成有效触发*

触发阶段必须要注意场景的不同，在不同场景里同样的触发行为效果会大不相同。例如北京很多地铁站出入口的显眼位置摆了自动售货机，有支付公司希望借助自动售货机来推广自己的扫码支付，如果愿意使用特定商家的产品扫码支付，就可以买到优惠价格的饮料。这样做的目的很明显，就是要借助地铁的人流量，加上打折优惠的诱惑，用这种触发方式赢得更多安装公司软件的用户。但由于网络或者位置原因，最终没有多少消费者会为了几块钱的打折去浪费时间来下载新软件再进行消费，那么就没有形成有效触发，缺少了触发就更难谈到之后的让用户上瘾。

2. 触发策略

不管是抖音还是其他类型的移动互联网产品，都依赖各种触发动作来获取用户。在用户培育阶段，使用最多的两种触发方式是付费触发和回馈型触发，不同阶段对于触发的策略也有所不同。根据相关数据，总结出一些触发阶段通用的策略。

1) *广告触发*

最简单的付费触发就是让产品高频次出现在潜在受众面前。如果想要流量，只需要把自己的产品入口放在那些流量较大的平台或自媒体的醒目页面上，一定会获取不少流量，但是需要确定好目标用户群体及投放平台类型，否则流量与最终收获用户比例会非常不理想，投入产出失衡。另外，线下广告也是一种可选择的付费触发模式，具有一定的效果，其类型包括发传单、登报、上电视等。

2) *社交触发*

QQ、微信、FaceBook 等大型社交软件有非常庞大的用户群，用户之间埋藏着深厚的关系链和行为联系。通常情况下，职场人士使用较多的有微信或 Skype 这几款产品，这意味着大量的潜在流量都有待被开发。如果能通过这些常用社交软件进行导流，引导他们访问第三方的网络平台，或者进入其他推广的新软件中，就会增大产品的传播量。这样的策略增加了对应用户群了解产品的渠道，加快了产品推广的速度。

3) *口碑触发*

人与人之间需要交流，一款产品的好与坏，往往是众口铄金造就的。各种评论、交流之间的交织，是最有效的产品触发点，人们用得最多的有微信朋友圈分享、QQ空间分享、京东购物评论、淘宝天猫评论等。例如携程上的丽江酒店入住心得分享，使得品味好、有意境、服务好的酒店客流量大大增多了。助力则是分享之外的另外一种模式，强调的是朋友间的共同协作，在小范围内可能比共享具有更强的触发作用。例如拼多多的砍价、各类团购软件中的团购等。

4) 情感触发

情感是人类行为的一种内生动力。我们常说的主观能动性就与此项相关。因为任何类型的外部触发，成本都居高不下，而只有与用户之间建立起情感的桥梁，才能让用户产生依赖性，进而提高产品的黏性。在产品迭代中，设计好数据采集方式和渠道，定期收集用户信息，对数据进行有效分析，从而总结用户的消费习惯，这样就能很好地提升产品与用户之间的适应度，让用户把自己的生活习惯、个人情绪、日常行为等逐步与产品融合。例如，当用户高兴或沮丧时，他会去微信朋友圈或QQ空间发布感慨；遇到特别意外的事情时，可能会进行小视频分享等。

3. 抖音对用户的触发策略

1) 精准的渠道营销(付费型触发)

在推广初期，抖音通过不断赞助流行的综艺节目，例如快乐大本营和天天向上等，借助综艺节目的高人气，收获了大量的用户。这属于付费触发机制，在抖音增长最迅速的2018年春节，其充分利用了这个最简单的触发方式。

一直到今天，抖音还一直在购买主要渠道商的流量。基本上国内的顶级互联网产品中都有抖音的广告，如网易云音乐、消消乐游戏等。

2) 利用社会影响力(回馈型触发)

“软文”形式的客户触发表面上看是没有强行推广自己的产品，但实际也是利用了大众厌恶强硬广告的心理。不过，也不排除一款产品真的做得非常好，会有自带流量的艺人或关键意见领袖来为这款产品撑场面。抖音曾经就做到过，例如2017年3月13日，岳云鹏因抖音上有抖友与他长相神似而发布了一篇带有抖音logo的微博，引得大家都来体验这款产品。抖音也总是把自己与微信放在一起讨论，这看似简单的做法，实质上已经在拿一款国民级的产品在与自己对标，普及率的增加和抖音本身的快速增长都让更多的想表现自己的大众或者关键意见领袖入驻。这些看似无形的做法，实际上都属于回馈型触发。回馈型触发不完全是烧钱就可以买到的，它靠的是企业在公共平台上的公关技巧、媒体给于的正面报道、热门产品的加持、应用商店的免费推荐等。

3) 人际传播式(人际型触发)

“口碑裂变”是现在最流行的裂变及增长方式，由于来自身边的人，触发成功率较高。抖音因为一开始定位高端会给受众一种美好的感觉，同时内容新颖所以做到了快速在用户间传播，最终吸引了很多的重度用户。这种口碑裂变属于外部触发中的人际型触发，这与漏斗模型中的“病毒式增长”有一些类似。

4) 智能推荐(自主型触发)

用户在手机内安装好抖音后，软件会根据用户的喜好来推送内容。因为抖音软件有去中心化算法，发出的视频一般都会有人点赞，一旦点赞，视频发布者就会收到消息。发布者正常情况下都会迫不及待地打开抖音软件看看是谁给自己点了赞，而点赞的粉丝也想看看发布者是否对自己的点赞有回应。这样，就会让软件频繁出现在发布者和粉丝的生活中了。这种行为属于自主型使用，是一种黏性很强的主动行为。

以上内容均属于抖音这款 APP 的外部触发策略。不过，任何策略都只是赢得客户的第一步，任何触发行为都只有一个目标，那就是让用户对产品产生使用冲动，并随着产品的深入体验，慢慢依赖这款产品。

还有一种类型的触发是内部触发。随着使用的深入，部分用户已经把抖音视为生活的一种常态，作为一种日常的娱乐消遣行为，这就属于内部触发。抖音很好地利用了这一特征，当人们感到孤独、沮丧、无聊的时候，通常都会采取一些行动打压这种情绪。抖音的宣传口号是“记录美好生活”，当人们感觉到有与众不同或值得纪念的时刻，大概率会进行记录，这就是抖音产品对于内部触发点的设计依据。

4. 触发策略小结

触发阶段的常用策略如表 6.1 所示。

表 6.1　触发阶段常用策略

	外部触发				内部触发
	广告触发	社交触发	口碑触发	情感触发	
抖音的策略	在大流量平台发布广告，或者利用电视台、报纸等传统媒体增大产品在潜在用户面前的曝光度	利用每个用户的社会影响力，辐射到他周围的圈子，具体包括内部交流、评论、私信等	利用口口相传的魔力，让更多的人了解产品的优点，进而使用	分析用户行为，推送与其相关的或者符合其爱好的产品，让他爱不释手	宣传口号是“记录美好生活”，引起用户视频记录的冲动
常用策略	线上线下广告	发挥各类社交软件的作用，并将功能嵌入到自身产品中	利用分享、评论等强化好评，弱化差评	推送与用户行为相关的信息	利用情绪对行为的驱动力，打造刺激消费的场景

触发消费是用户使用产品的起点，也是产品获取有效的种子用户的方式。所以，了解并熟悉各类触发消费的策略，对于产品经理综合利用各种手段提升触发消费的概率有着良好的辅助作用。此外，熟悉产品内部触发，可以帮助产品经理更好地保有存量用户。

6.1.3　行动阶段

1. 行动阶段面临的问题

刺激用户消费需要解决用户消费动机、是否有消费能力和触发条件三个部分。例如粉丝排队购买演唱会的门票，是因为想看到偶像，这就是粉丝的动机；如果来本地演出的明星不是粉丝喜欢的，那么粉丝就不会去购票，这就属于缺少动机。不过，如果钱包里余额不足，无法购买喜欢的偶像举办的演唱会的昂贵门票，那么即便粉丝有很强的动机也没有能力入场，这是判断是否有消费能力。但是如果粉丝根本就没有得到偶像来本地演出的信息，购票行为不会发生，此时属于没有触发。

1) 需要取得用户的信任

产品初期最容易犯的错误就是没有建立起完善的社区，也没有一个整体稳定的用户群体。此时，由于人们在行动时都有从众心理，让用户与一个新产品建立信任关系同时与其他的用户建立友善的关系，并不是一件简单的事，用户对于产品不够信任，那么一切产品设计都大打折扣。

所以，在产品初期就要考虑让用户与产品之间建立起良好的沟通渠道。比如设置客服，并培训客服能回答常见的问题；建立用户讨论区，让专业用户能主动自发的帮助新用户。这样才能让先消费的带动后消费的，让客户促进潜在用户下决心。

2) 找出限制用户使用产品的限制因素

为了增加使用该产品的用户的可能性，产品经理需要找出用户在使用产品过程中对他行动阻碍最大的那一点，并且要分析如果推动用户克服这个难点，应该如何去处理。例如操作流程是否过于复杂？投入产出比怎么样？另外，还要分析产品能否满足用户的需求，做到心中有数。

3) 帮助用户做出选择

分析潜在客户在行动过程中到底是功能需求动机占比更大，还是情绪性消费冲动占比更大；判断是否需要多个触发点；以上几项哪一种的优先级在产品设计中更高；是否在不同场景下策略也有所不同。这样第一是帮助用户做出选择，第二也能反过来促进产品设计的进一步科学化和合理化。

2. 行动阶段的策略

1) 利用客服或 AI 协助运营

新产品刚开始运营时，用户少且产品没有稳定的社区，更没有固定的用户群体。这时让用户之间产生信任并不容易，这一点在社交应用中尤其明显。只有当产品有了一定的用户群体后，由于羊群效应及从众心理，用户再产生某种特定的行为就容易得多。比如很多奶茶店，虽然很好喝，但门店也会找一些人来排队，营造一个非常火爆的迹象，以此让其他用户产生好奇心理，也想来尝试一下；楼盘开盘时会雇佣很多人来营造销售火爆的迹象，也是同样的道理。运营可以制造假象，加速产品成熟化。

QQ 小冰就是社交类应用里运用机器来模拟真人的案例。另外，自动电话营销也是一种手段。不过，需要适可而止，过于频繁或者过于机械，容易引起用户反感，从而削弱用户体验，带来很大的负面影响。

2) 建立情感关联及社交关联性

事情的发生是需要有动机的，而动机的种类很多，包括消除痛苦、寻找希望、需要愉悦感、消除恐惧、寻求归属感、消除焦虑等。根据不同的动机，就可以诱导、刺激用户的积极性来使用产品，并增进用户和产品之间的黏性。

这种策略可以应用到各种类型的移动互联网产品中。例如很多资讯类 APP 会在用户注册时，让用户选择兴趣点，随后推送的内容基本上都是围绕着所选兴趣点而进行的，并随着用户的点击活动，不断优化对用户兴趣点的判断。在社交类的产品中，用户可以通过与其他用户频繁的互动建立他们对彼此的了解，频繁重复的互动关系一旦建立，也会增加用户的归属感。电商类的产品是由需求和利益驱动的，所以可以使用砍价、促销、饥饿营销等手段来刺激用户的交易动机。以上都是增加行动阶段动机的策略。

3) 多方位简化产品(提升用户能力)

如果想要提高预想的用户行为发生率，所设计的行为一定要简便易行，也就是让用户有足够的能力做到。

人们都喜欢待在自己的舒适区，不想去冒险，不愿意做太多改变，也不想跳出原有的思维，所以一定要降低用户的使用门槛。特别是，用户有的时候使用一款产品可能就是临时起意，如果不保持产品的易用性，用户很容易因为难度太大而离开。抖音的简易拍摄方式就打败了其他还需要自己去美化视频的短视频产品。

3. 抖音促使用户行动的策略

1) 遇到值得记录的画面就想到抖音

抖音产品给用户留下最深刻的印象就是娱乐内容丰富，可以排解生活中的无聊。所以一旦用户有娱乐需求时，就会马上想到这款产品。通常我们对动机的定义是："行动时拥有热情"。抖音产品就是充分利用了动机的定义，在我们有积极情绪时，有想去用抖音产品来记录美好瞬间的动机，从它的口号"记录美好生活"也可以看出这一点。而且平台中大多数发布出来的视频也只是用户遇到美好画面记录的结果。

2) 方便到极致的操作方式

在打开产品之后，用户不断滑动屏幕，就可以呈现不同内容。这种操作非常简便，目前已经成为短视频产品最好的内容表现形式之一了。滑动方式可以让内容更新不断，且不会停止播放，这在一定程度上使用户没有"停"的概念，只需要不断滑动屏幕，就可以感受短视频的娱乐魅力。

这种方式让用户快捷地享用到服务以及产品，会大幅提升用户使用率。实质上，这种操作方式提升了用户对产品的使用能力。毕竟，一款产品有各种类型的用户，他们的认知水平、操作水平、喜好都各不相同，唯一相同的就是他们都喜欢简单的操作。

3) 快捷的拍摄和后期处理方式

抖音产品有两项让用户特别省心的操作方式。

(1) 可以通过选择系统提供的模板和背景音乐，由几张照片直接生成一个简单的动画电影。抖音软件从众多用户发布的视频中精心选择了多款模板，提供给大众使用，套上这个模板后，让入门级用户的发布也能很专业。

(2) 提供了很多不同的滤镜以及人工智能识别的表情包，还有女性用户最喜欢的美颜、大眼、瘦脸等特效，这帮助了爱美用户特别是年轻女性，提升了出镜效果，优化了视频质量，因此在产品的表现层强化了用户的使用体验。

4. 行动阶段总结

行动部分主要是考虑到如何增强用户对产品的使用能力(途径就是简化产品操作难度)或者增加用户的使用动机，这些措施都能有效促进行动阶段的动作完成。

情绪关联及社交影响力的建立会提升用户使用产品的动机，同时也会逐步取得用户对产品的信任。表 6.2 所示即是行动阶段的策略。

表 6.2　行动阶段的策略

	增强用户动机	提升用户能力
抖音策略	(1) 对于内容消费者，让他们感受到乐趣，内容符合兴趣； (2) 对于内容发布者，让他们记录生活，并获得其他用户认可	(1) 简化浏览方式，提升操作的易用性； (2) 提升拍摄领域的辅助工具，让不专业的人也能做出专业的效果
通用策略	(1) 利用好羊群效应和好奇心； (2) 建立情感的联系和社交的关联性	(1) 简化产品的操作； (2) 美化界面； (3) 拓展实用功能

6.1.4　多样性的激励

1. 激励阶段的问题

1) 激励层次及种类控制

多种类型的激励措施可以有效吸引用户使用。对于移动互联网软件而言，只包含单独某一个激励的软件基本不存在，往往都是多种激励形式共同存在。激励获得得太容易会让用户感觉没有挑战性，用户没有成就感；激励太难获得，则会打击用户信心。所以，具体的激励应该根据实际情况确定。可以考虑用户积分、每日签到有奖、每日幸运转盘，如京东的东东农场、美团的小美果园，这些是比较创新的激励模式，可以有效提升用户对产品的使用率。

2) 过度激励并不能维系用户

随着移动互联网企业的发展，我们发现新上线的应用总是会给用户带来各种各样的优惠，抢人烧钱大战持续不断，但是这种方式带来的用户来得快走得也快，究其原因无外乎是用户的胃口越来越大，当软件停止向用户发放福利后他们就离开了，虽然不断有新用户流入，但是也会迅速流失掉。

2. 酬赏阶段的策略

1) 控制奖励节奏

在酬赏获取的前期，激励获取难度适当降低，让用户能较容易体验到获得激励的快感。在中后期，难度再逐级提高。例如某款在线小说 APP 推出的集满 10 个碎片兑换手机活动，前几个碎片特别容易获取，越到后面难度越大，最后一个几乎如同中彩票，这样就免费拉来了一群想占便宜的用户；又如英雄联盟游戏设置了首胜奖励，用户每天赢得的第一场胜利会有很多奖励，而后面获胜的奖励只有前者的一半；又比如拼多多的砍价模式，前期只需要少量的好友帮忙砍价，就可获得 50%的免费价格，越往后砍价的幅度越小；拼多多的 9.9 元购万元手机的活动实质上就是一个抽奖活动。

2) 好奇心及情感满足

一款好的产品总是能持续的撩动用户的情怀，让人在产品中得到各种满足感，从而欲罢不能。并且，这些产品还会给用户设置一些小目标，用户完成了前期简单的任务，后期才有可能阶段性的去实现，很多游戏公司的任务设置或者微博的签到功能都是这样操作的。通过社交、奖励机制两个方向去劝导用户进行使用，让用户在产品内得到情感满足，这样用户就会对产品产生记忆点和深度依赖。

3) 让用户占便宜

拼多多是靠社交推广起家的，它的推广效果远远好于其他电商，这不仅得益于拼多多背靠微信拥有的强大资源，也是因为拼多多允许用户“占便宜”，其他的电商对于用户的这种分享行为提供的奖励虽然也有价值降低，但往往还有额外的门槛。

与其他电商相比，拼多多允许用户“占便宜”的理念，就是把这些不消费的用户作为免费的推广资源。这就好像很多游戏中的免费玩家和土豪玩家，免费玩家从表面上看起来无法给游戏带来收益，但他们已经是游戏体验的一部分，没有大量的免费玩家作对比，土豪玩家就不会有消费的欲望。同理，没有大量“占便宜”的用户主动帮助拼多多推广，拼多多不会收获这么大的流量。而这些用户所获取的收益，实际上就是拼多多推广所花的费用，这是一种双赢的策略。

4) 多种激励策略并举

一款软件首先必须满足用户的使用需求，之后才考虑利用多变的酬赏留住他们。不过，在大多数软件都能满足用户需求的前提下，那些能够留住用户的产品往往就是在激励方面做得比较好且多元化的。导致我们在无聊时打开抖音的原因有哪些？首先，我们不确定会收到哪些有趣的视频，是否会收到来自朋友的互动，如果有评论或点赞，我们会回复。其次，无论用户是在抖音中收获了赞或者粉丝，还是需要判断是不是要把小红心给某个视频作者，这都体现出了对产品的操纵感。

3. 抖音的激励行为

1) 给用户证明实力的机会(社交、自我激励)

抖音的成功离不开用户的支持，而其大多数用户具有内容消费者和内容生产者双重身份，这些用户之所以愿意上传视频，很大原因是因为有“火”的可能。在微博时代，只有大V的作品才会有巨大的播放量，而在抖音中，即便是普通用户也一样有机会，这种去中心化的模式是适合移动互联网发展规律的。抖音的算法会给每一个作品分配一个流量池，即便某个新账号的粉丝是零，发布任何视频，抖音的系统都会智能分发几十、上百的流量(播放量)，也就是总会有人看到普通用户的作品，然后根据其在这个小流量池里的表现，再决定要不要推送给更多的人。既然每个人都有可能变成“网红”(潜台词就是更多的关注度和更多的商业机会)，那么当然有更多用户愿意去尝试。

2) 不断激发用户的好奇(猎物酬赏)

优质的内容也是抖音与其他短视频平台的区别。抖音短视频定位音乐与潮流，在内容审核上把控也相当严格，甚至通过签约高质量的网络红人、MCN以及大牌明星等手段保证其健康可持续的内容生态。抖音上的每个视频大多只有15秒，所以只要有一个亮点就可以引发关注。抖音中的热门作品有很多只是因为一个眼神很独特、一个梗很有趣，甚至一个动作很意外就会获得追捧。短短的15秒，大大降低了观众聚焦的精力，提升了兴趣点。同时，用户无法预知下次滑动软件时会看到些什么，这种多变的不确定性有一种无形的力量，促使着他们一次又一次的滑动屏幕。

3) 抓住了用户从众的心理(社交酬赏)

社群是指具有共同爱好或者目标的不同人组成的集合体，并且具有一定的归属感。所以说我们每个人都属于一个社群，自然就有社交需求，也可以称为从众心理。如果身边有一部分人在使用抖音，聊起其中有趣的行为，把其中的“梗”当做平时生活中的谈资，作为群体中没有使用抖音的个人则会被群体边缘化，同时没有使用抖音的个体也会因为强烈的好奇去尝试。

4. 激励阶段策略总结

在这一阶段，一般情况下都是多种激励机制共同作用，同时激励的多变性也体现在种类、时间、组合等多种维度，用户不知道会得到何种激励的多变性，本身也是一种猎物激励，会与用户不易满足的特点起到对冲作用。表 6.3 所示就是可选择的激励阶段策略组合。

表 6.3　激励阶段策略

<table>
<tr><th></th><th>猎物激励</th><th>社交激励</th><th>自我激励</th></tr>
<tr><td rowspan="2">抖音采用的策略</td><td rowspan="2">激发用户好奇心，使其不断滑动看新内容</td><td colspan="2">在平台上很容易受到其他用户认同，且视频质量好，推广效果佳</td></tr>
<tr><td>从众心理</td><td>被点赞的快感和给人点赞的快感</td></tr>
<tr><td rowspan="3">通用策略</td><td></td><td colspan="2">控制产品给用户激励的节奏，如拼多多及某小说 APP</td></tr>
<tr><td colspan="2">产品在满足基本需求的同时，满足社交需求及好奇心</td><td></td></tr>
<tr><td colspan="3">让利给用户，以便利用他们导流</td></tr>
</table>

6.1.5　投入

1. 投入阶段面临的问题

这里提到的投入有多重内涵，所以并不仅是金钱上的投入。用户在产品上所做的每一个有价值的动作，比如录入个人信息、发布日志，都属于用户的投入。因此，这里所指的投入包括情感投入、内容投入、数据资料投入、技能投入等多个维度。投入这个阶段非常重要，因为即使产品操作很便捷，激励也很丰富，但如果用户没有投入的动作发生，该产品依然处于随时被其他竞争产品所取代的风险中。在投入阶段面临的主要问题包括以下几种。

1) 产品吸引力不足

用户感觉产品价值不大，因此没有考虑在产品上投入精力、个人信息、金钱等要素，甚至直接换用同类产品。这种情况发生的原因可能是产品在表现层设计的问题，也有可能是之前的触发、行动、激励部分做得不够好，并没有让用户产生足够的内部激励因素，或者称为没有形成自我酬赏机制。

2) 用户习惯使用极简产品

由于移动互联网的便利，以及为了提高用户留存率，增加用户在行动阶段的能力，产品设计的非常简单，而投入阶段往往是需要用户有所付出的，用户也许不会习惯稍显复杂的操作，更不会自掏腰包来买一些增值服务，在这种情况下，要么是产品提供的服务是他的刚需，要么他就真的已经对于产品有不同程度的“上瘾”才会有所投入。

3) 产品互动性差

想让用户投入，并不是为了赚取一时的注意力或者是短期的收益，投入的最终目的是加载下一个触发，让用户对使用的产品形成习惯。比如说“日事清”这款效率类应用，当用户将日程添加到软件中时相当于进行了一种投入，此时已经激活了下一个外部触发，当用户需要完成任务时软件会通过推送的形式来提醒用户。如果产品与用户不能形成这样的互动，即便是刚需产品的投入也是一次性的，而且不会有持续的竞争力。

2. 投入阶段的策略

1) 提高产品存储价值

不同于现实世界的实体商品，移动互联网产品可以运用各种技术来满足用户的需要。为了效果更好，移动互联网产品会利用各种手段提高用户的投入。用户投入到产品的储存价值形式丰富，这增加了用户未来再次使用该产品的可能性。

(1) 内容方面(时间、个人信息投入)。

例如网易云音乐，将内容和软件的服务相结合之后，用户就可以利用自己喜欢的音乐做更多事情，不仅仅可以了解自己的音乐喜好，随着用户的持续投入，音乐的广播服务会根据用户在收藏夹中的音乐类型，为其提供个性化音乐推荐服务，同时也会自动生成属于用户自己的歌单，可以供好友或者网络上其他感兴趣的用户使用。内容还可以由用户自主创建。例如每一次更新状态、点赞、在微博上共享照片或视频，这些行为都会成为用户的点滴投入，成为他们的回忆，时间越长，保存了各种回忆和经历的账号会变得更有价值。用户对产品的投入越多，要放弃这款产品就会变得越加困难。

(2) 数据资料方面(个人信息投入)。

对于一些具有功能性的产品，数据资料的功能可以被无限放大，比如在校大学生们最爱使用的“实习僧”，用户的在线简历是一种具有储存价值的动态数据资料，每当使用该服务时，都会想要根据自己的需要提交更多信息，便于找到更适合自己的职位。这种数据资料投入的越多，用户与这款产品之间的黏性就越大，甚至在登录其他求职网站时只需要授权第三方信息就可以重新生成一份完整的简历。将产品功能与数据投入逐渐绑定在一起，有利于用户的点滴投入。

(3) 技能方面(精力投入)。

投入时间和精力去学习使用某种产品也是一种投入。一旦用户掌握了某种技能，使用产品会变得轻而易举，用户的使用能力增强了，行动阻力也就越来越小。举个例子来说，Adobe Photoshop 是世界上使用最普遍的专业图形编辑软件，它可以提供数百种功能用于修改和编辑图像，一开始，学习这款程序有些难度，但随着用户对产品的学习投入，他们会对这款产品越来越得心应手，还会在使用过程中获得成就感(自我酬赏)。用户对这款软件投入越大，他们之后越不可能转而去使用其他图像编辑软件，这也是为什么其他模仿 Adobe Photoshop 的软件即便功能不同，操作起来也非常相似的原因。

2) 加载下一个触发

正如前所述，各种触发因素会把用户拉回产品身边，最终产品会让用户养成在特定场景下的使用习惯。如果要形成习惯，用户需要多次经历上瘾模型的循环，因此必须利用外部触发让用户再次回到产品中。例如 Tinder、探探这类的社交软件，每当用户选择是否对匹配对象心动时都不仅仅是一项带有投入的操作，用户每点击一次，加载下一个触发的可能性就越大，匹配成功率随着点击次数的增加而上升，这也就大大增加了加载下一个外部触发的可能性。

3. 抖音的投入

1) 激发用户创作力(时间投入)

内容平台最希望的就是有更多的用户发布自己的内容，而抖音通过合理的算法和极简的操作让用户有投入创作的欲望。最新的版本还有合拍功能，用户可以用已经很火的视频或者配音与它们合拍，这种合拍的流量权重甚至要高于普通视频。这都是抖音激发普通用户在其平台发布内容的技巧，用户有所投入后，对抖音的黏性自然就加大了。

2) 提高优质用户黏性(精力投入)

为了提高优质用户的黏性，抖音特地将“电商”属性植入到平台里。抖音内部的商品分享平台，可以让这些用户通过拍摄视频的方式来推广各种商品，这样不仅可以使优质用户从中获得商品的推广佣金，而且平台也可以从中赚取一笔收益。在这个操作过程中，优秀视频创作者又将自己的精力投入到了研究抖音内部的商业模式里，虽然为自己带来了收益，但也进一步投入了自己的时间，并且当他收获到佣金收益时，又会加载下一个外部触发。

3) 提高数据的存储价值(个人信息投入)

当用户使用过一段时间的抖音后，软件中便会存有用户大量的数据。当用户对喜欢的视频进行点赞操作时，这些操作都是有痕迹的，并且用户的部分点赞起到了收藏的功能，无论是准备要去看的电影、喜欢的音乐、帅气的主播等，这些都成为了用户的投入。哪怕是用户并没有过任何主动的操作，抖音也会记录用户对于什么视频会直接跳过、喜欢看什么类型的视频，这些都是用户曾经在抖音平台的投入。

4) 制造短视频达人(金钱投入)

在抖音中，普通用户的投入主要为时间投入，也有一部分既刷抖音又创造优质内容的用户存在，他们的用户投入主要为发布作品、运营账号、推荐商品、推广视频等。这部分用户在抖音上发表作品，一方面是因为自己的兴趣爱好，另一方面是为了收获粉丝，提高账号价值，最终变现获取收益。抖音的电商功能不仅帮助这部分用户接收广告，还赋予他们带货能力，帮助他们盈利，相比于其他平台更容易实现盈利无疑是吸引用户投入的最好方式。同时，为了帮助用户投入更有效率，抖音上线了导流功能。用户只要充值购买流量，系统就会协助推广和涨粉，这种机制也可以高效引导用户投入。

4. 投入阶段的总结

同激励阶段一样，一般的投入维度分为时间、精力、金钱及个人信息，但是大多数情况下投入也不仅限于某一项。例如抖音普通用户投入的是时间，而视频生产者投入的则是精力以及时间，甚至部分需要花钱做推广的自媒体还需要投入金钱。表 6.4 就是投入阶段策略一览表。

用户对产品有了各种类型的投入后便会更难以舍弃这款产品。通过培养用户习惯人为打造用户“刚需”，可以增加产品的吸引力，同时，刚需类产品在需求点做到极简以及投入形式的多变性，都会提升产品的互动性。

表 6.4 投入阶段策略

	时间投入	个人信息投入	金钱投入	精力投入
抖音引导用户投入的策略	极简的拍摄功能激发普通用户制作短视频	提升自身数据价值，算法智能化	Dou+功能高效帮助原创作者导流播放量	植入电商属性，增加优质自媒体收益
通用策略	智能化的增强内容及服务的衍生功能，突出以服务为主的个性化设置及收藏功能		增强产品独特性，常见于功能性产品及游戏产品中	提高产品易用性

6.2 喜马拉雅 FM 有声读物产品分析

6.2.1 喜马拉雅 FM 有声读物的创立和发展

1. 喜马拉雅 FM 有声读物的发展历程

1) 喜马拉雅 FM 初创时期(2012—2014 年)

2012—2014 年是喜马拉雅 FM 的成立初期。其通过平台较为开放的政策和恰当的补贴，吸引了一大批的用户，也因此获得了第一批融资，为之后快速发展奠定了资本基础，能够在初创时期在与同类平台的厮杀中变大变强。

2012 年 8 月，喜马拉雅 FM 成立于上海。2013 年 3 月上线手机客户端，并将企业自身定位于综合类听书平台、音频分享平台。企业推出该平台仅三年，用户规模就已接近三亿人，聚集了四百万名节目主播，十万名平台认证主播，拥有了三千万条声音，日播放量可达九千万次。平台创建之后，采取的是以较低的标准鼓励听众用户多多参与的经营策略。

在操作界面设计上，用户可以在喜马拉雅 FM 平台上很快找到自己录制的音频节目上传位置。一方面，喜爱录制音频内容作品的用户群体，将自己录制的节目作品通过电脑客户端和手机客户端分享到喜马拉雅 FM，这样的产品设计有效地聚集了众多用户；另一方面，对于听众，平台采取补贴策略，用“免费”有声读物作品来鼓励用户试听，点燃公众对于音频内容的热情，形成跨界网络效应(即市场不同层面的用户在市场中获取的价值取决于另一层面的用户数量)，平台则聚拢了一批喜爱有声读物的听众用户。

伴随着听众用户群体范围的扩大，之前面临转型困难、缺乏有效拓宽市场渠道的传统媒体(如传统视听广播)也开始转向视听阅读平台。丰富精彩的音频内容吸引了更多的听众，也带来了更多的节目制作者加入到平台中来，从而形成良性循环。在听众规模不断扩张的影响下，自然而然地吸引了更多广告赞助商的合作。该平台创立之初正是通过这样的方式来获得盈利收入。

由此可见，该平台通过免费、低成本的经营策略，吸引了更多听众用户，实现了用户规模的持续增长。喜马拉雅 FM 手机客户端仅仅在上线第一年的年底，用户数就达到 1000 万人，上线的第二年年底用户突破 1 亿人。喜马拉雅 FM 在创立两年后创下当时国内音频行业最高融资额，得到两轮风险投资。在 Apple Store 排行榜中，喜马拉雅 FM 下载量大部分时间处于音频有声内容 APP 榜首的位置。

喜马拉雅 FM 手机客户端在上线之初，之所以能形成这样的用户规模，与一开始的无偿、低价地用户补贴策略息息相关，这也是音像出版社、听书网站无法实现的。因为在以往的商业价值链中，听众群体是传统音像机构的唯一支付者。

2) 喜马拉雅 FM 快速发展期(2015—2017 年)

在 2015—2017 年的快速发展期，喜马拉雅 FM 完成了行业内智能化的布局。同时最重要的一步是，喜马拉雅 FM 的 INSIDE 开放平台(语音开放平台)上线，将海量内容向任何有意向的第三方开放，不再局限于喜马拉雅 FM 分发内容——听众选择收听的局面，平台可以与企业对接，共同创造效益。

2015 年，喜马拉雅 FM 启动“新声活战略”和 INSIDE 开放平台，与一系列相关智能产品合作，向产业链整合及全场景化方向发展。其中，“新声活战略”中将音频有声读物与更多智能产品融合，在居家生活、亲子教育、车载等环境中做到语音智能，拓宽音频有声读物使用环境。

喜马拉雅 INSIDE 开放平台分为音频接入、知识营收、企业培训、亲子教育四个方面，主要面向企业与家庭客户，可以帮助企业通过喜马拉雅 FM 的优质内容吸引客户，可以个性定制培训和教育课程，或与喜马拉雅 FM 共同进行知识付费项目的创造等。

同年，喜马拉雅 FM 在版权领域也取得重大进展，获得了国内最大网文网站阅文集团 C 轮投资，达成了版权合作协议，为之后开展付费业务打下坚实版权基础。2016 年，喜马拉雅 FM 完成了对内容版权市场的布局，并同步开始尝试多种商业变现的方法：上线首个付费节目“好好说话”，推出“付费体系”；新增 VIP 可收听内容；举办了首届“123 知识狂欢节”；同时拓展内容边界，上线社交“听友圈”与直播业务。

2017 年，喜马拉雅 FM 新增并完善了推荐功能，不断提升用户体验的同时，与众多领域的 KOL(关键意见领袖)合作，推出更专业的 PGC，并在这一年延续了广告造节的营销活动势头，举办了第二届“123 知识狂欢节”“66 会员日”。喜马拉雅 FM 不仅在线上活动频繁，在线下也有动作，与万科地产合作，在杭州、西安等省会城市开设了一批喜马拉雅用户的线下城市学习空间——喜马拉雅知识体验店。

同年，喜马拉雅 FM 为文化传播与商业加入新的玩法。喜马拉雅 FM 与浙江卫视另辟蹊径，以“思想跨年”的方式跨年，丰富了约定俗成以演唱会形式跨年的文化形式。2017 年年末，浙江卫视跨年晚会上，喜马拉雅 FM 与浙江卫视共同举办，邀请了 20 多位行业大咖以及用户欢迎的公众人物，其中不少嘉宾本身也是广受好评的喜马拉雅 FM 课程主讲或节目主播。在这场跨年晚会上，各个领域的大咖们以思想跨年脱口秀的形式从各个角度回顾了 2017 年的重要事件、展望未来，全程活动在喜马拉雅 FM 同步在线直播。这种跨年形式，跳脱出以往以唱歌、舞蹈类节目主打的跨年晚会，做得更有思想深度，一定程度上充实了人们的文化生活。

3) 喜马拉雅 FM 成熟期(2018—2020 年)

在近两年，随着平台以生产模式与盈利模式为主要构成的商业模式基本确立，喜马拉雅 FM 进入了成熟期。继续保持平台原有主推内容的影响力，同时不再局限于音频内容，平台融合了更多市场中新出现的机遇，如直播、好货商城、短视频等，以此来提高平台变现能力。喜马拉雅 FM 在成熟期有以下一些关键经营活动。

(1) 2018 年，喜马拉雅 FM 在直播、会员、社交等业务范围进行了优化，实现车载硬件播放支持功能，在平台内新增短视频、趣配音等板块，拓展更多内容范围，满足全场景化音频使用需求。并且，喜马拉雅 FM 签约更多公众人物入驻平台，推出一系列反响较好的音频节目，引起粉丝经济效益。将线上与线下运营活动联系起来，获得大量新增用户。

(2) 在版权方面，喜马拉雅 FM 凭借资源优势，不断与优秀文化节目合作，在 2018 年上线了《如懿传》《香蜜沉沉烬如霜》《大江大河》等影视有声书；在 2019 年独家冠名《声临其境》，吸引了一大批粉丝用户，有效转化为可观的粉丝经济效益。

(3) 在融资方面，2018 年喜马拉雅 FM 拥有了企业强劲的“助推器”，腾讯、高盛等投资方注入约 5 亿美元的投资；2019 年 11 月下旬，喜马拉雅 FM 获得企业建立以来最大的 3.5 亿美元融资额。

由此可知，在经历成立初期、快速发展时期、成熟期三个阶段，喜马拉雅 FM 成为最大的综合性音频播放平台，确立企业自身有声读物、知识付费、娱乐等的核心业务，巩固版权优势，继续开放平台，更多与线上、线下、硬件厂商的合作。同时，喜马拉雅 FM 也在捕捉市场热点需求的变化，不断尝试包括直播、短视频、商城等新的内容业务，开拓新的变现领域。

2. 喜马拉雅 FM 有声读物的现状

目前，喜马拉雅 FM 平台上拥有 8000 万条有声读物音频，它涵盖了历史、文学、教育、财经、军事、汽车、旅游、养生等几乎所有听众需要的类别。有声读物音频内容量大、质量高，受众群体多样化，且倾向购买力强的年轻群体。有声读物的受众不再是以往视觉阅读受限的受众群体。任何喜好需求的听众，都可以在平台的海量内容中找到适合自己的有声读物。随着平台用户体验的不断改善，在短时间内聚集了大量各年龄段的听众用户。喜马拉雅 FM 官方宣布，该平台活跃用户的平均每日使用时间超过 111 分钟，许多用户每天花在听音频上的时间超过看视频的时间。

在第三方数据统计公司克劳锐 2018 年发布的《喜马拉雅有声书用户行为洞察报告》中统计了 2016 年 6 月 30 日至 2018 年 6 月 30 日期间喜马拉雅 FM 平台上有声书的数据。它表明喜马拉雅 FM 平台上有声读物广受欢迎，有声读物的累计收听数量已经超过了 10 亿次，高频用户收听有声读物的平均收听时间超过 180 分钟，累计一年可以听 15 本书。同时，喜马拉雅 FM 的有声读物用户正在飞速增长。

2018 年 2 月之后，平台的订阅、月播放量(收听时长)和付费行为都呈现出一条陡峭的增长曲线。“有声化”正在成为阅读新宠，是一座正在被挖掘的金矿，如图 6.3～图 6.5 所示。

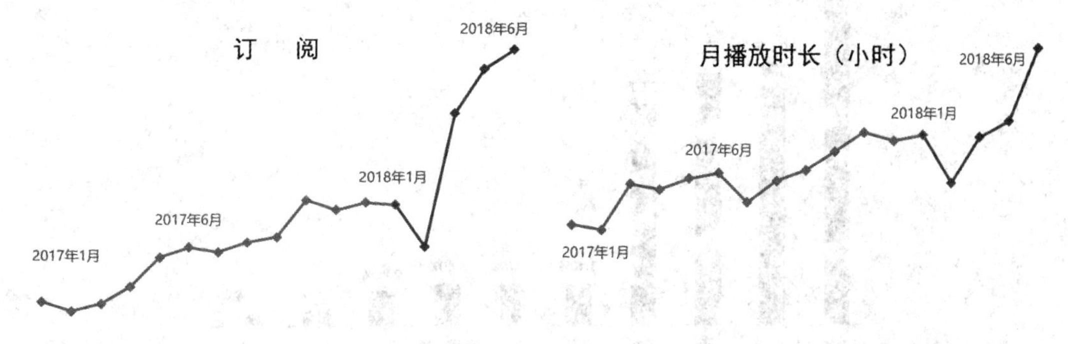

图 6.3 喜马拉雅 FM 有声读物的订阅数　　图 6.4 喜马拉雅 FM 有声读物的月播放时长

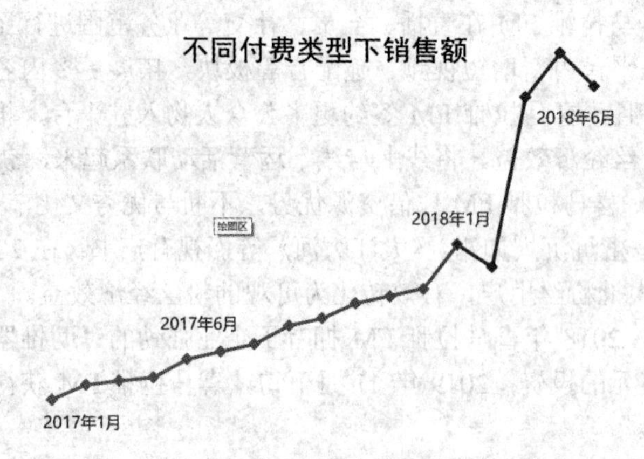

图 6.5 喜马拉雅 FM 有声读物的销售额走势

1) 内容丰富，分类清晰

有声读物是喜马拉雅 FM 平台中最受欢迎的内容。喜马拉雅 FM 建立了完整的收听系统，节目类别清晰，内容丰富，有声读物分类不同的设置，使用户更容易找到自己所需要的内容。根据主题的不同，喜马拉雅 FM 平台将有声读物类节目主要分为相声评书、头条、有声书、儿童、人文、历史等 22 个一级大类。在每个一级大类的主界面中，针对不同节目类型还有细分选项，使得用户准确聚焦所需节目内容。

平台中的有声读物内容在相声评书、有声书、人文、历史这四个一级大类当中集中，同时这四个频道也是通常收听率较高的栏目，每个栏目又细分为更准确范围的类别。比方说，在每个专栏中，喜马拉雅 FM 都有一个详细的有声图书分类，小说专栏分为城市、恐怖悬疑、科学科幻和穿越等主题；少儿专栏汇集了大量的如英文少儿、故事、家教、读物等少儿读物；人文专栏汇集了大量的名家经典作品，其中有诗词名著，并汇集知名学者讲授，并建立空中图书馆，具有深厚的文化底蕴。从这些大类节目内容细分不难看出，聚合的内容繁多，但听众用户浏览起来非常简便。音频节目分类一目了然，便于查找，着重改善了用户的节目收听体验。

根据《2018 年上半年平均播放量最高的有声书品类 TOP10》可以发现，2018 年上半年平均播放量最高的有声书品类中，言情类占据 26.3%，高居榜首，第二名都市类占据 20.7%，悬疑类、幻想类居三、四名，分别占据 20.0%、17.6%，如图 6.6 所示。2018 年上半年收听

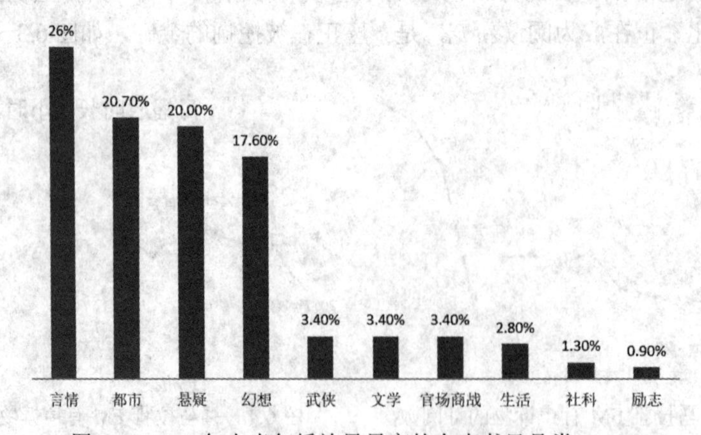

图 6.6 2018 年上半年播放量最高的有声书目品类 Top10

量累计过亿的有声书排名前十分别是：① 言情类——《婚婚欲睡》；② 都市类——《超品相师》；③ 悬疑类——《摸金天师》；④ 幻想类——《最强弃少》；⑤ 武侠类——《逍遥派》；⑥ 文学类——《老人与海》；⑦ 商场官战类——《官途》；⑧ 生活类——《轻断食》；⑨ 社科类——《明朝那些事儿》；⑩ 励志类——《小故事，大道理》。

可以看出，该平台有声读物门类中，最受欢迎的顺序依次是言情小说、都市小说和悬疑小说。2018 年上半年，部分热门有声书点击收听量超过 1 亿次。不难得出结论，细致的节目分类有助于提高内容收听量，使听众用户形成较为固定的收听习惯。

2) 节目设置针对性强

有声读物不仅解决了一些受众不愿阅读文字的需求，同时还具有很强的伴随性，适合与用户不占用注意力的前提下长时间的收听陪伴，这些特点是其他媒介所不具备的。相辅相成的是，有声读物经过主播声音的代入感与背景音乐的氛围烘托，利于听众对有声读物的感知，能达到仿佛置身其中的感觉。还有很多听众用户是在有声读物的陪伴下入睡。这些因素都提高了有声读物的使用频率，拓宽了有声读物的市场。

不同喜好的收听群体有不同的收听偏好。对此，平台分类节目名称设置的非常有目的性。按性别区分出“男生喜欢听的”“女生喜欢听的”等推荐内容；按年龄层次划分“少儿节目”“时间岁月”等模块内容。根据理解接受程度差异，平台会为用户打造适合个人的有声读物内容。这样的节目设置，使得用户在收听时，能形成沟通和互动的感觉，引起听众的共鸣。

毋庸置疑，有声读物能带给听众氛围体验。其中历史类有声读物也为那些年龄范围更广、对历史感兴趣的用户群体打开了市场。历史类有声读物邀请了众多大咖合作推出一系列优质节目，成为了平台有声读物独树一帜的招牌。比方说《中国历史未解之谜》《百家讲坛——易中天品三国》都是有着超高收听量的栏目。

人类的情感需求和归属感在马斯洛的需求层次理论金字塔中位于第三级。所以人文情感类有声读物在平台中也占有半壁江山。当听众用户有情绪需要宣泄时，情感类有声读物也为听众用户打开了一扇新的窗口。值得注意的是，该平台近年来少儿图书的收听率和付费量也在不断提高，有声读物给儿童带来新的教育体验，以一种新的思维方式传递给家长和教育机构。

3) 有声读物的时长适中，节目更新频率固定

有声读物节目的时间长度也是它受欢迎的众多原因之一。在喜马拉雅 FM 不同的有声读物的栏目中，选取了三百个节目样本进行统计，将有声读物的节目时长分为三个类型，根据数据统计结果发现，节目时长在 0～15 分钟的节目数量领先于另外两种时长的节目，如表 6.5 所示。同样，对节目的更新频率进行统计对比发现，固定每天更新的节目占比最少，大多数节目每周更新一到两期，还有部分节目每月更新或者更新时间不固定，如表 6.6 所示。

表 6.5　喜马拉雅 FM 有声读物节目时长

节目时长	节目数量	占比
0～15 分钟	151	50.3%
15～30 分钟	90	30%
30～60 分钟	59	19.6%

表 6.6　喜马拉雅 FM 有声读物节目更新频率

节目时长	节目数量	占比
每天更新	24	8%
每周更新	147	49%
每月更新	95	31.6%
更新时间不固定	34	11.3%

查阅有声读物相关调查报告了解到，23.68%的听众用户喜欢在车上听有声读物，节目时长 0～15 分钟正好适合喜欢利用零碎时间获取信息的用户的需求，这样的节目时长对观众的选择和接受更有帮助。48.45%的听众用户更偏好在睡前听有声读物，一期有声读物的时间长度正好可以伴着听众用户入睡。有声节目更新频率对听众用户与节目收听的连贯性呈正相关。如果节目更新频率太频繁，影响节目内容的质量水准，节目内容就很容易趋于相似；如果更新频率间隔过长，会使听众用户淡化追随节目的热情。喜马拉雅 FM 掌控听众用户接受的更新频率，对于保障平台节目内容质量和收听率有着重要作用。

6.2.2 喜马拉雅 FM 有声读物商业模式中的生产模式

1. 上游构建版权与内容优势

在音频产业生态链的上游，企业是以版权与内容为依托，开展内容作品生产。喜马拉雅 FM 平台在有声读物产业生态链的上游，已形成自身在版权与内容方面的优势。

从版权方面来看，喜马拉雅 FM 已经与几乎所有一线出版商签订独家战略合作协议，并在 2017 年与国内最大的数字阅读平台和文学 IP 培育平台阅文集团达成排他性合作。目前喜马拉雅 FM 平台已拥有市场上 70%畅销书的有声版权，另上线大量独家 IP，筑起版权壁垒，巩固自身竞争优势。

举例来说，2018 年，隶属于喜马拉雅 FM 的原创文学网站——奇迹作品悄然上线，网站内容除涵盖玄幻、悬疑、都市、古言、现言等主流网文类别之外，还囊括有经典文学、社科经管等传统出版物方向的品类。奇迹作品业务以内容生产、合作版权引入、衍生版权改编为主，包含 PC 端以及喜马拉雅 FM 手机客户端文学频道。依托于版权优势，进行数字内容阅读、数字内容传播、衍生版权改编等一体化的全版权运营，结合喜马拉雅有声小说的运营优势，着力实现作品的多维度渠道曝光。在该网站的“作者福利”模块里，有这么一条：凡在我站签约的优秀作品，达到 10 万字后均可申请有声改编。改编作品会连载于喜马拉雅 FM，收入会按照合同规定的作品分成比例进行发放。依托喜马拉雅 FM 有声书的巨大优势，这无疑对作者极具吸引力。同时，借助奇迹网站的作品，喜马拉雅 FM 有声书解决了版权源头，提升了利润空间。

在内容生产方面，喜马拉雅 FM 现在所实施的平台战略是打造多元化的内容生态，即专业生产内容(PGC) + 用户生产内容(UGC) + 专业用户生产内容(PUGC)，这三种生产模式构成了它的内容生产领域。这样既能够实现内容的丰富度，也可以兼顾提升内容的专业度。同时，喜马拉雅 FM 在音频业界内最早开展对主播的培训与辅导，来提升主播水平，保证节目质量。目前喜马拉雅 FM 平台的音频内容来源多元化，在传统媒体、自媒体、多个线下制造企业等均有覆盖，实现了在业界的产业链上游构建版权与内容的优势。下面通过选取 UGC 模式、PGC 模式、PUGC 模式、主播专业化培训这四个角度，解读喜马拉雅 FM 平台如何在音频产业链的上游构建版权与内容的优势。

1) UGC 模式

UGC 模式即用户生产内容模式。简单地说，这种模式就是调动广大用户的积极性去直接参与到平台的内容创作中。从喜马拉雅 FM 有声读物商业模式中的生产模式来看，UGC 模式可以为喜爱音频内容的用户搭建发挥个人作品的平台，同时广大用户也扩充了平台的音频内容节目数量。独创性的内容、借助一定的平台以及非专业人士的制作，这是 UGC 模式普遍具有的三个特点。

这种模式的创作者一般符合美国经济学家克莱·舍基提出的形成认知盈余的条件：乐于分享、一定的知识储量以及灵活的时间。这也决定了用户生产的内容存在缺乏深度、节目内容质量良莠不齐的现实情况。

在喜马拉雅 FM 成立初期，一方面为了迅速填充平台内容的需要，另一方面要在音频用户内推广，平台倡导的是用户生产内容模式。广大音频爱好者纷纷加入到内容制作人的行列，响应喜马拉雅 FM 提出“人人都是主播”的口号。在平台客户端上，找到节目上传入口，能够分享有声读物、各类讲座、娱乐等多种内容音频。

所有人通过手机即可完成音频作品的录制和分享，喜马拉雅 FM 客户端具有录音、配音、编辑等一系列音频处理工具，有着较为良好的用户体验。虽然 UGC 模式产生了大量种类丰富的原创音频内容，但由于从录制到最后分享的所有环节都需要用户亲力亲为，很容易出现无法保证分享作品内容的质量水平和节目无法定期更新的情况，UGC 模式也渐渐露出短板。由于分享无版权内容频繁引发与原著之间的纠纷，广告赞助商们投放广告非常谨慎，使得通过流量盈利不易。

出于保护 UGC 用户版权的目的，喜马拉雅 FM 的手机用户进行内容创作时可以直接在手机端完成版权登记，如图 6.7 所示。醒目的“我要保护版权”功能键设置在“我的”操作界面，提醒用户内容创作者们注重个人版权保护，如图 6.8 所示。

图 6.7 喜马拉雅 FM 版权登记界面

图 6.8 喜马拉雅 FM 手机 APP 界面明显的版权保护功能区

为鼓励 UGC 用户积极参与版权登记，在用户完成版权登记后，可以从平台获得以下相关权益：① 收益，授权内容付费收听；② 粉丝变现，专辑粉丝可以有打赏功能；③ 推广，优秀内容生产者可获得平台推广，并获得 IP 孵化计划；④ 用户内容生产者们可以得到平台配备的专业音频制作团队提供的专业技术支持。

可以看出，喜马拉雅 FM 平台已经重视起对 UGC 内容的版权保护工作。目前平台通过鼓励 UGC 用户参与版权登记的方式，有效地减少了 UGC 内容的版权纠纷，这对 UGC 用户积极参与内容创建起了很好的保护作用。

2) PGC 模式

PGC 在媒体领域指的是专业生产内容模式，即在某一领域的专业人士在平台上进行专业的内容生产与传播。

PGC 模式是喜马拉雅 FM 生产模式之一，为用户创造了高质量、有专业度的音频内容。

PGC 的生产内容主体是各个领域的专家和学者，这种生产模式的内容具有较高的可信度和权威性。具体来说，参与到喜马拉雅 FM 专业生产内容建设的主体主要包括新闻单位、非新闻单位网站或其他媒体平台，通常以传统媒体为主。

PGC 模式对内容制作有严格的把控，需要层层审核。先筛选内容，保证内容的“高质量”，确立内容主题往往是在经过讨论和研究之后才进行收集、编辑制作、发布的。同时，专业生产内容主体也不断满足观众的口味，从而赢得更多听众的信任。

总而言之，PGC 是一个具有个人爱好、专业知识和资质的内容制作主体，这种模式的内容质量是具有保障的。

在最初大力推广 UGC 模式之后，喜马拉雅 FM 平台音频内容质量变得良莠不齐，为了增加音频内容的专业度和提高节目质量水平，采取了 PGC 这样的内容生产模式。这种专业内容生产模式获取内容的方式主要有四种：一是授权与电台、电视台合作；二是购买版权；三是专业主播、艺人等具有一定影响力的用户自制上传；四是喜马拉雅 FM 平台自制节目。

PGC 模式发布在平台上的节目内容质量过硬，有较强的影响力，易于推广，能够吸引听众用户，带来可观的流量。与此环环相扣的是，PGC 模式版权清晰，几乎无纠纷，节目也容易接到广告赞助，易于实现盈利。

例如喜马拉雅 FM 利用 PGC 模式制作的有声付费节目《好好说话》，体现了 PGC 团队制作节目的高水准。《好好说话》的节目策略有以下值得其他有声读物节目学习借鉴的地方：

第一是极强的商业意识。在信息过剩的社会状况下，受众高涨的知识需求与有限的时间和精力产生冲突。该节目制作团队发现了市场需求，用易于伴随的音频与零碎的内容融合，贴合了用户对收听内容的需求。

第二，推出的节目具有针对性。专业的内容制作团队参与制作，系统讲解了语言表达技巧中的谈判、交流、演讲、辩论、说服这五个日常生活中常用且大多人需要学习的单元。更为重要的是，这个节目在喜马拉雅 FM 的上线也意味着该平台步入了付费模式，该平台的盈利渠道随着更高质量的节目推出也得到有效拓宽。

由此可见，优质 PGC 可以强化内容建设的优势，不仅为平台本身吸引流量，在更广泛意义上也成为音频生态链的发展动力。优质的专业化生产内容较为稀缺，为了避免内容同质化，实现各个平台内容差异化的重要手段之一就是购买版权，独家平台播放通常也意味着高额的版权费，在近几年里，随着多家有声读物平台的发展，PGC 的版权价格也翻了好几倍。由此可以看出，虽然 PGC 的生产模式优势明显，但是也给发展期的音频平台带来了较大的成本压力。所以需要有声读物平台既要追求节目数量，也要保证节目的质量，找到适合自身的生产模式。

3) PUGC 模式

以 UGC 和 PGC 为基础，随着音频节目内容规模的扩大和用户的增加，喜马拉雅 FM 又研发出区别于其他音频平台的内容生产模式——专业用户生产内容(PUGC)。PUGC 模式上也是对普通用户生产模式的升级改版。PUGC 作为喜马拉雅 FM 生产模式中的独特一环，不仅为用户创造了有价值的音频内容，而且也是喜马拉雅 FM 探索出适合自身平台的一种内容生产模式。

随着喜马拉雅 FM 有声读物平台的不断发展，越来越多的大众音频爱好者、自媒体人以及传统电台主播向平台表达想提升自身网络音频业务水平的需求。在此背景下，喜马拉雅 FM 平台开创了第一个主播孵化平台——喜马拉雅大学。这是喜马拉雅 FM 平台官方设立的帮助主播成长的学习平台，为全行业主播提供节目制作技能、音频行业知识、职业经验等培训课程。喜马拉雅大学携手有声读物行业内的知名主播、传媒院校专家教授，共创多门课程培训，开设专业、实用的课程体系，来解决主播们的提升需求。

喜马拉雅大学计划在 2019—2021 年间，与近百家传媒类院校或学院开展合作，导入 15～20 万学生进入项目。通过喜马拉雅大学提供的培训服务，使得对音频节目领域感兴趣的主播可以在这条生态链的帮助下成长，并逐步进行认证，成为平台“加 V”的主播。

除了喜马拉雅大学这样的项目之外，喜马拉雅 FM 也推出了“万人十亿新声计划”。该计划的初衷是为了帮助有发展潜力的内容制作者解决眼下所需，由平台推出的扶持计划。在 2019 年，喜马拉雅 FM 设立专项资金扶持音频节目内容创业者，从增加听众、资金周转、培育孵化这三个措施着手，努力让创作者的节目实现盈利变现。在此之后，众多有声读物内容制作者从中受益，该平台也成为了目前国内最大的音频主播培育孵化平台。

总而言之，喜马拉雅 FM 平台利用 PUGC 形成良好的生态模式，吸引了众多知名自媒体人先后入驻。有了名人主播示范效应，平台对其他潜力主播还提供各类技术、资金支持，包括节目内容推广、用户收听数据分析、广告赞助等，推动潜力主播上线更多的优质有声内容。PUGC 模式的节目内容版权较少出现纠纷，生产成本可控制，节目质量也有了保障，水到渠成就有了广告赞助与粉丝打赏，内容变现非常可观。

4) 主播专业化培训

主播对有声读物内容质量有着重要影响，是产业链上游内容生产的重要一环。通常有声节目上传成功后，节目是以谁的声音录制的，那么他就是这个节目的主播。在当前，喜马拉雅 FM 的主播影响力逐渐扩大，吸引了众多用户收听，形成了可观的粉丝效应。主播的专业水准对于平台有着举足轻重的影响力，对主播专业化的培训也被平台提上日程。

大部分优质内容的主播是喜马拉雅 FM 平台签约主播，“签约主播”会在主播个人介绍最前面，作为节目质量的一种保证。这些签约主播实力过硬，往往有播音专业背景。也有部分主播不是平台签约主播，凭借节目制作精良、优秀的声音功底，打上了主播排行榜的“有声书优秀主播”标签。签约主播大部分为全职主播，也有部分主播只是作为兴趣爱好做到了主播排行榜的前列，往往这样的主播个人时间比较充沛，多为全职妈妈、自由职业者等。

可以看出，作为有声节目的核心环节和实现有声节目主要目的人物，主播对有声节目质量水平起着至关重要的作用。在以往专业媒体制作内容的时代，主持人都是经过专业的训练，比如系统的语音学习和普通话训练，他们比普通人有更多的语音优势和语言敏感性，这是一项有较高门槛的工作。

而在移动互联网时代，“技术赋权”使得人们成为主播的要求大大降低，一方面可以发掘众多的主播资源与活力，另一方面也大大影响着电台内部的专业水准。只需要通过手机即可录音，但普通用户心中的内容没有筛选标准，节目制作也没有专业化要求。上传到平台的有声节目内容往往容易出现大量的娱乐化、非专业化，甚至低俗化。节目主播水平不够专业，使得节目缺乏内涵，最后影响了节目收听。普通主播往往会受困于资金限制，很难引进先进的录音设备，来提高音频节目的质量水平。

为了既能对自制主播的人数分流，又能保证自制主播的业务水准，喜马拉雅 FM 平台设立了专门的广播电台，召集喜欢广播的用户互相学习，对上传者和上传的作品进行审查，平台保持与普通主播的联系，实行奖励制度。同时，对于著作权问题明确法规，减少侵权行为的发生。此外，深入了解受众需求，提供准确的节目内容。根据作品本身的特点，平台可以邀请业内知名人士加入，让他成为一个跨界的主播，平台也可以邀请各行业的精英、演艺界明星、学术大咖等不同类型的有影响力人士，欢迎他们参与有声读物的播音或做主持。这种做法不仅有助于提高有声读物节目内容质量，也能满足年轻观众的需求。举例来说，目前有声读物领域颇具影响力的情感类节目《十点读书》，该节目组制作的有声读物特别之处在于，每周邀请不同的特邀嘉宾为听众用户朗诵一首诗，长此以往吸引了 160 多万粉丝前来收听。

通过以上梳理与总结，可以看出喜马拉雅 FM 现在多元化的内容生态战略：UGC 模式的内容多姿多彩，节目数量庞大；PGC 和 PUGC 模式的节目内容则主推专业化和精品化。这三种内容生产模式并行，相互搭配，构成了喜马拉雅 FM 有声读物商业模式中的内容生产模式，不仅全方位满足了消费者的需求，还丰富了音频产业的内容生态，这也决定了喜马拉雅 FM 区别于其他类型的有声读物平台，属于综合性的音频平台。

总而言之，在喜马拉雅 FM 有声读物的音频产业链上游，应对有声读物的侵权问题，该平台通过鼓励用户原创的同时，加大版权购买力度、改善节目审核的方法，净化了平台的生态环境。此外，利用多样化的内容制作和精细的分类框架，成功地将各个听众用户群体连接起来。通过以上措施与环节，喜马拉雅 FM 构建起在音频产业生态链的上游有声读物的版权与内容优势，将生产出的优质内容，经过音频产业生态链中游的渠道运营与分发，精准推送到用户客户端。

2. 中游有声读物的渠道运营与分发

在音频产业生态链的中游，企业是以内容渠道的运营与分发为主要目的来开展业务。喜马拉雅 FM 有声读物产业链中游是系统地根据相关数据收集与分析，包括用户信息、用户使用习惯、节目点击率、用户黏度等，进行内容渠道的运营与分发。喜马拉雅 FM 有声读物产业链中游对于产业链的上下游而言，起到承上启下的作用。将上游内容生产的制作内容，经过准确的用户画像与数据分析，通过下游终端产品可以个性化智能推荐给听众。下面从用户画像分析工具、个性化智能推荐两个角度阐释喜马拉雅 FM 音频产业链中游如何实现有声读物的渠道运营与分发。

1) 准确的用户画像

喜马拉雅 FM 有声读物产业链中游首先依托的是准确的用户画像。企业使用到的用户画像又称为用户角色，是作为描述目标用户、连接用户需求和产品设计方向的常用分析工具，在商业领域得到了广泛的应用。在实际操作过程中，平台往往以最明显、最贴近生活的话语，将用户的属性和行为与预期的数据转换联系起来。用户画像作为真实用户的虚拟代表，所形成的用户角色并不是从产品和市场中建构出来的。因此，形成的用户角色需要具有代表性，才能成为产品的主要受众和目标群体的代表。

从平台选择服务对象的角度来看，喜马拉雅 FM 通过用户画像工具分析用户，可以使得有声读物的服务对象范围更加聚焦，更贴合听众用户的需求。在产品行业经常看到这样一种现象：如果产品的期望目标用户是覆盖所有群体，包括男女老幼、专家和大众、文艺青年和潮流爱好者等，一般来说，这样的产品会大概率消亡。这是因为每一个产品都有特定的目标群体，这需要一定标准的服务。通常目标群体的基数越大，标准就越低。也就是说，如果这个产品适合每个人，其实是最低标准的服务，这样的产品基本没有市场竞争力。

同时，从平台设计者的角度来看，设计者通过用户画像工具分析用户，在某种程度上，可以降低产品设计师对用户需求了解失真的次数。在产品设计中，设计者代替用户的真实想法是一种普遍的现象。产品设计师往往打着“服务用户”的旗号，会无意识地认为自己所做的产品是用户的期望值。结果就会出现：平台精心设计的服务，用户不买，甚至感觉不好。

更重要的是，从平台决策者的角度来看，通过用户画像分析用户还可以提高平台决策效率和准确度。在产品设计流程中，不同环节的参与者众多，不可避免地会出现分歧，决策者的决策效率与决策准确度无疑影响着项目实施的进度与最后的成果展现。用户画像来源于对目标用户的研究。当所有参与产品的人在一致的用户基础上进行讨论和决策时，可以减少不必要的分歧，保持一致的大方向，确保平台产品上线项目的进度。

本小节通过分析用户画像工具中的性别与年龄、城市与消费水平这两组最常见的信息，来了解喜马拉雅 FM 在有声读物业务中是如何利用用户画像这一工具的。

(1) 性别与年龄。

通过表 6.7 中的统计数据可以看出，喜马拉雅 FM 平台的男女用户比例在其他四个移动音频产品中相对合理，和《中国互联网络发展状况统计报告》公布的 2019 年网民男女比例 52.7∶47.3 比较接近。

表 6.7 喜马拉雅 FM 与其他平台在性别比例与年龄段的差异

APP	性别		年龄				
	男	女	≤23	24～30	31～35	36～40	≥41
喜马拉雅 FM	64.70%	35.30%	22.76%	27.12%	28.38%	16.50%	5.25%
蜻蜓 FM	89.90%	10.10%	6.80%	8.50%	13.00%	62.10%	9.60%
荔枝	38.40%	61.60%	20.40%	3.30 %	11.40%	62.50%	2.40%
懒人听书	81.80%	18.20%	13.30%	22.80%	27.40%	25.40%	11.00%
企鹅 FM	65.50%	34.50%	9.50%	10.30%	21.20%	52.50%	6.60%

从年龄分布的角度来看，喜马拉雅 FM 的用户年龄偏青壮年，30～40 岁的用户比例(44.88%)明显高于《中国互联网络发展状况统计报告》中的国内网民在此年龄区间的比例(23.5%)。年龄数据可以从侧面反映出该平台用户使用喜马拉雅 FM 的原因：一方面音频区别于其他媒介的伴随性和这个年龄区间用户的自我提升需求；另一方面听众用户在使用喜马拉雅 FM 的时候场景多样化。

这五个平台当中，只有荔枝的女性用户比例高于男性用户，这大概是因为荔枝为区别于其他音频平台，将平台自身定位于服务女性用户，针对女性用户做了较多的界面设计，并且荔枝平台所提供的内容，比方说直播、社交、助眠、情感等，更能吸引女性用户。多数音频产品男女用户的比例较为不平衡，这应该是由于音频内容更适合播放例如小说、财经、历史等节目，这样的音频节目内容对男性用户更有吸引力。

在使用喜马拉雅 FM 移动客户端时，可以直观感受到用户画像工具是如何运作的。比方说，每一个新用户注册的时候，平台需要手机用户填写性别、年龄段，以此来推荐给用户大致的喜欢内容(如图 6.9 所示)。后台从用户选择性的点击收听与停留时间的长短等操作中选取相关数据，进行分析与反馈，依次逐步缩小用户喜爱内容种类的范围。

图 6.9　喜马拉雅 FM 手机客户端注册页面

通过调查发现，男性用户中有 60%喜欢悬疑与幻想类的有声书，女性用户中喜好的作品种类比较集中，主要是言情类的有声书，占据 90%的比例。

可以看出，不同性别的听众用户所喜好的有声读物内容差别很大。所以不难理解，为什么新用户打开喜马拉雅 FM 手机 APP，第一个操作界面就是让用户填写性别。

(2) 城市与消费水平。

通过艾美咨询调查数据发现，不同发展水平的城市居民用户，在偏好的有声书品类也会有所差别。在针对 2018 年国内有声读物用户偏好收听品类分布的调查中，有 29.8%的一线城市听众最喜欢收听人物传记类的有声读物；有 36.5%的二线城市听众最为喜欢都市生活类的有声读物；有 34.7%的三四线城市听众喜欢文学名著类的有声读物，如图 6.10 所示。因此，在使用喜马拉雅 FM 的手机客户端时，系统会自动跳出“使用应用期间获取定位许可”的界面，来获取用户所在位置，以此来进行相关内容的推荐。

同样，不同年龄段的用户，所偏好的有声书品类有相同之处也有不同之处。在针对 2018 年国内有声读物用户偏好收听品类分布的调查中，年轻用户与大龄用户在有声读物品类偏好上较为不同。有 33.7%的 90 后、00 后用户喜爱点击收听哲学思想类有声读物；有 40.4%的 80 后用户喜欢点击收听都市生活类有声读物；有 64.1%的 70 后及年龄更大的用户喜欢收听都市生活类有声读物，如图 6.11 所示。

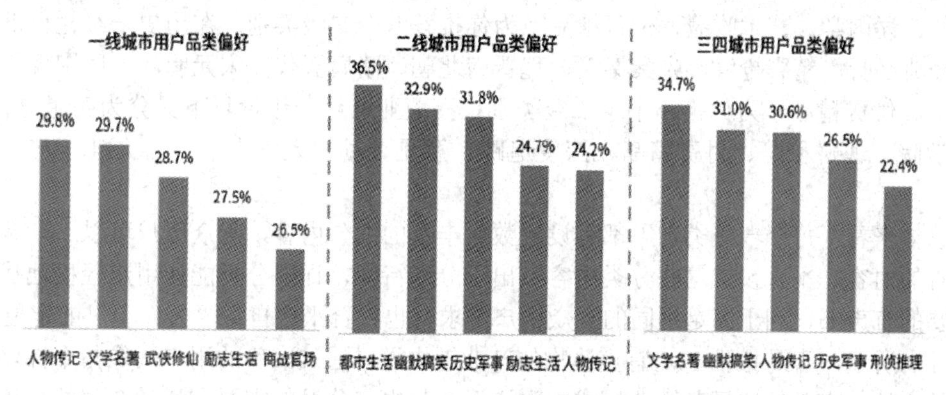

图 6.10　2018 年中国不同城市有声读物用户偏好收听品类分布

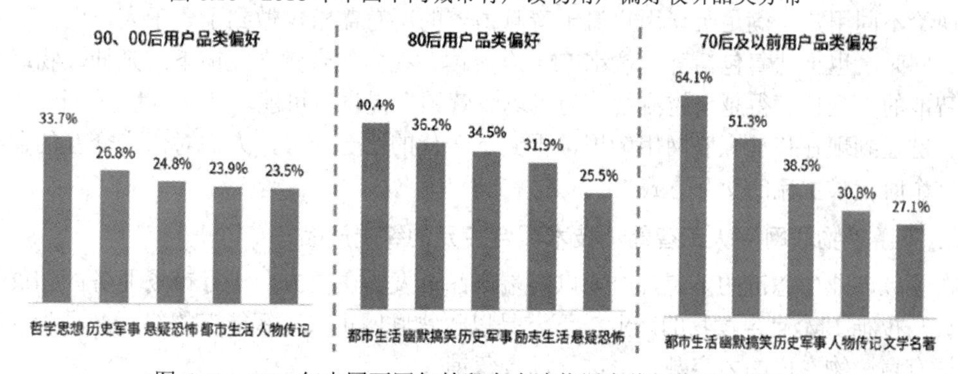

图 6.11　2018 年中国不同年龄段有声读物用户偏好收听品类分布

所以可以理解的是，在喜马拉雅 FM 新用户使用的开屏界面，点击填写个人性别之后，就是对用户年龄的获知，用户可以选择属于自己的年龄段，平台会根据年龄段大类进行内容推荐。

通过以上获取用户基本信息的操作，在用户一开始使用喜马拉雅 FM 时，就可以为用户提供更精确的内容推荐，减少新用户在开始使用时的不适。同时，应用后台可以收集到用户的点击喜好、内容停留时间等操作习惯。用户使用时间越长，为用户推荐的内容也会更加符合用户喜好。

2) 个性化智能推荐

喜马拉雅 FM 平台数据经过不断地积累，依托准确的用户画像，使得喜马拉雅 FM 有声读物产业链中游能实现内容分发的智能化。有声读物产业链中游的内容分发不仅是基于用户个人去搜索、寻找，更多根据用户的兴趣，有大数据、兴趣图谱，给用户个性化推荐，根据用户的兴趣、时间、空间给用户推荐用户想要的内容。

在细分市场的基础上，平台锁定细分受众，以个性化的服务方式满足听众用户的需求。随着喜马拉雅 FM 平台的持续发展，该平台的有声读物内容也呈现出多元化发展的趋势。目前平台上的一级大类有声读物有 22 种，包括相声评书、头条、有声书、儿童、人文、历史、音乐、教育培训、外语、娱乐、情感生活、商业财经、健康养生、广播剧、戏曲、IT 科技、旅游、影视、时尚生活、汽车、二次元、电台。

在每个一级类别下，平台进行内容差异细分，再设置二级类别，以满足听众用户更多的个性化需求。例如在人文一级栏目下面又细分了经典必听、每日优选、精彩抢鲜、名著经典、诗词国学、艺术收藏、付费精品、为你推荐八个二级类别；在历史一级栏目下面又分为经典必听、精彩抢鲜、先秦秦汉、魏晋南北朝、隋唐五代、宋元明清、民国现代、世界风云、付费精品、为你推荐十个二级类别；在商业财经一级栏目下又分为明星分析师、财商学院、理财秘籍、付费精品、深度追踪、意见领袖、人气主播、为你推荐八个二级栏目。

总体来看，每个一级类别下都有设置数量丰富的细分内容，听众用户可以逐渐聚焦自己想听的内容。平台设置这些分类内容突出了分众特征，详细分类能让用户轻松地找到自己需要的有声书，利于满足不同的听众用户需求，也符合平台自身“大而全”的定位。

综上所述，喜马拉雅 FM 有声读物的产业链中游，通过准确的用户画像与个性化智能推荐的方法，有效解决了其商业模式中渠道运营与内容分发的需要，科学合理的把优质内容呈现给不同用户，满足听众用户对于音频内容的所有需求，做到了“千人千面，听我想听”。同时，也推动着包括喜马拉雅 FM 有声读物在内的音频产业链下游延伸，物联网与人工智能的交互也变得越来越流行，为“场景营销”提供着可能。从 20 世纪的个人电脑、鼠标、键盘到现在移动互联网用触屏，再到下一代的语音交互，人们对语音交互的需要会成为这个时代最主流的交互方式。

3. 下游“物联网 + 人工智能”技术契合多元的终端产品

在音频产业生态链的下游，企业以终端产品开发为主要方向进行市场业务的拓展与深入。喜马拉雅 FM 有声读物的产业链下游是以“物联网 + 人工智能”的终端产品为载体，与包括有声读物在内的内容融合，进行场景营销。

所谓场景，是人们工作生活的多种情景。场景是时间、空间、人物、事的组合。用户在哪个时间和空间下会做些什么，有怎样的心理？企业用什么方式能增加曝光，能影响用户，以提高可接受度，来达到企业的目的。

所谓场景营销，是经营主体与用户形成互动体验，促使用户完成消费行为的过程。商家利用了消费者所处的特定时间和空间，创造出特定的场景。简单来说，就是根据用户的场景来做营销。

举例来说，城市上班族在公交、地铁暂时固定的时间和空间内，可以打发通勤时间的方式方法主要有娱乐、处理工作信息、学习提升三种。

喜马拉雅 FM 抓住消费者通勤时间想娱乐或者学习提升的心理，又不用过多占用双手，推出一系列上下班时可以收听的节目。也在公交、地铁车厢里做出创意广告，可直接扫码试听或下载。这就是音频企业面向城市上班族用户群体的通勤时间营造的场景营销。

为了满足不同场景需求，目前喜马拉雅 FM 音频下游终端产品的类别主要有移动通信终端、汽车、智能生活。喜马拉雅 FM 的产业链下游对于整个产业链而言，与有声读物一样属于企业的产品，同时也是内容的载体，实现了用户与内容创作者、产品设计开发者的互动。并且，通过现在市场上喜马拉雅 FM 一系列的终端产品，可以看出企业不满足于用音频内容改变读者阅读的方式，更希望改变人们的生活方式，让人们的生活用声音更加智能化。

这里选取移动通信终端、汽车、智能生活这三种硬件设备，解读喜马拉雅 FM 音频下游终端产品如何运用“物联网 + 人工智能”技术，与平台有声内容结合，拓宽市场，发展用户，实现音频产业生态链延伸的目标。

1) *移动通信终端 + 有声读物*

当下喜马拉雅 FM 音频下游终端产品的主阵地是在移动通信终端。移动通信终端一般称为移动终端，在日常生活中，它是指具有多种应用功能的手机或智能手机和平板电脑。移动终端在所有终端产品中应用场景最多，其中手机或平板电脑有着易携带、伴随性强的特点，在 5G 技术全面进入生活的技术条件下，有声读物最适合的土壤之一就是移动终端。

喜马拉雅 FM 有声读物最早在 2012 年 8 月上线电脑网页版之后，紧接着 2013 年 3 月就推出移动通信终端。在移动通信终端上，该平台也投入很多精力来进行迭代、更新与升级。2017—2018 年，喜马拉雅 FM 移动通信客户端有两次重大版本更新，分别是 6.3.6 版本和 6.3.45 版本的更新，带来了良好效果。

两次版本更新后带来了在手机应用畅销榜排名的显著提升。因为畅销榜的排名主要受到 APP 内销售额的影响，这也就意味着这两个版本的更新给 APP 带来了较大的销售增长，下面从两点分析具体原因：

(1) 2017 年 6 月上线的 6.3.6 版本。该版本上线了“巅峰会员”功能，通过会员享有每天听一本书的特权，吸引了一大批用户付费，使得平台在畅销榜排名急剧攀升。但是，在下载专区的评论里看到，听众用户对该会员特权不具备去除有声广告的功能有较多意见，从排名趋势也可以看出影响，下载量高峰之后迅速下降，回到了之前的平均水平。

(2) 2017 年 12 月上线的 6.3.45 版本。平台为“123 知识狂欢节”活动造势，上线了 6.3.45 版本。这是该活动举办的第 4 年，每一次的活动都可以为平台带来亿元量级别的销售额。从客户端巨大增长的下载量可以看出，一方面是由于用户本身对内容付费这件事接受度越来越高，另一个方面就是平台运营方精心设计的促销活动和富有成效的运营策略。

但 6.3.6 版本上线并没有带来下载量的提升。造成这种现象是由于会员服务本身是需要付费的，会员服务对新用户的吸引力是有限的。相反，为“123 知识狂欢节”上线造势的 6.3.45 版本，因为大量优惠券的派送，吸引了很多之前持观望态度的潜在用户进行下载消费。这两个版本相同之处在于，凭借运营活动的宣传反馈，取得排行榜排名的提升。

除了以上两个版本之外，2017 年 9 月上线的 6.3.24 版本则是凭借产品本身性能的优化、更好的用户体验提升了在移动终端有声读物排行榜上的排名。此版本具体的优化包括：精品页增加分类导航、会员免广告、夜间模式、订阅排序方式可选、定集关闭功能等。这些功能优化都是具有针对性的，是为了解决用户在之前版本的使用痛点做出的改进。此版本的更新上线，对于提升用户体验和产品口碑有着积极的作用，在排名中也可以看到此版本更新后，在榜单高排位维持了很长一段时间。

就目前来说，移动终端是喜马拉雅 FM 音频下游终端产品发展时间最长、产品功能最为完善、拥有最固定的受众群体，也是喜马拉雅 FM 有声读物的主要发力点。喜马拉雅 FM 在移动终端的不断优化、迭代升级，也提供了更好的有声读物使用体验，为延伸有声读物下游产业链打下很好的基础。不过，移动终端也有不能够实现的场景，比如在驾车、居家活动时，这就为“汽车 + 有声读物”“智能生活 + 有声读物”商业蓝海的出现提供了契机。

2) 汽车 + 有声读物

传统工业中的汽车行业在近些年越来越注重通过技术创新来提高用户体验，物联网为汽车行业提供了技术支持，跨界合作成为可能。比方说，bilibili(以下简称 B 站)从 2020 年第一季度起，将视频流服务与特斯拉全球所有车型进行连接，驾驶者和乘客休息时，可以选择观看特斯拉汽车多媒体系统提供的 B 站视频服务。

同样，随着国内汽车的普及，每辆汽车都装有电台功能的设备，包括价格高昂的名车以及普通家用车，车上都会有多媒体装置。同时，人们在开车或乘车的时候，是非常适合用收听方式来度过这段时间的。但喜马拉雅 FM 手机版 APP 在驾车播放时并不理想，这就为喜马拉雅 FM 车载版带来了市场。

2018 年 2 月，喜马拉雅 FM 接入苹果 Carplay，并推出 Carplay 车载版本(图 6.12)。车主在使用 Carplay 车载版本时，通过语言控制，可以同步喜马拉雅 FM 移动客户端的历史、下载、订阅、已购买等内容，包括收听喜好都可以一次性与移动通信终端完成同步。听众用户在手机客户端正在收听的内容，可以在上车后切换到 CarPlay 车载版本上的喜马拉雅 FM 客户端继续播放，驾驶汽车不会打断用户收听的节目内容。而且，密闭、较为隐私的车内空间，用车载音响播放平台的有声内容，会有更佳的收听体验。喜马拉雅 FM 通过与苹果 CarPlay 的合作，能够将平台内容传递给更多的车主，打造更具特色的车用场景。除苹果 Carplay 之外，喜马拉雅 FM 还在安卓、Linux、H5 等多种车载版本寻找实现方案，充分满足听众用户在驾驶时收听有声读物的诉求。

图 6.12　喜马拉雅 FM 车载版的主界面显示

通过喜马拉雅 FM 车载版官网介绍、相关电子产品测评节目、电商网站购买者评价，可以看出喜马拉雅 FM 车载版的四个优势。

(1) 喜马拉雅FM车载版能够根据车主的收听习惯分析车主喜好。平台利用云端大数据及人工智能算法为车主定制私人化的收听体验。

(2) 车载版也能根据当前出行场景和同行乘客的特点，推荐最符合当下环境的音频内容。以海量音频资源为基础，喜马拉雅FM车载版努力实现针对每一位乘车人员的“千人千面，听我想听”。

(3) 不用担心流量的“超载”。车主可直接用声音控制进入车载版本的“下载”专区，就可以播放手机端之前所有已经下载的专辑内容，不用担心消耗车上的数据流量，在断网时同样可以收听已下载的内容。此外，如果驾驶汽车的用户已经开通了喜马拉雅FM的手机畅听流量包，不会受到数据流量、时间与地点的限制，更方便享受驾驶时聆听有声读物的双重乐趣。

(4) 车载版本的播放界面减少了原有客户端中不必要的视觉干扰和复杂动效，保留了播放平台的核心功能，更贴近符合车机HMI(车载人机界面)的交互原则，即尽量减少车载软件对驾驶员注意力的干扰，保障驾驶员的安全出行。

从传统音频到移动音频收听，现代人对汽车科技和娱乐的需求越来越大，车载版本的有声读物平台仍有很大的市场空间。截至目前，可以看到喜马拉雅FM已联手宝马、奥迪、比亚迪、一汽等车辆生产厂家，将内容批量分发到各品牌汽车多媒体上。另外在存量车市场，喜马拉雅FM也做出布局，推出智能硬件“随车听”，厂家可通过选装，使得有声读物节目内容到达国内数亿存量车多媒体播放平台内。

就当前有声读物车载版的市场而言，喜马拉雅FM车载版仅上市两年，在官网、京东、天猫网站均有销售渠道，且版本不断在更新、迭代。喜马拉雅FM车载版不仅弥补了手机客户端在用户驾车时收听有声读物不理想的技术短板，同时也拓宽了用户人群与内容传播面。与此同时，居家生活时收听有声读物的场景需求也被喜马拉雅FM所发掘。

3) 智能生活+有声读物

在家庭生活中，有很多适合听有声读物的场景。“听”是很适宜家庭生活的娱乐、学习提升、获取信息的一种方式，不需要占用双手以及太多注意力，适合“听”的时间也多，从起床到出门，下班回家，吃饭、洗漱、睡前，甚至是在洗手间，都可以来听想听的内容。喜马拉雅FM很快就开发了这一片蓝海。

在物联网与人工智能技术支持下，家庭生活里的电子设备功能也变得个性化与智能化。下面从喜马拉雅FM推出小雅音箱、晓雅Mini AI，到当下主打精品内容的小雅Nano，分析这三款主要产品的特点。

(1) 2017年6月，喜马拉雅FM推出小雅AI音箱。当听众用户设置好小雅AI音箱的网络之后，它就正式成为“家庭中的一分子了”。除了传统的听音乐、电台之外，通过喜马拉雅FM强大的大数据后台，它还能给家中孩子唱儿歌、讲故事、做计算题目，还能给老人们唱京剧，播报实时新闻、天气预报，甚至它还能担当起小秘书的责任，帮用户找手机、查快递、订闹钟。令人惊奇的是，这款智能音箱不仅只是一款音箱，它凭借后台强大的云数据，实现与小米、美的、海尔等厂商的智能产品无缝对接。

(2) 2018年5月喜马拉雅FM推出了晓雅Mini AI音响，目标用户是0～14岁儿童。晓雅Mini AI可以与儿童的声音互动，它不仅能实现简单的加减乘除、英语翻译、成语解释、天气查询等基本功能，还具有智能提醒功能，如提醒孩子吃饭、睡觉、刷牙、休息等。

在外观上，晓雅 Mini AI 音箱和喜马拉雅 FM 之前推出的小雅 AI 音箱有很多共同点，前者就像是后者的截面，再用曲面进行平滑的填补处理，比小雅 AI 音箱还要“mini”，高仅有 12.7 厘米。

喜马拉雅 FM 平台将晓雅 Mini AI 音箱的营销策略和增值服务相捆绑，只要用户预约购买晓雅 Mini AI 音箱，就享有一个月的喜马拉雅会员资格。而且，晓雅 Mini AI 音箱不同于小雅 AI 音箱，它的用户定位更为明确，在接入了全网站音频内容的同时，主要针对 0～14 岁的儿童，将内容进行优化分类，包括故事、百科全书、英语、音乐、科学、历史等 300 多个子项目，共计 9000 多万音频内容，可谓是“大而全”的一款智能音箱。

晓雅 Mini AI 音箱营销成功之处在于，语音 AI 产品使得生活便利程度大大提高，而 Mini 款式的智能音箱在生产成本上更低，市场定价也更低，所以迅速成为了智能音箱市场的抢手货。硬件生产厂商也抓住了市场的需求趋势动向，智能音箱很快成为了他们扩大市场、布局口碑的利器。

(3) 喜马拉雅 FM 推出的最新一款智能音箱产品是全内容智能音箱小雅 Nano，在 2018 年 12 月 24 日零点正式开售，该产品自带 1 年喜马拉雅 VIP 会员，首批一万台现货刚开售就被一抢而空。这款音箱的市场定位是能免费听会员精品内容，同时是一款 AI 音箱。对于这款产品，喜马拉雅 FM 有这样的营销策略：喜马拉雅 FM 平台在 2018 年 12 月 21 日上线了小雅 Nano 智能音箱的预售阶段活动，用户只需支付一元的定金来锁定购买名额，在正式发售阶段，用户再支付相当于喜马拉雅 FM 年度会员费的 198 元，即可获得小雅 Nano 智能音箱，同时可以免费收听所有喜马拉雅会员的内容。通过以上举措，小雅 Nano 成为了沟通用户与内容生态的桥梁，并进行了深度绑定，形成了闭环式的会员增值服务，提升喜马拉雅 FM 平台的会员价值，最终实现硬件产品的价值。

从小雅Nano智能音箱这款产品可以看出喜马拉雅FM平台对于人工智能领域的积极尝试。喜马拉雅 FM 副总裁李海波对于人工智能曾表示：“今天我们背后的所谓人工智能，本质是一个庞大的‘人工 + 精确的算法 + 大数据计算力’的结果，但缺乏人情温度，没有真正替用户思考需要解决什么问题、用户有什么样的偏好、用什么样的方式才能满足这些要求，音频平台是要从更好的用户体验水平开始发力的。”

看到有这样的运营思路的转变，也就可以明白喜马拉雅 FM 目前正在努力打破智能音箱的价格战困局的目的，以及打出“产品 + 内容”组合的深刻意义。放眼未来的物联网时代，很多使用场景转变成移动使用场景，屏幕可能会消失，知识与信息获取的方式将会更加便捷且随意。而中国的智能语音音箱市场不过是刚刚起步，喜马拉雅 FM 的这些尝试，将会使得智能语音音箱行业的热度持续升温。

今天人们获取内容的方式已经发生了很大转变，他们不再局限于单一的接收渠道和固定的使用场景。音频独特的伴随属性可以创造一个平行的时空，这是其他媒介形式所不具有的特质。每一个真实和更详细的使用场景，已经或将会形成新的商业蓝海。无论是在地铁、汽车、居家、户外，甚至是卫生间，音频平台都可以利用音频的形式无缝连接用户，满足多元场景音频使用的需求。

总的来说，喜马拉雅 FM 有声读物的产业链下游以终端产品为载体，对于不同场景做出有针对的产品与内容。在移动终端、车载市场以及智能生活的场景里，满足更多收听有声读物用户需求的同时，也丰富了自身的商业布局，从最先只做有声内容，到多种硬件设备，喜马拉雅 FM 有声读物不断拓宽音频产业链下游市场，也使得盈利模式从单一到多元。

6.2.3 喜马拉雅 FM 有声读物商业模式中的盈利模式

喜马拉雅 FM 的音频产业链构成了喜马拉雅商业模式中的生产模式，这种生产模式也深刻影响着喜马拉雅 FM 有声读物商业模式中的盈利模式。

在平台经济领域所说的盈利模式是指平台对生产经营要素进行统一管理和价值标识，寻找其中的盈利机会，即企业关于发掘利润潜力、产品生产过程和产出方式的常用体系。此外，也有经济学家提出，平台整合所有的资源，通过组织机制和商业结构，能够实现平台企业价值的创造、获取和分配的目的，就是盈利模式。

喜马拉雅 FM 打造的音频产业生态链，确立了自身商业模式中独特的盈利模式，通过为客户创造价值，从而为自己收获价值。喜马拉雅 FM 有声读物的盈利模式主要由以下三方面构成：广告造节营销模式；IP 孵化与精品付费模式；内容认同的粉丝效益。下面对这三种模式进行解读。

1. 广告造节营销模式

节日购物是国内消费文化的一大特色。商家利用消费者的消费心理，在节日期间进行各种营销活动。在喜马拉雅 FM 有声读物的盈利模式中，也有着非常引人注目的营销模式——广告造节。广告造节顾名思义是用营销的手段创造出一个节日。不同于传统意义上的节日，国内的品牌造节是从 2009 年淘宝“双 11”购物狂欢节开始的。在这之后的十余年里，各种大小品牌造节层出不穷，参与花式造节的企业也越来越多，几乎天天都可以成为营销的节日。其中，受众比较明确的有亲子节、母婴节、吃货节等；比较吸引眼球、有创意的有智能马桶节、天猫机器人节等。

喜马拉雅 FM 不断发掘营销热点，已经在文化领域创造了“123 知识狂欢节”“66 会员日”“423 听书节”这三个节日。从目前来看，其以一种新的形式在推动知识的传播，同时也为企业带来丰厚回报。下面对这三个节日展开分析，以此来解读喜马拉雅 FM 盈利模式中的广告造节营销模式。

1) 喜马拉雅 FM 的“123 知识狂欢节”

由喜马拉雅 FM 平台发起定于每年 12 月 3 日的“123 知识狂欢节”，是国内首个有声读物消费节，号召全民重视音频内容的价值。它就像是内容付费领域的“双 11”，不同的是，这一天抢购的不是某个物品，而是优质的音频有声内容。

2016 年是喜马拉雅 FM“123 知识狂欢节”的元年，在 12 月 3 日当天总销售额达到 5088 万，相当于淘宝“双 11”第一年的销售额。其中，“123 知识狂欢节”的销量冠军是具有代表性的有声读物节目——马东监制的《好好说话》。

回顾 2016—2018 年三年内的“123 知识狂欢节”，第三年的内容消费总额超过 4.35 亿，远超前两年的节日成交额总和。该平台不断超越有声读物消费的天花板，让有声读物音频行业与听众用户感受到有声书市场的超大储量。

喜马拉雅 CEO 余建军曾谈论自己最初设立这个节日的想法，他认为用户如今有了新的消费观念，普通用户不再满足于关注好的产品与服务，进一步关注内在消费与实现自我充电与提高。听众用户对优质音频内容需求集中表现在“123 知识狂欢节”活动的火爆，平台希望更多用户共同参与，使其成为有声读物消费狂欢节。

2019 年的“123 知识狂欢节”，平台早早开始着手，从活动策划、内容制作、选择参与活动的作品，到最终活动当天所呈现的盛况，历时半年之久。每年的“123 知识狂欢节”都会侧重于如何用音频传递更好的内容。2019 年“123 知识狂欢节”的活动中，突出的特色是超级 IP、独家制作、出圈和传承。这一年的“123 知识狂欢节”营销亮点与创新之处，总结为以下四点：

(1) 不同于淘宝“双 11”复杂烧脑的策略，2019 年喜马拉雅 FM“123 知识狂欢节”的基调是简单好玩的同时让用户真正领到实惠。这一次的“123 知识狂欢节”融入了更多活动玩法，喜马拉雅 FM 还准备了一亿津贴补贴用户。用户可以参与零元秒杀活动，领取补贴在购买会员、专辑等时候可以使用五折券或在支付时直接抵扣支付费用。比方说，用户希望购买 200 元的有声读物，通过领五折券和使用津贴，最低 80 元就可以买到手。

(2) 2019 年的“123 知识狂欢节”活动期间，平台还上线了“收听资产报告”。比较有趣的是，每个听众用户可以将“收听资产报告”兑换成活动现金，最高可兑换一百八十八元用于活动当天购买付费节目。听众用户不但可以查看到自己使用平台的总时长，而且也能了解自己收听最多的主播、节目和第一次付费购买喜欢的节目时间等。

(3) 2019 年的“123 知识狂欢节”只用花费平时一半的钱就可以买到一年半的会员，具体方法是用喜马拉雅会员年卡五折购，再加上活动津贴就能实现。此外，不仅仅是局限在该平台享有优惠活动，喜马拉雅 FM 跨界与美团、腾讯视频、京东合作，推出了联合会员的优惠活动。

(4) 2019 年“123 知识狂欢节”的压轴好戏是平台与顶级配音团队合作推出的《三体》广播剧。原著作者刘慈欣对这部 IP 广播剧的点评是：该剧的声音氛围处理仿佛让人置身其中，而听这种方式能让听众的想象绵延不绝。

由此看来，“123 知识狂欢节”作为喜马拉雅 FM 最早推出的节日营销活动，具有一定的试验意义，对于其他音频类平台以及文化市场与推广提供了新的思路，为喜马拉雅 FM 之后再造其他营销节日奠定了基础，也在一定程度上活跃了文化市场。

2) 喜马拉雅 FM 的“66 会员日”

“66 会员日”是继 2016 年“123 知识狂欢节”实现了 24 小时销售 5088 万元后，喜马拉雅 FM 选择在 6 月 6 日推出的，打造自己平台的会员节日。第一个“66 会员日”是在 2017 年 6 月 6 日，喜马拉雅 FM 当天 20 点宣布已召集超过 221 万名会员。

选取 2017 年第一次的“66 会员日”活动进行回顾，可以看出该活动引爆期前后还有预热期和冷静期，时间跨度为 2017 年 5 月 31 日至 6 月 9 日。从喜马拉雅 FM 官方微博的话题数量可以看出，活动的预热期是 5 月 31 日至 6 月 4 日；引爆期是 6 月 5 日至 6 月 8 日，冷静期是 6 月 9 日之后。不难发现，会员征集活动放在月初是为整个活动造势，促使更多的用户进入到活动中来。

平台为了将跳出的用户数降到最低，原本设定的活动规则是分三步完成：成为会员→获取五折优惠券→五折购买。在实际操作上，从加入会员到实现真正的付费转化需要五个步骤：活动页浏览→活动页分享→领取会员和五折优惠券→课程页浏览→购买。这次活动的重点在于让用户领到五折优惠券和购买会员，平台设置的分享方法也较为容易实现。活动主办方洞悉了用户喜欢新鲜事物、精打细算的消费心理特征，再加上优质课程的实力，从活动结束后的成交额来看，用户付费转化率非常理想。

“123 知识狂欢节”和“66 会员日”的活动名称与日期朗朗上口，便于记忆与传播，两场活动分别在年末与年中，可以作为平台的常规节日活动延续下去。“会员”这个身份设置可以使得用户在收听付费节目时产生一定的优越感。听众用户在体验过会员特权带来的精品内容和消费优越感之后，大概率会再为会员充值缴费，平台就达到了普通用户转化为忠实用户的目的。

如上所述，有了“66 会员日”这样的活动，音频领域的内容付费节日和内容付费会员均被喜马拉雅 FM 占去先机。恰到好处的是，该平台上线首个付费节目《好好说话》正好也是与会员日活动同一天。有了这两个节日活动的举办经验，喜马拉雅 FM 平台再操刀这类活动也是轻车熟路了。

3) 喜马拉雅 FM 的“423 听书节”

4 月 23 日是一年一度的“世界读书日”，读书日是否在离我们远去亦未可知，但可以肯定的是，一本好书的价值正在从内容传递向优质服务衍生，通过“听书”这种连接形式，一本好书的价值不仅不会被掩盖，而且正在更好地融合于这个时代。

喜马拉雅 FM 第一次举办“423 听书节”活动时，在预热环节上有一个亮点：2018 年 4 月中旬，距离“423 听书节”还有一周的时间，一名喜马拉雅 FM 有声读物主播上了微博热搜第一名，这件事在互联网发酵两天后，喜马拉雅 FM 宣布在全民阅读日发起“423 听书节”，联合上百位公众人物一起宣传听有声读物的价值，倡导人们解放眼睛和双手，用耳朵来“阅读”。

目前，国内互联网平台的商业模式中，只有付费模式既是没有上升的天花板，又是用户不反感的内容营销方式。喜马拉雅 FM 平台为了发掘更多“听书”用户，在 2018 年的“423 听书节”促销活动中，用单人价值八千多元的会员特权内容来吸引新增潜力用户，原先每年 365 元、每季度 99 元的会员费在“423 听书节”活动期间打对折，即 198 元，单季度价格则降低至 49 元。从活动结束后的影响来看，这个举措有效地将原本持币观望的用户转化成为喜马拉雅 FM 平台的会员用户。

喜马拉雅 FM 推出的“423 听书节”活动，也可以看作是国内有声读物市场开始崛起的一个缩影。当下有更多平台进入有声读物市场，或许正如期待的那样，再过几年，原本是全球“世界读书日”的 4 月 23 日，将逐渐演变成中国的“听书节”。

由此看来，平台自创节日有利于形成品牌常态化活动，使得喜马拉雅 FM 有声读物在每一年当中，可以利用多次节日热点，推广内容，收获更多听众的同时，带来可观的流量变现。喜马拉雅 FM 很好地洞悉并抓住用户消费心理，通过“造节”来迎合国内用户传统的节日消费习惯，营造节日促销氛围，制定合理的活动价格折扣，增强了用户购买意愿。喜马拉雅 FM 盈利模式中的“广告造节营销”的存在，使得喜马拉雅 FM 有声读物商业模式更具有特色，也为企业带来新的经营思路与营收增长点。

2. IP 孵化与精品付费模式

知识付费的兴起源于信息过剩造成用户的注意力分散，是当下移动互联网时代资讯大爆炸背景下的产物。在这样的市场背景下，如同定制般的个性化有声内容逐渐受到用户的青睐，更多的用户习惯于为高质量的有声内容付费。喜马拉雅 FM 在 2016 年 6 月开始尝试推出有声读物行业内首个付费节目《好好说话》，并设立精品付费专区，为内容创业者提供一套孵化体系，如节目内容产品分类、体系建立、分销、商业实现等。下面从喜马拉雅FM有声读物盈利模式的“有声内容+大IP”“精品付费”两个领域进行解读。

1) 有声内容+大IP

当前文化领域大热的IP(Intellectual Property)也就是所谓的知识财产、知识产权，它是文化积累到一定程度后输出的精华，有着完整的世界观、价值观和自身的生命力。因此，并不是所有文化产品都能称为IP。举例来说，国内影视界最近流行的一系列大IP《花千骨》《盗墓笔记》《琅琊榜》《微微一笑很倾城》等；在日本是吉卜力、宫崎骏、新海诚；在美国是漫威、迪士尼、梦工厂。近一段时间，文学圈、电影和电视圈、游戏圈都在盯着“大IP”，生怕与有可能接手到的“大IP”失之交臂，失去的不仅是IP 这一主题，更重要的是与IP紧密联系的粉丝和他们的购买能力。

文化领域围绕IP的谈论最多的词是产业化、品牌化、规模化。IP业务长期以来一直被视为一种管理严格、侧重运营的内容运营模式。每个IP大热的背后也是以平台化运营的结果。下面从产业化、品牌化、规模化这三个方面以及重要活动与时间节点，分析喜马拉雅FM在有声读物与大IP之间融合的方式。

(1) IP产业化。

平台知识付费的竞争焦点在于对核心内容的争夺。通常平台知识付费的核心内容是所有领域内关注度相对集中的题材——人物、IP、课程、节目等。当前文化消费市场的“IP热”终于扩散到有声读物音频范围。在欧美及日本，“有声内容+大IP”这种组合起步较早，已赢得了商家及听众们的市场。有声读物IP产业化是将核心内容的IP改编制作成有声内容。有声读物平台IP产业化与知识付费的出现息息相关。

喜马拉雅FM平台IP有声化最发力的一次是在2018年1月11日，音频IP发布会上推出了联合郭德纲、姚明、杨澜、郝景芳、蒙曼等在内的众多大咖，近20个超级IP同时发布。喜马拉雅FM平台如此动作，也许是在模仿视频平台走产业化、专业化IP运营的模式。从这次发布会公布的IP项目来看，最吸引眼球的是一大批明星云集的娱乐脱口秀节目，其中郭德纲跨界入驻喜马拉雅FM平台，推出了首个音频脱口秀《郭论》；在《见字如面》节目中大受欢迎的演员王耀庆，也在该平台推出了一档个人音频节目。

值得一提的是，在越来越多IP书籍有声化的同时，也逆向提升了相关内容纸质图书的销量。比方说，喜马拉雅FM在2017年7月与天地出版社共同合资组建了天津天喜中大文化发展有限公司，探索新的出版模式升级，推出融媒体书《汴京之围》，取得良好的市场效益。

由此可见，喜马拉雅FM有声读物IP产业化紧紧与内容创作与发布合作，拥有核心IP内容，有声读物IP产业化就可以水到渠成。

(2) IP品牌化。

有声读物IP品牌化是利用“明星或专家+平台孵化”双重加持的运营方法。有声读物IP品牌化最具有代表性的事件是2018年9月腾讯视频与喜马拉雅FM推出的联合会员活动。联合会员计划内容很简单，就是把两家的会员捆绑销售，但优惠力度很大，合计单笔436元的会员费用折减一半，就能同时享受两家平台的年度会员福利。同时，腾讯视频与喜马拉雅FM还携手IP孵化计划。在官方介绍中看到，这两家平台在一些共同的IP上进行合作运营，筛选出潜在的高质量IP，成立了专门团队帮助完成商业包装，并打通两大平台的流程，为宣传推广提供顶级资源。

联合会员计划简单来说是会员打包销售的营销策略，而两家携手IP孵化计划才是未来更有可能性的长远策划。从现有资源来看，喜马拉雅FM作为音频平台，拥有可观数量的UGC与PUGC用户原生内容，这些音频内容可以成为IP孵化、改编成IP视频内容的来源。

比如《如懿传》《斗破苍穹》等优质有声内容在喜马拉雅FM平台热播，这些IP的电视剧版也可以在腾讯视频平台上播出，两者都可以真正实现泛文化内容的多层次消费体验。打个比方，用户在腾讯视频上看了《斗破苍穹》几集之后，也可以用耳朵追剧，在通勤路上、开车或没时间看节目的时候体验“听剧”。这样，同一IP的不同适配产品形成一种联动共振效应，引导用户的使用行为。

因此，对于已经推出优质节目付费产品、专注于泛知识内容领域的喜马拉雅FM来说，可以将平台自身积累的优质音频内容与视频平台的视频直播体验结合起来，共同打造高质量的付费内容，吸引流量的同时创造新的盈利渠道。这也为打通多种媒体平台、促进IP规模化打下很好的基础。

(3) IP规模化。

有声读物IP规模化是指有声读物IP在产业化、品牌化的基础上，扩大规模与市场，形成成熟的IP产业运营方式。

其中，有两个时间点的合作很重要：其一，喜马拉雅FM在2015年就拿到了国内最大网文IP网站阅文集团的战略投资；其二，喜马拉雅FM获得腾讯旗下共赢基金总额4.6亿美元的E轮融资。这是在国内当前最大的内容创作平台、视频平台和音频平台之间的合作，大规模的IP创造空间正在被挖掘。

举例来说，拥有《扶摇》《如懿传》等影视版权的腾讯视频平台，又可为喜马拉雅FM平台的广播剧内容提供版权支持，与此同时，阅文集团也掌握了《扶摇》《如懿传》文学IP，那么一条IP生产和改编变现的“视频—音频—文字”链条就连接成功了。

由此看来，喜马拉雅FM有声读物通过IP产业化、品牌化、规模化的方法，将有声内容与大IP结合起来，与内容平台、视频平台合作，吸引了更多听众，获得很好的市场效益，与精品付费模式的运作相得益彰。

2) 精品付费

通常媒体所说的精品付费又被称为知识付费、内容支付，就是各种平台的付费内容，如优质的音频、电视剧、书籍、杂志、公众号文章、小视频等，并将这些内容转化为产品或服务，实现商业价值。优质内容生产是精品内容付费模式发展的关键。精品付费模式对于平台的品牌高度建设具有深刻意义。下面从两个方面分析该平台精品付费模式：一方面，市场推动平台开展精品内容付费业务；另一方面，来自平台内容推荐与多种支付技术的完善，促进着精品内容付费模式的运转。

(1) 市场趋向对于精品内容付费。

通过艾媒咨询发布的调查数据发现，有声读物用户内容付费意愿较强。同时可以看出，在针对2018年国内有声读物用户意愿付费价格的调查中，有声读物用户所处的各线城市不同，他们的付费意愿也会有所不同。

一线城市中有高达71.4%的用户愿意为有声读物付费，其中仅有6.5%用户只愿意为一本有声书花费 5 元及以下；二线城市中愿为有声书付费的用户低于一线城市，愿意支付 5 元及以下的用户人数占比达 12.7%；而三四线及其他城市愿为有声书付费的用户虽然占比最低，仍有 55.1%的用户愿意为有声读物付费，并且相比来说更倾向为 5 元以下的有声书付费，如图 6.13 所示。

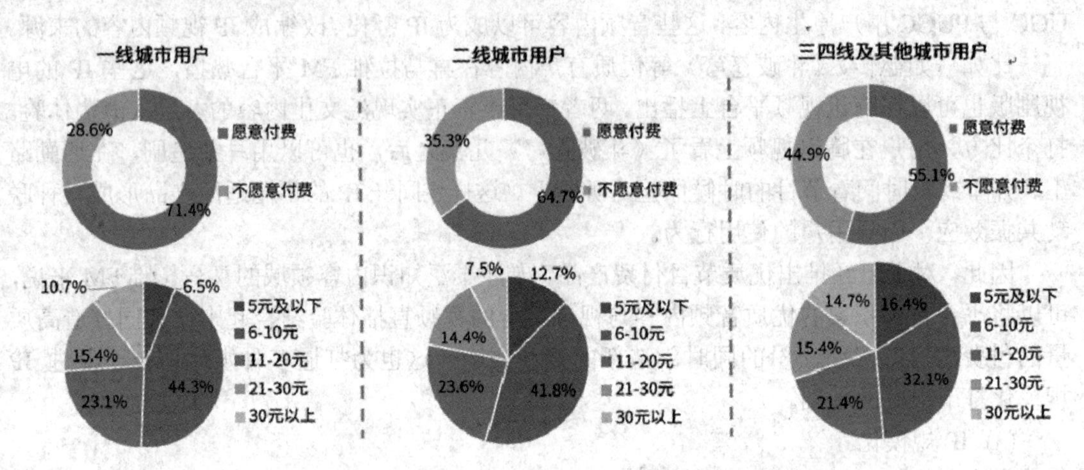

图 6.13　2018 年中国有声读物用户付费意愿及意愿付费价格调查

在 2018 年 6 月，喜马拉雅 CEO 余建军在中国企业未来之星年会上对于目前企业的精品付费模式理念是这样表述的："所有市场欢迎的平台付费产品，都有两点相同之处。第一点就是内容足够深度干货，而第二点则是浅显易懂的表达。"可以看出，喜马拉雅 FM 在有声读物精品付费模式上，一方面是侧重于出品优质内容；另一方面是能面向更多的受众。

国内大多数互联网平台建立之初，通常会采取对用户免费补贴的方式，吸引市场逐步向平台转移。这是国外学者凯洛德提出的一种交叉补贴策略，即平台企业一方面对用户进行补贴，促进用户数量的扩张，另一方面又吸引更多用户支付更多的费用。

喜马拉雅 FM 也是此策略的践行者。在平台初期，观众作为被"补贴"方，可以免费收听平台上的音频内容产品。在这个时候，音频产品的成本被转移到广告商和内容生产方身上。广告主和内容制作方作为"支付者"所支付的广告费和佣金成为平台的主要业务收入。在这之后，该平台逐渐发现，用户在面对高质量的正版音频资源时愿意付出更多的代价。因此，在广告和佣金收入不足以支撑平台运营的情况下，又创造了另一种盈利模式，即对精品内容收费。

此时，平台仍对普通受众采取免费策略，平台上的一些高端用户成为"付费者"。这部分高端用户有很强的付费意识，他们更希望获得良好的聆听体验、更少的筛选节目成本、高品质的音频内容。喜马拉雅 FM 最早是在 2016 年 6 月首次推出了付费专区，从所有垂直领域内容中挑选出高标准的音频版权，供听众付费收听和下载。比方说，喜马拉雅 FM 有声读物里具有代表性的节目之一是 400 集仅 99 喜点的《红楼梦》全本有声剧，已经付费播放超过 3667 万次。在该平台的畅销榜数据中可以看到，从相声、评书到人文、历史，都有相当数量的听众用户愿意为细分领域的高质量内容付费。

(2) 内容推荐与多种支付技术的支持。

喜马拉雅 FM 平台一直有"猜你喜欢"的功能，通过分析用户收听喜好，为他们推荐可能感兴趣的内容。而目前喜马拉雅 FM 也已将大量的付费内容与“猜你喜欢”功能联系起来，用户试听优质推荐内容后，为优质全集内容付费的意愿会大大增强。这是用户推荐功能与付费内容之间的无缝对接。

在付费时，用户除了可以使用支付宝、微信等支付平台外，也可以使用喜马拉雅 FM 独有的网络货币“喜点”进行购买。喜点通常在营销活动中与优惠券、折扣无缝对接，用户也可以通过人民币充值兑换或者完成平台活动任务赚取喜点。喜点不仅会让用户感受到折扣的超值，也会大大促进平台资金的流转。

在喜马拉雅 FM 首届“66 会员日”活动页面上注意到有关精品付费的数据：平台官方公布了 2017 年以来该平台付费用户的月均 ARPU(Average Revenue Per User，每用户平均收入)值已超过 90 元。对比平台发布的数据不难看出，网民在付费视频与网络文学的 ARPU 值均不及音频用户：付费视频的年度 ARPU 值维持在 80 元左右，网络文学的月度 ARPU 值约在 30 元左右。相比之下，有声读物用户在音频领域有更强的付费意愿。

由此可知，喜马拉雅 FM 有声读物在 IP 孵化上通过产业化、规模化、品牌化的方式，使得有声内容与大 IP 之间融合，成功拓展到文字阅读与视频领域。并且，喜马拉雅 FM 在精品内容付费模式上，把握内容付费的市场趋势，利用完善的平台内容推荐与多样的移动支付技术，将有声读物精品付费模式纳入到盈利模式当中。在大 IP 的吸引与精品付费模式的影响下，产生了可观的粉丝效应。

3. 内容认同的粉丝效应

粉丝行为所产生的经济效益也就是通常所说的“粉丝效应”。粉丝经济一般是指基于粉丝与相关人群关系的商业创收行为。它是一种通过提高用户黏性和口碑营销来获得经济效益和社会效益的盈利模式。

比如在喜马拉雅 FM 签约首位代言人这一商业活动中，可以看出喜马拉雅 FM 是如何利用粉丝效应进行盈利的。2019 年 6 月，易烊千玺成为喜马拉雅 FM 首位代言人。之所以选择易烊千玺作为平台代言人，是因为他作为新生代优质偶像，自少年时代就为公众熟知，也是年轻人心目中非常认可的青春象征，他的声音很有辨识度，更是被粉丝称为“千式苏音”。易烊千玺与平台的代言活动带动了一系列内容营销。平台同步上线了他的独家音频节目《青春 52 问》，以 52 期“脑洞问答”的形式，囊括了年轻人喜爱的知识、情感、艺术、想象等内容。同时，将与代言人的互动以及获得专属礼品机会加入到喜马拉雅 FM 会员的福利中。

可以看出，易烊千玺的影响力将有助于平台进一步获取年轻群体的认同感，开拓潜在市场的价值。不仅仅是明星能吸引粉丝前来收听节目，优质主播制作精良的节目，也同样能带来一大批用户收听与付费。下面从优质主播、意见领袖与公众人物两个方面，阐述喜马拉雅 FM 有声读物盈利模式是如何利用粉丝效应实现盈利的。

1) 优质主播成为沉淀用户的砝码

优质主播不仅是优质有声读物内容的提供者，而且是吸引用户为有声读物买单的砝码，优质主播已成为有声读物平台布局的关键。

通过整理数据得到表 6.8 所示的“2020 年十大有声书人气主播”名单。据统计，十位有声书主播在截至 2020 年 11 月，一共累计了 4317 万粉丝。另外，在不收听有声读物节目的原因中，有 36.6%用户群体是因为对有声读物主播的不认可。

表 6.8　2020 年十大有声书人气主播：陪伴千万级粉丝

主播名	粉丝数
有声的紫襟	1498.9 万
果维听书	242.7 万
头陀渊讲故事	484.8 万
君颜讲故事	263.4 万
大斌	471.2 万
畅听小说大全	372.3 万
一刀苏苏	319.4 万
一种侃侃	247.4 万
幻樱空	317.7 万
经致听书	99.2 万

在听众选择是否收听有声读物的节目内容时，主播的质量起了重要作用，在只有以声音为媒介的节目内容中，听众对于内容质量更加敏感，也因此更加追求高质量有声内容。高质量的主播依赖于对声音特征的准确诠释和丰富的情感，这是高质量内容传播的重要组成部分。比如“十大有声书人气主播”第一名“有声的紫襟”，他主推的是悬疑恐怖小说，通过个人极具辨识度的声音以及制作精良的节目内容，在平台上目前已有 1400 多万粉丝，已成为极强影响力的声红。在平台竞争激烈的有声读物市场中，迎合用户追求高质量内容诉求的同时，主播对于整个音频平台的发展也具有重要意义。与此同时，喜马拉雅 FM 通过连接主播、粉丝以及优质内容，将粉丝效应转化为了经济效益。

2) 意见领袖与公众人物吸引

媒体通常所说的意见领袖是群体中的少部分人，但他们是大多数人的重要信息和影响力来源，能够影响大多数人的态度和思想倾向。虽然这少部分人不一定是正式的“领导”，但他们往往见多识广、精通时事，在某些方面有突出的能力，或者有一定的人际交往能力，被大家认可成为公众的意见领袖。在消费行为学中，意见领袖是为他人过滤、解释或提供信息的人，因为他对某种产品或服务的高度关注而使其具有更多的知识和经验。在现实生活中，家庭成员、朋友或高可信度的媒体、网络上的知情人往往充当着意见领袖的角色。同样的，公众人物个人行为对于受众群体来说，往往也会起到示范作用。

喜马拉雅 FM 选取各个领域内拥有一定口碑及专业认可的公众人物作为“知识大使”，并为这些知识大使提供四种推广运营工具：① 微信文章推广；② 在公众号的固定入口；③ 海报推广裂变；④ 社群推广裂变。

在碎片化信息时代，用户注意力稀缺，需要专业的人士帮助筛选和提炼知识。在行业竞争激烈的时代背景下，更多的人希望通过投资自我来提升其核心竞争力。用户希望能够更有效地利用碎片时间，快速获取相关信息。这些用户通常会关注意见领袖的发声渠道。如果平台听众关注了一些意见领袖的公众号，甚至可以看到他们的朋友圈，那么很多听众就会看到另一部分内容——意见领袖自己给课程发的“广告”。

结合公众人物对内容的宣传与普通用户点击习惯，喜马拉雅 FM 推出一种运营机制，越受用户欢迎的课程，越能得到平台更多的流量、更好的推荐位置，使得平台可以很巧妙地调动公众人物的积极性，让公众人物的渠道成为自己的推广途径。

总而言之，社会化的大生产导致社会分工的变化，这种变化将越来越精细。每个人都只会深入自己的专业领域，而缺乏足够的精力与时间去学习其他领域的知识，这就为意见领袖与公众人物的有声读物带来市场。听众选择信任意见领袖与公众人物在专业领域的知识，喜马拉雅 FM 很好地发挥这一点的需求，与付费内容结合，推动粉丝效应，不仅带来可观的收入，而且使自身的盈利模式更加多样。

6.2.4　喜马拉雅 FM 有声读物商业模式的后续思考

1. 喜马拉雅 FM 有声读物商业模式的启示

综上分析可知，喜马拉雅 FM 有声读物商业模式以音频产业链生产模式与盈利模式为基础，确立喜马拉雅 FM 在有声读物领域的翘楚地位。这对有声读物行业乃至整个传媒行业的运营、发展都有可供借鉴之处。但同时，喜马拉雅 FM 有声读物在主播影响力、用户体验以及广告造节营销上，仍有完善的空间。

1) 有声读物平台要立足于声音伴随性突出的特点上

喜马拉雅 FM 有声读物的生产模式主要由音频产业生态链构成。其中，在音频产业链的上游，以 PUGC 为特点的内容生产模式，为喜马拉雅 FM 在有声读物市场竞争中取得了内容上的优势；在音频产业链的中游通过准确的用户画像与个性化智能推荐，使得有声读物更贴合用户需要；在音频产业链的下游，“物联网 + 人工智能”的技术使得多元的终端产品能够满足有声读物在更多的场景伴随。

这种由音频产业生态链构成的生产模式，成为喜马拉雅 FM 商业基础。基于对声音的特殊属性——伴随性的准确理解，把握和贴合有声读物的使用场景是喜马拉雅 FM 有声读物内容制作的出发点和最终目标。不同于文字、图片和图像依赖于视觉，利用声音传播的知识和信息依赖于听觉。听觉可以“一心二用”的特点是区别于阅读和观看的先天优势，这是极为难得的。因此，只要用户听觉功能完整，在不占用双手的情况下，就可以较大自由地接收到通过声音传递的内容。这就是声音的伴随性优势。

毋庸置疑，强大的声音伴随性满足了人们充分利用碎片化时间的需求。喜马拉雅 FM 联席首席执行官陈小雨准确地表达了这一点，她说“当人们的眼睛很繁忙的时候，只能听”。从侧面可以看出喜马拉雅 FM 迅速占据市场的根本原因在于，抓住用户的痛点需求，在更多场景中实现“伴随”到底的声音内容。

因此，其他有声读物平台没有理由将突出的声音伴随性强的特点置之不顾。其他音频平台也同样具有声音超强伴随性的核心竞争力。听觉媒体要发挥“听”在场景中的便利性和低成本的优势，而其他有声读物平台要做的，就是在细化受众的前提下，将“可听”提升为“好听”“随时听”。

喜马拉雅 FM 对有声读物行业具有示范效应。其他有声读物平台未来可以在声音“伴随性”突出这一特点上做足功夫，或许能为平台的生产模式带来新的发展空间。

2) 有声读物平台可尝试精品内容付费模式

有声读物行业其他平台实施的包括通过用户制作内容策略建立归属感、免费或折扣活动吸引受众群体等的各种措施，都是为了拉拢大量用户体验该平台。但是免费的午餐并不是长久之计，有专业价值的内容必定高成本，最终还是要付费。纵观国内市场份额较多的视频、音频平台，均采用了会员制付款或付费点播模式。长期健康发展的有声读物平台，必然与开展付费化的盈利模式密不可分。

传统阅读与有声阅读本质上都属于用户需要支付相应的报酬才能体验的文化产品消费。伴随着有声读物行业的进一步发展，相应运营机制的成熟，以及人们对更高水平、更个性化的文化消费服务的需求，有声读物付费模式无疑将成为未来行业的主要发展趋势。近几年市场的培养，国内网民的付费意识有了很大的提高。

其他有声读物平台可以借鉴喜马拉雅 FM 的成功做法。首先以“免费体验”为诱导因素，开设部分精彩章节供听众免费收听，激发用户的需求后，他们就会对想拥有的作品抱有继续播放收听的态度，而此时平台恰好设置继续收听需要付费的环节，并推出一定的优惠活动。当然，较为合算的价格将突破听众用户心中最后一道防线，这就达到了付费收听的效果。当平台拥有一定用户流量的时候，只要平台针对不同群体的需求内容，找准用户流量中的落脚点设置付费关卡，平台获得部分盈利的目的也会水到渠成。同时，其他有声读物平台也可以借鉴喜马拉雅 FM 完善的平台内容推荐与移动支付技术相结合的盈利模式，其中还包括创造“喜点”充值支付购买付费节目的方式。

此外，其他有声读物平台未来也可以尝试推广精品内容付费模式，或许能为平台的盈利模式带来新的增长空间。

2. 喜马拉雅 FM 有声读物的可提升空间

1) “声红”的微博社交影响力尚待挖掘

通过图 6.14 的统计结果可以看到，有 28%的用户表示自己并不关注主播；仅有 14%的用户表示自己不仅与主播互动，还为主播打赏。目前有声读物平台听众用户一般很少关注主播，但节目需要有声读物情景的呈现和氛围的营造，主播在这方面的能力对节目质量具有举足轻重的作用。并且，出众的节目主播也能聚集大量忠实听众用户，带来粉丝经济效益。所以说，有声读物平台在主播方面的建设仍需加强。

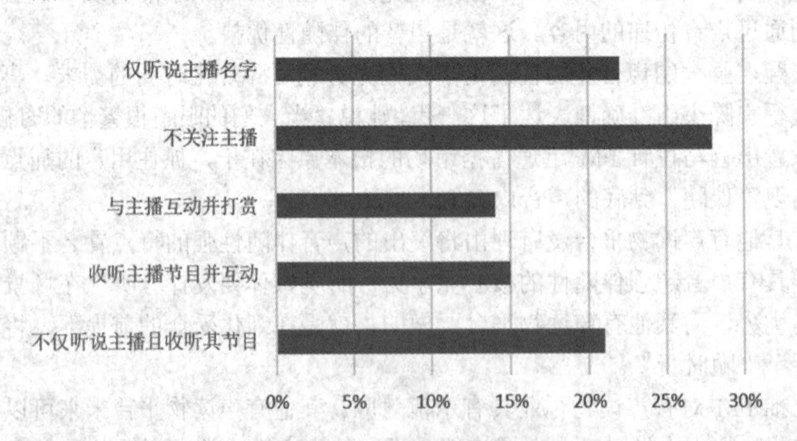

图 6.14　2018 年喜马拉雅 FM 有声读物用户关于平台主播关注情况调查

通过对比有声书主播在喜马拉雅 FM 平台上的粉丝数、粉丝增长率、月均新增播放量、月均新增评论数，与其在微博平台数据中的粉丝数、粉丝增长率、单篇阅读数、单篇互动数之后，可以很明显地发现，喜马拉雅 FM 平台的头部主播，在微博上的影响力寥寥，如表 6.9 所示。这些喜马拉雅 FM 头部主播将有声读物节目做到了顶级，但微博社交方面基本处于未开发的状态。如果利用好微博的社交影响力，必然在粉丝效应、用户黏度等方面会带来积极反馈影响。

表 6.9　2018 年喜马拉雅 FM 平台人气主播与自身在微博平台影响力对比

喜马拉雅 FM 主播名字	微博名称	喜马拉雅 FM 平台上半年数据				微博平台上半年数据			
		粉丝数	粉丝增长率	月均新增播放量	月均新增评论数	粉丝数	粉丝增长率	单篇阅读量	单篇互动数
有声的紫襟	有声的紫襟	446 万	85.8%	2.4 亿	10.6 万	6.3 万	67.0%	1.1 万	108
丸子	有声丸子	162 万	110.5%	1.4 亿	3.9 万	653	89.3%	60	2
泡芙先生	演播泡芙先生	42 万	47.4%	4898 万	1.6 万	2 万	3.5%	954	8
章鱼讲故事	章鱼讲故事	139 万	10.6%	1419 万	9329	1 万	3.6%	1086	39
青雪故事 2010	青雪故事 2010	180 万	0.6%	243 万	2586	5.4 万	2.9%	2.5 万	33
莱兮	Melody 莱兮	110 万	0.6%	155 万	1818	1.2 万	0%	1.1 万	67

2) 完善用户体验

通过喜马拉雅 FM 有声读物用户分析、用户使用分析的调查，可以发现在喜马拉雅 FM 有声读物移动客户端用户体验中可以改善的三个方面。

(1) 推荐模块。

用户判断节目质量标准都较为单一，主要就是看节目播放量这项数据，这是因为节目推荐列表中仅有播放量与节目质量相关。没有听众用户反映他们会根据评分来判断节目质量，推测是平台用户还不熟悉目前的评分系统，不清楚评分系统是否能反映节目质量。同时，在用户使用分析的调查中，有多名用户反映希望在喜马拉雅 FM 上能够看到具有深度且内容详实的节目推荐清单。

从数据来看，平台可以增加对节目的打分评价选项，使得用户对新节目质量好坏有更多的感知参考因素。另外，平台的推荐功能可以通过对用户收听习惯的收集分析，增加更个性化的节目推荐单，来满足部分听众的需求。

(2) 社区模块。

从用户使用分析的调查中关于“听友圈”功能来看，仅有一名用户反映使用过“听友圈”功能来了解主播动态和更新信息，但是他也表达出圈子内的有效信息很少并且入口很难找。有四名用户反映他们从来没有使用过“听友圈”。所以，目前“听友圈”的定位和实际给用户呈现的效果没有达到平台推出该功能的“增加粉丝凝聚力，扩大主播影响力”的初衷。

同时，喜马拉雅 FM 用户基本上都有在平台上社交的想法，因为收听有声节目内容会引起用户希望与相同爱好的听众一起讨论的意愿。但用户也反映，目前平台无论是在节目下方发评论或者是私信，与其他用户及时沟通的体验较差。喜马拉雅 FM 平台目前的功能限制，使得他们往往需要自建微信群，或者在贴吧中进行讨论。因此平台下一步其实可以一方面将“听友圈”更换到平台界面中较为显眼的位置；另一方面可以引导未使用过“听友圈”功能的听众来体验该功能的乐趣，吸引更多听众前来互动。

(3) 商业化模块。

用户使用情况分析显示，用户订购 VIP 内容的主要原因是他们有自己喜欢的 VIP 内容，当 VIP 内容不再吸引他们也成为停止续订的首要原因。造成这种局面主要是两个方面的原因：第一个是很多 VIP 内容已被平台划分到精品内容范围，需要单独支付，而 VIP 折扣的力度也不足以打动用户；第二个是在订购 VIP 享受完喜爱的内容节目后，几乎再找不到其他喜爱的 VIP 节目。从另一个角度讲，不断更新贴合听众口味的 VIP 节目，也是用户选择继续付费续订 VIP 的主要原因之一。

因此，一方面，平台对于选择续费 VIP 用户可以增加专属打折优惠力度；另一方面，根据用户之前喜爱的 VIP 内容，上线更多相似内容节目或者相同主播节目推荐功能，减少 VIP 用户在时效到了之后跳脱出来，以此增加 VIP 用户黏度。

3) “66 会员日”的新玩法

通过喜马拉雅 FM 公布的官方数据看到，首次“66 会员日”三天 6000 万元的销售额达到了活动策划者的预期，但实际上与首次“123 知识狂欢节”单日销售额相比仍有差距。“66 会员日”目的是给用户带来会员节目内容的体验，并逐步养成用户知识付费的习惯。“123 知识狂欢节”利用了一元秒杀、知识红包等各类优惠活动，营造出一种 24 小时之后优惠就截止，然后就只有再等一年的紧迫感。虽然两个活动开展各有不同的侧重点，但对比两场活动之后，还是可以发现更为年轻的“66 会员日”活动仍有很大的提升空间，主要是以下三个方面：

(1) 打出会员日特色，将更多的普通用户转化为会员用户。

一方面，从这两次活动的有声读物节目销量排行来看，精品节目中的热门“郭论”“有声的紫襟”等大致相同。从这可以看出，“66 会员日”销售量不比“123 知识狂欢节”，是因为有部分用户在年末的“123 知识狂欢节”已经购买过了。另一方面，从活动主题颜色来看，以玫瑰红色主题的“123 知识狂欢节”对比“66 会员日”活动时期 APP 首页的紫色主题，显然前者的活动更有节日氛围，视觉上更有冲击性。

在内容分发方面，“123 知识狂欢节”为大量主播定制了个人节目分享页面，用户通过扫描二维码即可进入活动。用户通过活动图片，可以很快了解到节目的主讲人、内容和卖点。而只在社交媒体上多以文字链接的“66 会员日”对用户的影响力度一般。从用户领取会员体验资格再到内容消费过程中可能出现部分用户流失。平台与其花心思让用户更耐心的找到想要的内容，不如主动整合内容并推荐给用户。“66 会员日”可以使用活动音频节目分类来引导用户，根据用户反馈实时更新分会场的音频节目内容，并设置更多的活动，使得活动当天平台有弹性发挥空间。同时，该活动推出的音频节目的展现方式是“节目主播 + 名字”，部分不熟悉这些主播的用户无法达到很好的吸引效果。可以改进的是，增加节目分类、描述内容主打方向来吸引用户点击试听。结合以往的活动销量排名，销量最好的有声读物内容通常是个人提升、商业财经类，可以把这些课程放在活动界面的显眼位置，并在内容介绍下方增加浏览人数、付费人数的更新数据。

(2) 延续活动之后的余热。

"66 会员日"在活动结束后，平台官方公众号仅推送了图文，与"123 知识狂欢节"后平台官方微博、微信公众号等多宣传渠道对活动成交额、热销节目榜单的总结对比高下立判，显然没有利用好活动的余热。其实应该在活动结束后增加感恩回馈举措。比方说，"66 会员日"活动结束时间恰好国内高考也结束，可以利用高考结束这两天，开展感恩回馈的活动，每天发放 6000～8000 名的"大学新生会员专享"名额，针对性的上线一些大学专业选择、报考院校指导、大学规划等节目内容，利用好活动余热，再吸引一批用户的同时，也能使得特定年龄段的用户感受到平台关怀。

(3) 及时处理客户端新版本的系统漏洞。

在 Apple Store 下载专区看到评论中有用户"吐槽"活动前版本更新出现了系统漏洞：喜马拉雅 FM 在 2017 年 6 月 3 日底为保障"66 会员日"活动上线，推出 6.3.6 版本客户端，而客户端版本更新没有给用户预留相应的准备时间，出现一批用户在更新后无法启动客户端的状况，平台不久后修复。因此，在之后活动的策划上，应体现对技术风险的防范，以跟上活动期间的发展推进，最后要预留出合适的时间进行测试和修复。

总而言之，喜马拉雅 FM 在有声读物的主播、活动营销方面还有可提升的空间。针对用户使用需求以及日常运营中出现的问题，平台可以加强重视，从中找到改善空间，使得平台日趋完善。

本章小结

本章分别从短视频产品抖音和有声读物产品喜马拉雅 FM 的产品发展、业务模式、演进路线以及盈利模式等角度进行了分析。其中抖音产品重点介绍了其如何激发用户的主动性，调动用户主动参与的热情，特别是相关的回馈机制的设计和建立；而喜马拉雅 FM 有声读物则主要介绍了全产业链的打造、上下游整合的模式以及其有特色的盈利模式。通过两个案例，读者能更加清晰地理解全书的要点，便于通过案例总结出对以后产品设计工作有帮助的经验。

思考题

1. 抖音是如何实现产品触发的？
2. 抖音产品的激励措施有哪些，起到了什么作用？
3. 喜马拉雅 FM 有声读物的生产模式是如何打造上游、中游和下游的全产业链条的？
4. 你是如何理解喜马拉雅 FM 有声读物的盈利模式的？
5. 抖音案例和喜马拉雅 FM 案例，带给你的感触有哪些？

参 考 文 献

[1] 黑马程序员. 互联网产品设计思维与实践[M]. 北京：清华大学出版社，2019.
[2] 刘大贺. 爆款产品策划四步走[J]. 销售与市场(营销版)，2020，28(04)：83-87.
[3] 梁宇亮. 粉丝经济实战法则：下一个小米就是你[M]. 北京：人民邮电出版社，2016.
[4] 陈辉. 运营攻略：移动互联网产品运营提升笔记[M]. 北京：人民邮电出版社，2017.
[5] 陈超. 移动互联网时代产品设计思维研究[D]. 北京：中央美术学院，2016.
[6] 张明琪，陆禹萌. 产品运营：移动互联网时代，如何卖好你的产品[M]. 北京：电子工业出版社，2019.
[7] 李军. 移动大数据商业分析与行业营销：从海量到精准[M]. 北京：人民邮电出版社，2016.
[8] 刘涵宇. 解构产品经理：互联网产品策划入门宝典[M]. 北京：电子工业出版社，2018.
[9] 苏杰. 人人都是产品经理 2.0：写给泛产品经理[M]. 北京：电子工业出版社，2017.